普 通 高 等 学 校 教 材

"十三五"江苏省高等学校重点教材

（编号：2017-1-137）

食品质量管理学

第2版

刁恩杰　王新风　主编

化学工业出版社

·北京·

内 容 简 介

　　《食品质量管理学》是高等学校食品专业主要的基础课程，是面向 21 世纪的课程教学改革教材，也是江苏省高等学校重点教材。本书在阐述食品质量管理学基本理论、基本方法的同时，力求反映我国在 21 世纪食品质量管理领域的学科前沿问题，增加了质量设计、质量检测、食品法规和标准，使食品质量管理学的内容更加完整、全面。

　　《食品质量管理学》可作为高等院校食品专业及其相关专业本科生和研究生教材，也可作为食品企业质量管理者和员工质量管理培训的参考教材。

图书在版编目（CIP）数据

　　食品质量管理学/刁恩杰，王新风主编. —2 版. —北京：化学工业出版社，2020.11（2024.8重印）
　　普通高等学校教材
　　ISBN 978-7-122-35584-3

　　Ⅰ.①食…　Ⅱ.①刁…②王…　Ⅲ.①食品-质量管理-高等学校-教材　Ⅳ.①TS207.7

　　中国版本图书馆 CIP 数据核字（2019）第 298037 号

责任编辑：尤彩霞　　　　　　　　　　　装帧设计：张　辉
责任校对：宋　玮

出版发行：化学工业出版社（北京市东城区青年湖南街 13 号　邮政编码 100011）
印　　刷：三河市航远印刷有限公司
装　　订：三河市宇新装订厂
787mm×1092mm　1/16　印张 17　字数 444 千字　2024 年 8 月北京第 2 版第 3 次印刷

购书咨询：010-64518888　　　　　　　售后服务：010-64518899
网　　址：http://www.cip.com.cn
凡购买本书，如有缺损质量问题，本社销售中心负责调换。

定　　价：49.80 元

《食品质量管理学》
编写委员会

前　言

食品质量和安全问题是当今社会普遍关注的焦点问题，如何保证食品的质量和安全也成为各国政府、企业、学者以及消费者迫切需要解决的问题。食品质量管理学集食品科学、管理学、分析化学、统计学于一体，是高等院校食品专业一门重要的基础课程。

2011年，我们编写的《食品安全与质量管理学》一书出版以来，得到相关专业教师和学生的肯定，并被全国多所高等院校指定为食品专业本科生学习和考研教材，并被评为第二届山东省高等学校优秀教材二等奖。

《食品安全与质量管理学》出版以来，食品质量管理的理论和实践都有很大的进展，对食品质量管理学在系统性、全面性、新颖性、实践性等方面提出了更高的要求，故我们在《食品安全与质量管理学》的基础上，紧密结合本学科发展的前沿，对其进行完善和更新。由于食品安全问题也属于食品质量问题，且内容变化较大，故现将其更名为《食品质量管理学》编写整理出版，该教材第1版2017年被列为江苏省高等学校重点建设教材，2020年被评为江苏省高等学校重点教材。《食品质量管理学》继承了《食品安全与质量管理学》的优点，相比之下，本版教材具有以下特点：

1. 内容更加系统化。本书按照食品质量管理的内容，从食品质量管理的基本概念入手，详细阐述了食品质量设计、质量控制、质量保证、质量改进、质量成本管理以及食品标准与法规等内容，使本书内容更加全面、系统。

2. 内容更加新颖。随着食品质量和安全管理体系不断更新、食品质量法规和标准的不断修订，本书紧跟时代发展，与时俱进，不断补充新的内容。如在本书中ISO 9001质量管理体系一章采用最新的2015版的内容进行编写，增加了2018年最新修订版《食品安全法》以及ISO 22000的内容等。

3. 可读性和实践性更强。为了便于学生理解本教材的内容，本教材列举了大量的教学和实践案例，实现理论和实践相结合，避免了空谈理论、内容枯燥乏味。

4. 内容安排更加灵活。任课老师可根据各自学校教学安排和课程设计灵活选择本教材有关章节来讲授，并强调课程内容的理论创新和实践创新。

本教材可作为高等院校食品专业及其相关专业的本科生和研究生教材，也可作为食品企业质量管理者和员工质量管理培训的参考教材。

本书在编写过程中得到山东农业大学食品学院董海洲教授以及各参编院校领导的大力支持和指导，在此表示衷心的感谢。

鉴于编者水平有限，书中不足之处在所难免，敬请广大读者提出宝贵意见，以便进一步加以改进和完善。

编　者

2020 年 2 月

目　录

第1章
食品质量与食品质量管理概述

食品是人类赖以生存和发展的最基本的物质条件。在我国国民经济中，食品工业已成为主要产业之一。国内外频繁发生的食品质量和安全事件引发了人们对食品质量和安全问题的高度关注。

1.1 食品质量与质量管理

1.1.1 食品质量的重要性

"民以食为天"，食物是人类赖以生存的物质基础，是人类发展的原动力。营养和安全是食品质量最重要的组成部分。假冒伪劣食品会引发营养不足，如维生素缺乏、蛋白质缺乏、微量元素不足而易导致各种疾病。不论婴幼儿或学龄前儿童或青少年，营养缺乏的综合表现都影响到生长发育，孕妇营养缺乏则影响到胎儿的生长发育。而滥用食品添加剂、农产品中农药残留超标、饲料中添加违禁物质、餐饮企业经营不规范、食品生产操作不安全等陆续暴露出的问题，都反映了我国食品质量和安全方面仍面临着很大挑战。

食品质量是企业竞争的主要武器。正如美国质量管理专家哈林顿（H. J. Harrington）所说："这不是一场用枪炮的战争，而是一场商业战争，战争中的主要武器就是产品质量。"这充分体现了产品质量对企业发展的重要性。我国著名食品企业汇源果汁走向世界的实例也证实了同样的道理：产品质量是市场的通行证。

《食品安全法》规定：食品生产经营者应当依照法律、法规和食品安全标准从事生产经营活动，保证食品安全，诚信自律，对社会和公众负责，接受社会监督，承担社会责任。2018年新修正的《食品安全法》第五条指出，国务院设立食品安全委员会，其工作职责由国务院规定。国务院食品安全监督管理部门依照本法和国务院规定的职责，对食品生产经营活动实施监督管理。国务院卫生行政部门依照本法和国务院规定的职责，组织开展食品安全风险监测和风险评估，会同国务院食品安全监督管理部门制定并公布食品安全国家标准。国务院其他部门依照本法和国务院规定的职责，承担有关食品安全工作。第十条提到，国家鼓励社会组织、基层群众性自治组织、食品生产经营者开展食品安全法律、法规以及食品安全标准和知识的普及工作，倡导健康的饮食方式，增强消费者食品安全意识和自我保护能力。

新闻媒体应当开展食品安全法律、法规以及食品安全标准和知识的公益宣传，并对食品安全违法行为进行舆论监督。有关食品安全的宣传报道应当真实、公正。

对生产食品的一些个体户、私营企业、民营企业与国有企业来讲，不能只靠社会责任感的道德标准，而必须依法来保障食品的安全。

1.1.2　我国食品质量与安全现状

食品质量安全状况是一个国家经济发展水平和人民生活质量的重要标志。我国政府坚持以人为本，高度重视食品安全，一直把加强食品质量安全摆在重要的位置。经过努力，我国食品质量总体水平稳步提高，食品安全状况不断改善，食品生产经营秩序显著好转。

虽然我国已在食品质量和安全方面取得了很大进步，但食品质量安全仍然存在很多问题。

（1）监管模式多部门分段管理，职责不明确

根据2018年新修正的《食品安全法》规定，我国目前建立的是由县级以上地方各级人民政府对本辖区的食品安全监督管理负总责，并由食品安全监督管理、卫生、农业、生态环境等多部门分别监管的监督执法体制。多个监管部门之间很难避免职能交叉，容易从自身利益出发来行使监管职责，职责不明晰导致在多部门监管食品安全事故中容易产生互相推诿。

（2）处罚力度不够，威慑力不强

《食品安全法》有关惩罚性赔偿的规定突破了以往补偿性的民事赔偿模式，是立法的进步，但与国外高额的食品安全案件赔偿金相比还有很大差距，对违法人员威慑力不强。

（3）食品流通领域秩序混乱

很多食品生产经营者为个体工商户，缺乏必要的食品储运设施，缺乏有效的安全检测手段和质量控制措施，使造假者有机可乘，甚至有些不法企业贪图私利，蓄意出售过期或变质食品。

（4）个别生产经营者法律意识淡薄，道德水平较低

在经济利益的驱使下，个别经营者为了降低成本，追求利益最大化，在食品的生产加工过程中无视法律法规，不顾消费者的生命安全，以次充好、使用非食品添加剂，为了利益少数生产经营者已经失去了基本的道德底线。

1.1.3　食品质量安全事件的特点

近几年频繁发生的食品质量安全事件，呈现以下几个特点。

（1）种植和养殖环节难控制

在种植和养殖环节，由于滥用、超量或超范围使用农用化学品和饲料添加剂（甚至一些非饲料添加剂）而导致食品质量安全事件的发生，如曾经发生的三鹿奶粉事件、瘦肉精事件、苏丹红事件、红心鸭蛋事件、韭菜中毒事件等。

（2）新型食品的质量与安全性问题

目前，无论发达国家还是发展中国家都对新型食品的研究给予越来越多的重视。所谓的新型食品，是指出于促进和保护健康之目的而生产的一类食品（保健食品、绿色食品、有机食品等）以及采用新的食品加工技术而生产的一类食品（转基因食品、超高压技术生产的食品、辐照食品、微胶囊化技术生产的食品、超高温或超低温技术生产的食品、纳米技术生产的食品等）。这些新型食品的质量和安全性问题也不断出现，引起消费者广泛关注。

（3）未知的食品危害不断出现

随着生活水平的提高，人类所消费食物的多样性以及食品流通的国际化，国外的食物不断进入国内，从而导致很多未知的食品危害因素也在不断出现。如小龙虾事件，至今国内外科学家未能找到导致哈夫病的原因是什么。另外，转基因食品的安全性仍存在很大争议。

（4）食物过敏人数增多

食物过敏又称食物性变态反应。随着社会的发展以及饮食习惯及食物构成的改变，食物过敏已逐渐成为影响人们生活质量和身体健康的一大社会隐患。尤其是儿童食物过敏，患病率约为 5%，例如，有的是对牛奶过敏，有的是对花生过敏。食物过敏是人体内在因素所促成的，其发病特征是常常来得迅猛，去得突然，在临床上可表现为过敏性肠胃炎，过敏性口、咽、喉及黏膜水肿，荨麻疹，湿疹，过敏性紫癜，过敏性头痛，支气管哮喘，过敏性休克等，对人体健康危害极大。因此，食品生产商要尽量避免使用容易造成人体过敏的物质，并要在食品包装说明上注明所含食物的种类和名称；而消费者特别是有食物过敏病史的消费者，更要提高过敏的防范意识，在购买食品时要特别注意食品的说明。

1.2 食品质量管理的内容

食品质量管理包括制定质量方针和质量目标、进行质量策划、质量控制、质量保证和质量改进。

1.2.1 质量方针和质量目标

质量方针、质量目标是组织关注的焦点，是组织的质量管理体系要达到的结果。质量方针是由组织的最高管理者正式发布的该组织总的质量宗旨和方向。

每个企业在建立、发展过程中都有自己特定的经营总方针，这个方针反映了企业的经营目的和哲学。在总方针下又有许多子方针，如战略方针、质量方针、安全方针、市场方针、技术方针、采购方针、环境方针、劳动方针等。由于全社会人们对质量意识的不断提高，质量方针在企业总方针中的地位显得日益重要，相当多的企业直接把质量方针作为企业的总方针来对待。企业质量方针是企业所有行为的准则。企业设立目标、制定和选择战略、进行各种质量活动策划等，都不能离开企业质量方针的指导。企业质量方针是企业质量文化的旗帜，是解决质量问题的出发点，是制定和评审企业质量目标的依据，也是企业建立和运行质量管理体系的基础。

如某矿泉水公司制定的质量方针为："强化系统管理，确保食品安全，实现持续改进，满足顾客要求，强化内外部沟通，保证信息的传递和利用。"

质量目标就是在质量方面所追求的目的。企业质量目标的建立为企业全体员工提供了其在质量方面关注的焦点，同时，质量目标可以帮助企业有目的地、合理地分配和利用资源，以达到确保质量目标与质量方针一致。一个有魅力的质量目标可以激发员工的工作热情，引导员工自发地努力为实现企业的总体目标做出贡献，对提高产品质量、改进作业效果有其他激励方式不可替代的作用。

如某公司的质量目标是："出厂食品质量安全合格率 100%；员工培训计划执行率 100%；矿泉水监督抽查合格率 100%；顾客意见及信息反馈处理率 100%"。

1.2.2　质量策划

质量策划（quality planning）是质量管理的一部分，致力于制定质量目标并规定必要的运行过程和相关资源以实现质量目标。

质量策划属于"指导"与质量有关的活动，也就是"指导"质量控制、质量保证和质量改进的活动。在质量管理中，质量策划的地位低于质量方针的建立，是设定质量目标的前提，高于质量控制、质量保证和质量改进。质量控制、质量保证和质量改进只有经过质量策划，才可能有明确的对象和目标，才可能有切实的措施和方法。因此，质量策划是质量管理诸多活动中不可或缺的中间环节，是连接质量方针和具体的质量管理活动之间的桥梁和纽带。

质量策划一般包括质量管理体系策划、质量目标策划、过程策划、质量改进策划。

① 质量管理体系的策划是一种宏观策划，根据质量方针确定的方向，设定质量目标，确定质量管理体系要素，分配质量职能等。在组织尚未建立质量管理体系而需要建立时，或虽已建立却需要进行重大改进时，就需要进行质量管理体系的策划。

② 质量目标策划就是对某一特殊的、重大的项目、产品、合同和临时的、阶段性的任务进行控制的策划，通过调动各部门和员工的积极性，确保策划的质量目标得以实现。例如每年进行的综合性质量策划（策划结果是形成年度质量计划）。这种质量策划的重点是确定具体的质量目标和强化质量管理体系的某些功能，而不是对质量管理体系本身进行改造。

③ 过程策划就是针对具体的项目、产品、合同进行的质量策划，同样需要设定质量目标，但重点在于规定必要的过程和相关的资源。这种策划包括对产品实现全过程的策划，也包括对某一过程（例如设计和开发、采购、过程运作）的策划，还包括对具体过程（例如某一次设计评审、某一项检验验收过程）的策划。也就是说，有关过程的策划，是根据过程本身的特征（大小、范围、性质等）来进行的。

④ 质量改进策划本身是个过程，质量改进策划需要经常进行，而且是分层次（组织及组织内的部门、班组或个人）进行。质量改进策划越多，说明组织越充满生机和活力。

1.2.3　质量控制

质量控制是"质量管理的一部分，致力于满足质量要求"（ISO 9000：2015）。质量控制的目标是确保产品质量能满足用户的要求。为实现这一目标，需要对产品质量产生、形成全过程中所有环节实施监控，及时发现并排除这些环节有关技术活动偏离规定要求的现象，使其恢复正常，从而达到控制的目的，使影响产品质量的技术、管理及人的因素始终处于受控的状态下。为保持作业的稳定性，质量控制过程对作业的实际表现进行测量，将结果与目标相比，并负责消除两者之间的差异。

在质量管理的过程中，质量检验是基础，质量控制是核心，不管是在质量控制阶段还是在全面质量管理阶段，质量控制始终发挥着不可替代的作用。质量控制打破了原有各部门之间的界限，将相互独立的各部门紧密地联系在一起，贯穿于生产和技术的全过程。真正地让企业的管理人员和操作人员明白，质量控制是确保产品质量的有效手段，进而将质量管理从事后的处理、落实，推进到过程的控制与治理，进而发展到事前的把关和预防。实现真正意义上的全面质量控制，最终将企业的质量管理从对产品的质量控制上升到全过程的质量控制，进而形成全系统的质量控制。

1.2.4 质量保证

质量保证也是"质量管理的一部分，致力于提供质量要求会得到满足的信任"。满足质量要求是质量保证的前提，它包括了满足产品的质量要求，也包括了满足过程和管理体系的质量要求。

质量保证的关键词是"提供信任"，提供信任的对象对内可以是管理者，对外可以是顾客。"提供信任"的方法是需要提供能够证实质量要求会得到满足的证据。对内或对外提供产品质量保证文件、过程监控记录、质量手册或认证证书，都可以作为"提供信任"的方法。

1.2.5 质量改进

质量改进是质量管理的一部分，致力于增强满足质量要求的能力（ISO 9000：2015）。质量改进的最终效果是按照比原计划目标高得多的质量水平进行工作。如此工作必然得到比原来目标高得多的产品质量。质量改进与质量控制效果虽然不一样，但两者是紧密相关的，质量控制是质量改进的前提，质量改进是质量控制的发展方向，控制意味着维持其质量水平，改进的效果则是突破或提高。

例如，药品制造业属于流程行业，药品生产的过程稳定性对于药物最终质量的影响非常关键。而用统计方法提高过程稳定性和工艺能力是目前全球药厂的普遍做法。遗憾的是，我国医药生产领域在这一方面还有待提高。不同的西药产品有各自不同的物理、化学特性。例如，对于丸剂、片剂来说，比较具有共性的一个参数就是溶解度。溶解度的大小，决定了一片药片有多少成分在设计时间内对受体发挥了效用。简言之，药品被吞服了却没有完全溶化，药效当然被打了折扣。为此，某医药公司质量部开展了药片溶解度提升的质量改进过程。

第一，定义质量标准，找到目前产品和期望值之间的差距。对抽样数据进行简单分析，发现产品不合格率很高，16％批次的产品没有达到溶解度放行要求。

第二，确定生产流程和可能的影响因素。质量部对该药片的生产过程进行重新审核，对每个过程的初始变量、过程变量都一一做了标注。这些变量是根据工作人员进行大规模头脑风暴，结合生产管理人员的质量管理经验进行初步挑选的。

第三，用统计工具进行分析，找到影响溶解度的关键因素和影响方程。这一步是非常关键的分析步骤。正确的统计工具和方法，可以得到正确的结论，并且简化分析流程，降低质量改善人员的学习时间，并且提高结果的可读性。

第四，产生改进方案。根据统计分析找出影响药片溶解度的关键因素，采取对策加以改进。通过分析影响溶解度的关键因素为筛网孔径大小。筛网孔径在 5 时，产品不合格；3 时为合格；4 时影响很小。因此，采取的措施为将筛网孔径大小改为 3。

第五，测试以进一步完善改进方案。该公司质量管理人员利用统计软件模拟功能，根据工厂现场生产的情况，在软件中花费短短几秒钟，模拟了 100 万行数据，然后利用相关方程式，带入模拟数据，得到 100 万个溶解度值。改进效果好于未改进前。

第六，试生产。该公司于 2015 年根据上述改善方案进行试生产，结果大大超出管理者的预期：溶解度参数远远超出预期，仅此一项改善项目，每年就为公司节省成本达 200 万欧元以上。

第七，反馈，持续改进。事实胜于雄辩。该公司质量管理人员从应用统计方法改善质量中获得巨大的鼓舞和信心，进一步把统计方法大规模扩展到改善药品质量的各个环节中去，这进一步巩固了该公司作为全球制药领袖的地位。

1.3 食品质量管理常见问题

（1）领导不重视、质量意识淡薄

任何企业总会存在质与量的选择。要么求一时之利而毁企业之发展前程；要么顾及质量、精心耕耘。事实是，庞大的无效率的人力占据了企业的狭小空间，微薄的产品利润如何应对这样的现实？唯有加强企业产品质量管理。

作为企业的领导，站在企业长远发展的角度，必须要有强烈的质量意识，把质量意识镶入到整个企业的骨子里。同时，企业领导还要通过言传身教让全体员工都有全面质量管理的意识。例如，张瑞敏当年当众砸掉76台不合格的冰箱，铸就了家电行业的大品牌——海尔。而三鹿集团因领导的忽视质量，片面追求利益最大化，同时存在侥幸心理，使一个辛苦发展起来的民族品牌从国人的视线中消失。由此可见，领导对产品质量的不同态度，导致两个企业的不同命运。

（2）企业未建立质量管理战略

质量问题，说到底是一个关乎企业生死的战略问题。一家企业要长久生存下去，不仅仅是依靠推出新奇的创新产品来吸引消费者的眼球，最根本的还是要通过信誉和质量赢得市场。

市场研究表明：不满意的顾客会把不满意告诉22个人，而满意的顾客只将满意告诉8个人。减少顾客离去率5％可以增加利润25％～95％，增加5％顾客保留率可以增加利润35％～85％。企业抓质量工作，首先应该抓好加工过程的每一个环节，尤其是要防患于未然。正如通用电器公司前总裁韦尔奇所说："如果不能以世界上最低的价格出售最高质量的产品，你将被迫退出市场。"

由此可见，以质取胜是各国企业认同的战略大计。

（3）质量管理发展滞后

大部分食品企业都是从家庭小作坊转变而来的，经营管理经历了一个从不规范到规范、从不完善到完善的发展过程。质量管理在很多企业中未能得到高度重视，对产品质量的控制还处于初期阶段。比如，有些食品企业对原材料无自检能力，只能靠供货方的"质检单"，至于原料是否与所附的"质检单"一致，根本无法核实。对于第三方的公正检验，企业则认为耗时耗力，增加成本。从而造成产品合格率低，反而既增加了成本，又降低了市场竞争能力。

（4）未建立全面质量管理的思想

全面质量管理（total quality management，TQM）是指企业中所有部门、所有组织、所有人员都以产品质量为核心，把专业技术、管理技术、数理统计技术集合在一起，建立起一套科学、严密、高效的质量保证体系，控制生产过程中影响质量的因素，以优质的工作、最经济的办法提供满足用户需要的产品的全部活动。

所谓全面管理，就是进行全过程的管理、全企业的管理和全员的管理。很多企业领导认为质量管理是品保部门的事情，与其他部门无关，这是完全错误的。企业搞好质量管理，必须进行全过程的管理、全企业的管理和全员的管理。树立"下道工序就是用户""努力为下道工序服务"的思想。

（5）标准化水平低

标准化是质量管理的基础。现有中小食品生产企业多数遵循着"个体工商户——作坊式企业——规模企业"的发展路径，标准化工作起点低。标准化问题主要体现在三个方面：一是标准化人才缺乏，标准意识差；二是技术标准体系不健全，部分企业只有一个产品标准或标准样品。没有检测、工艺、计量、生产等技术标准；三是管理标准和工作标准体系不健全，没有主要的职能管理制度。

（6）质量管理人员素质整体水平有待提高

目前企业在岗的质量管理专业人员素质参差不齐，许多企业的经营管理者和技术人员缺乏系统的质量专业知识和技能的培训。部分企业的高级管理人员流动频繁，人才流失严重，人才激励机制原始单一。技术和管理人才的缺乏，导致了企业质量管理水平低下。再就是企业员工对质量管理的参与大多是被动的，主动关心企业、积极提高产品质量和工作质量的情况并不普遍。

（7）相关监督机制不完善

目前，我国许多中小型食品企业虽然通过了国际标准认证，但是在现实情况中仍然存在不少质量问题。分析原因有以下三点：一是食品企业认证动机不纯，获证企业为的是拿证，而认证机构只为获取利益；二是咨询、认证人员知识结构不够合理，素质参差不齐，无法有效地指导企业建立质量管理体系；三是有关机构政策引导与监管力度不够，对认证企业和获证企业的后续管理不到位。正因如此，才会出现很多通过国际标准认证的食品企业，仍然不断发生重大食品安全事故，"三鹿事件"就是这一系列食品安全事故中的典型事件。

综上所述，食品企业搞好质量管理具有重大的意义，作为食品企业的管理人员、技术人员和工作人员，都应熟悉食品质量管理的基础知识，应从整体上把握质量管理的共性，以指导更好的学习和应用先进科学的质量管理方法，全面提高企业的质量管理水平。保证产品的质量不仅是企业参与市场竞争的利器，也是对广大消费者认真负责的重要表现，有助于提高企业形象，树立良好的品牌。

第2章
食品质量

要想搞好质量管理，首先要弄清楚食品与质量的概念和本质，理清影响食品质量的因素，只有这样，才能从根本上做好质量管理。因此，本章主要对食品及质量的概念进行阐述，并介绍了影响食品质量的一些因素。

2.1 食品

2.1.1 食品的定义

在现实生活中，我们接触到很多食品，但是对于什么是食品，却不能给出一个准确而完美的答案，包括很多从事食品行业的人员，也不能非常准确地回答。有人认为能吃的东西就是食品，还有人认为食品是经过加工的食物。这些都是很片面、肤浅的认识。例如，药品能吃，但不是食品；成熟的香蕉没有经过加工，但是食品。

《食品工业基本术语》对食品的定义：可供人类食用或饮用的物质，包括加工食品（如罐头食品、面包）、半成品（如净菜、保鲜肉）和未加工食品（水果类），不包括烟草或只作药品用的物质。

《食品安全法》第一百五十条对食品的定义：食品，指各种供人食用或者饮用的成品和原料以及按照传统既是食品又是中药材的物品，但是不包括以治疗为目的的物品。

上述两个对食品的定义比较全面地描述了我们所见到的食品，但只是对最终产品的描述。从全面质量管理的角度，广义的食品概念还涉及所生产食品的原料、食品原料种植和养殖过程中接触到的物质和环境、食品的添加物、所有直接或间接接触食品的包装材料、生产设施以及影响食品原有品质的环境。

2.1.2 食品的特性

图 2-1 所示为日常生活中接触到的食品，它们的共同特点：首先它们都具有一定的色、香、味、质地和外形；其次是含有人体需要的各种蛋白质、脂肪、碳水化合物、维生素、矿物质等营养素；第三也是最重要的就是它们必须是无毒无害。也就是说，食品必须在洁净卫生的环境下种植、养殖、生产加工、包装、贮藏、运输和销售。由此我们可以得出食品与其

图 2-1　日常生活中常见食品

他产品的不同点如下。

第一：食品对卫生的要求比较高。食品的卫生安全直接关系到人类的生命和健康，已经发生的食物中毒事件，很多是由于不卫生的物质之间发生交叉污染所致。2002 年，国家质量监督检验检疫总局对老五类产品即面、米、油、酱油、醋实施生产许可制度（即原来的产品质量市场准入制度），即 QS 认证（图 2-2），2018 年 10 月以后，该标志更换为"SC"认证，要求这五类产品必须获得认证后才有资格进行生产和销售。

旧标志　　　　　　　　　　新标志

图 2-2　生产许可认证标志

第二：食品是为人类提供营养的，是通过食用或饮用来实现它的使用价值，也就是满足人们的生理需求；而其他产品则是满足人们物质、心理或精神上的需求。如水果蔬菜可以提供给人体维生素和矿物元素，而电视是为了消遣和娱乐。

第三：食品只能使用一次，而其他产品一般可以重复使用。如水杯可以重复使用，而食品提供给人体营养素后就完成使命。

2.2 食品质量的内涵

2.2.1　质量的定义

质量从字面意思来讲包括两个方面：品质和数量。只有品质没有数量或者只有数量没有品质都不叫质量，只有两者同时满足要求时才是质量。

质量一词非常抽象，不同的人，由于所学专业、从事行业、年龄、素质、经验、时间、需求、文化水平等不同，对质量的理解也不同。美国质量管理专家戴明博士认为："质量是从客户的观点出发加强到产品上的东西"；世界著名质量专家塔古奇博士将质量定义为："质量是客户感受到的东西"；世界著名统计工程管理学专家道里安·舍宁认为"质量是客户的满意、热情和忠诚"；海尔集团总裁张瑞敏先生认为："质量意味着产品无缺陷"，"质量是产品的生命，信誉是企业的灵魂，产品合格不是标准，用户满意才是目的。"

国际标准化组织（ISO）在 ISO 9000《质量管理体系——基础和术语》中对质量的定义是："一组固有特性满足要求的程度"。

特性分为固有的特性和赋予的特性，固有特性是指事物本来就有的特性，如火腿中含有蛋白质和脂肪等营养素，含有人体所需的营养物质就是火腿本来就有的；水果蔬菜中含有叶绿素而呈现绿色等。赋予的特性是指人为增加或给予事物的特性，如在火腿中添加亚硝酸盐和红曲色素，使其呈现红色；食品的价格；鲜奶、冷鲜肉在运输过程中要求在低温条件下运输和贮藏等。

要求可分为明示的、隐含的和必须履行的要求或期望。

明示的要求是指明确提出来的或规定的要求。如在水果买卖合同中明确提出水果的大小或顾客口头明确提出的要求。

隐含的要求是指组织、顾客和其他相关方的惯例或一般做法，所考虑的需求或期望是不言而喻的。例如采购方便面，只需要提出购买某一品牌的方便面就可以了，而不用单独提出方便面必须是安全的或要满足相应的国家标准，因为只要是生产食品，食品企业就知道必须满足这些要求。

必须履行的要求是指法律法规要求的或有强制性标准要求的。例如出口食品企业必须进行卫生注册或登记；必须通过 SC、ISO 22000 或 ISO 9001 认证等。

从质量的概念中，我们可以理解到：质量的内涵是由一组固有特性组成，并且这些固有特性是以满足顾客及其他相关方所要求的能力加以表征。具体到食品来说，食品质量就是食品的固有特性满足消费者要求的程度。

对于"质量"概念的理解，具有代表性的是从"符合性"和"适用性"角度进行定义。

① 符合性质量定义　符合性质量是以"符合"现行标准的程度作为衡量依据。长期以来，人们认为只要符合标准的产品就是合格的产品，就能满足消费者的要求，这可能是人们受传统产品质量检验以及判断质量好坏的过程等影响所致。因为标准是随着时间的推移而有所修订或改进的，有先进和落后之分，过去认为是先进的，现在可能是落后的。例如现行的糕点、面包卫生标准是 GB 7099—2015，如果仍按 GB 7099—2003 的要求生产，产品就是不合格的。同时，标准不可能将顾客的各种需求和期望都规定出来，特别是隐含的需求与期望。

② 适用性质量定义　它是以适合顾客需要的程度作为衡量的依据，即"产品在使用时能成功地满足顾客需要的程度"。例如，小王喜欢吃甜面包，如果给他一个咸面包，肯定不能满足他的要求，对于小王来说，咸面包就是不合格产品，但对于喜欢吃咸面包的人来说就是合格的产品。

除了以上对"质量"概念的理解以外，质量概念本身还具有经济性、广义性、实效性和相对性等特点。

① 质量的经济性　人们在日常生活中经常要求"货真价实，物美价廉"，实际上是反映人们的价值取向，物有所值，就表明质量有经济性的特点。企业从事生产活动，目的就是以最好的产品最大限度地满足顾客的需求，以求获得最大的利润。

② 质量的广义性　质量不仅指产品质量，而且还包括过程质量、部门质量、体系质量、管理质量。在食品生产过程中，要按照全面质量管理的思想，实现"从农田到餐桌"的全程控制食品的质量。

③ 质量的时效性　随着技术水平和人们生活水平的提高，各种标准也在不断地被修正，旧的标准逐渐被淘汰，人们对质量的要求也在不断提高。例如原先被顾客认为质量好的产品会因为顾客要求的提高而不再受到顾客的欢迎。因此，食品企业应不断地调整对质量的要求。

④ 质量的相对性　不同的人对质量的要求是不同的，因此会对同一产品的功能提出不同的需求；也可能对同一产品的同一功能提出不同的需求。例如薯片，有的人喜欢番茄酱口

味的，有的人喜欢吃咸味的，因此，需求不同，质量要求也就不同，只有满足需求的产品才会被认为是质量好的产品。

2.2.2　质量特性

质量特性是指产品、过程或体系与要求有关的固有特性。

根据 ISO 9000 对质量的定义，质量概念的关键就是"满足要求"，怎样判断产品满足要求，就必须把这些"要求"转化为可测量的指标，作为评价、检验和考核的依据。由于顾客的需求是多种多样的，所以反映产品质量的特性也是多种多样的。质量特性包括安全性、经济性、适用性、稳定性、环境和美学等。质量特性有的是能够定量的，有的只能定性，但是，在实际操作时，经常将定性的特性转化成定量的特性。

食品质量特性有内在特性、外在特性、经济特性、商业特性和其他特性之分。内在特性如食品的化学成分、硬度、组织结构等；外在特性如外观、形状、色泽、气味、包装等；经济特性包括食品的价格、生产费用、运输和贮藏费用、服务费用等；商业特性如交货期、保质期、食用方法等；安全特性如无毒无害、卫生等；环境特性包括社会、文化、宗教信仰、法律等；美学特性如包装美观等。

根据对顾客满意的影响程度不同，应对质量特性进行分类管理。常用的质量特性分类方法是将质量特性划分为关键、重要和次要三类。

①　关键质量特性　是指若超过规定的特性值要求，会直接影响产品安全性或产品整体功能丧失的质量特性。例如在肉制品中亚硝酸盐的含量必须控制在 30mg/kg 以下，否则会对人的健康带来威胁，所以亚硝酸盐的含量是个关键质量特性；对于易腐食品，腐败微生物的数量也是关键质量特性。

②　重要质量特性　是指若超过规定的特性值要求，将造成产品部分功能丧失的质量特性。例如，补钙、铁、锌的保健品，如果钙、铁、锌含量达不到标准要求，就会使补钙、铁、锌的效果降低。劣质奶粉导致的大头娃娃事件，就是蛋白质达不到要求导致的。

③　次要质量特性　是指若超过规定的特性值要求，暂不影响产品功能，但可能会引起产品功能的逐渐丧失。例如：果汁中的维生素含量随着时间的延长会逐渐地减少，但不影响饮用，食品的保质期就是一个次要的质量特性。

2.2.3　质量形成过程

①　质量环　任何产品都要经历设计、制造和使用的过程，食品质量相应也有个产生、形成和实现的过程，这一过程是由按照一定的逻辑顺序进行的一系列活动构成的。人们往往用一个不断循环的圆环来表示这一过程，称之为质量环。它是对产品质量的产生、形成和实现过程进行的抽象描述和理论概括。过程中的一系列活动一环扣一环、互相制约、互相依存、互相促进。过程不断循环，每经过一次循环，就意味着产品质量的一次提高。通过将食品质量形成的全过程分解为若干相互联系而又相对独立的阶段，就可以对之进行有效的控制和管理。

任何产品质量的形成基本遵循这样的过程：市场调研──→产品研发──→生产设计──→采购──→生产制造──→检验──→包装──→贮存──→运输──→销售──→服务──→营销和市场调研。下面以烤鸡质量形成过程为例说明质量环（图 2-3）。

首先进行市场调研，了解顾客对烤鸡的消费需求

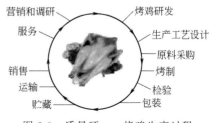

图 2-3　质量环──烤鸡生产过程

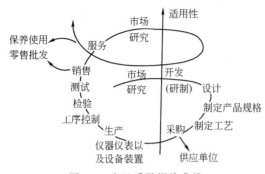

图 2-4　朱兰质量螺旋曲线

（烤鸡的大小、价格、风味、宗教信仰等），针对顾客需求进行产品的研发以及生产工艺的设计，接着根据设计采购所需的原料，然后进行烤制、检验、包装、运输和销售；服务的内容主要包括食用方法、保存方法等；销售和服务的过程中，通过调研了解烤鸡存在的问题，以备下次烤制过程中进行改进。

② 质量螺旋　美国质量管理专家朱兰（Joseph H. Juran）博士于 20 世纪 60 年代用一条螺旋曲线来表示质量的形成过程，称之为朱兰质量螺旋曲线（图 2-4）。在朱兰质量螺旋曲线图上我们可以看到，产品质量的形成由市场研究、开发（研制）、设计、制定产品规格、制定工艺、采购、仪器仪表以及设备装置、生产、工序控制、检验、测试、销售、服务十三个环节组成；产品质量形成的各个环节环环相扣，周而复始，不断循环上升。

2.3　影响食品质量的因素

从食品质量形成过程来看，食品质量是否能够满足消费者的要求，取决于四个因素：开发设计质量、生产制造质量、食用质量和服务质量。

① 开发设计质量　开发设计是产品质量形成最为关键的阶段。设计一旦完成，产品的固有质量也就随之确定。食品质量设计的好坏，直接影响消费者的购买和产品的食用安全。食品的开发设计主要包括产品的配方、加工工艺及流程、所需要的生产原料、生产设备、包装、运输和贮藏条件等。每一个环节设计出现问题，都将影响着最终产品的质量和安全。世界快餐巨头麦当劳和肯德基每年都会针对不同的消费群体开发出不同的产品，而且花样百出，从而吸引世界各地的消费者。

② 生产制造质量　生产制造是将设计的成果转化为现实的产品，是产品形成的主要环节。没有生产制造，就不可能有我们所需要的食品。生产制造质量体现在生产设备的稳定性、先进性以及消毒、清洗和维修保养情况，生产人员的技术水平、管理水平以及管理体系运行情况等。

③ 食用质量　食用质量主要包括产品的颜色、风味、气味、口感、营养、安全以及食用方便等。食用质量是食品的价值体现，它的好坏直接决定着消费者是否重复购买或将其介绍给亲朋好友。

④ 服务质量　服务质量是产品质量的延续。服务质量体现了一个企业对顾客的重视，是企业形象的体现。每一个企业的产品不可能 100% 的完美，出现质量问题，能够及时跟上服务，是对产品质量的弥补，可以挽回企业的部分损失和声誉。

从食品生产过程来看，影响食品质量安全的因素包括六大因素，即人（man）、生产设备（machine）、原材料（material）、方法（method）、测定（measure）和环境（environment），简称"5M1E"。

首先，人是影响食品质量安全的决定因素。人即直接参与食品生产的决策者、组织者、指挥者和操作者。人的问题是质量安全问题的决定因素，甚至有许多属于技术、管理、环境等原因造成的质量问题，最终常常归结到人的身上。作为控制的对象，人应避免产生错误或过失；作为控制的动力，应充分调动人的积极性。食品生产实践中应增强人的责任感和质量意识，最关键的是要求工作人员具有相应的素质（如职业道德、敬业精神、诚实信用等）、能力（工作经验、人事能力等）和知识（学历、专业知识等）。

其次，生产设备是食品生产的重要组成部分。所以应从设备的造型、主要性能参数、使用与操作要求着手，对生产设备的购置、检查验收、安装和试车运转严加管理，确保相关管理制度和规定落实到位、建立设备管理台账、完善设备器具维护清洗消毒记录，以保证食品质量安全目标的实现。

第三，原材料是食品生产的物质条件，是食品质量安全的基础，材料的质量直接影响食品的质量，所以，加强材料的质量控制是提高食品质量安全的重要保证。原辅材料质量控制包括进货验收方式、原辅料进货记录、食品添加剂使用及登记备案、投料记录、原辅料贮存等。

第四，方法，包含食品整个生产周期内所采取的技术方案、工艺流程、组织措施、计划与控制手段、检验手段等各种技术方法。方法是实现食品质量安全的重要手段，无论食品生产采取哪种技术、工具、措施，都必须以确保质量为目的。

第五，测量，包括测量设备和测量方法。测量设备是安全食品生产的物质基础，测量方法是确保食品质量安全的关键。在食品企业内部，测量既是控制食品质量安全的第一关，也是控制食品质量安全的最后一关。针对近几年发生的食品质量安全事件，如三鹿奶粉事件、苏丹红事件、瘦肉精事件等，都是由于原料把关不严，导致了这些事件的发生。

第六，环境，即包括贮运环境、生产环境和销售环境，也包括社会环境、技术环境、管理环境、劳动环境等。环境因素对食品质量安全的影响，具有复杂而多变的特点。如各种工业或环境污染物的存在；有害元素、微生物和各种病原体的污染；生物技术和食品新技术、新工艺的应用带来的可能的负面效应。对环境因素的控制，关键是充分调查研究，并根据经验进行预测，针对各个不利因素以及可能出现的情况，提前采取措施，充分做好各种准备。确保现场环境卫生、现场生产作业人员个人卫生、生产食品所用工具及设施卫生符合要求，避免生产过程的交叉污染，洗手、更衣、消毒等控制措施有效。

2.4 食品质量战略

2.4.1 质量战略

战略原为军事用语，指作战的谋略、对战争全局的谋划。时至今日，战略一词被广泛应用于社会经济活动的各个领域，泛指重大的、带有全局性和决定性的谋划。所谓质量战略，就是通过高的质量水平去获取竞争优势，从而获取更多利润的战略。质量战略是以质量为中心，以为顾客提供满意的产品和服务为理念，以顾客满意和赢得顾客忠诚为目标，力求提高市场份额和国际竞争力的企业全局发展的谋划。为了保证企业发展不偏离企业宗旨，增强顾客对企业满足其需要的信心，适应外部环境的变化，企业必须建立与企业战略相适应的质量战略。

2.4.2 质量战略类型

2.4.2.1 产品质量特性组合战略

① 内在质量为主，外部质量为辅　产品主要讲究内在品质，以内在的质量为主要产品

战略，外面的包装、宣传作为辅助策略。

质量就是生命，责任重于泰山。近几年来，我国企业特别是大中型企业走以质取胜之路，自觉落实产品质量主体责任，质量意识不断增强，通过技术进步、科学管理、诚信建设，有效地促进了产品质量的提升。汇源果汁集团有限公司就是这些企业中的典型代表。长期以来，汇源实施全面质量管理，从源头严格控制产品的内在质量。"不管是国内，还是国际，质量始终是品牌的通行证。"概括了汇源集团走以质取胜获得快速发展的道路。

② 外部质量为主，内在质量为辅　产品重心在于讲究外在包装和宣传，在于产品的文化概念，产品的质量不是产品的主要策略。

2000 年之前我国的牛奶市场可以说被伊利统治着，但蒙牛的横空出世，准确的投资：首先赞助了"超级女生"，从此扬帆起航，后期在公交车的视频上、路边广告牌上撒播广告，可谓名声大作，后期以环保姿态出现在消费者面前，并于 2010 年代表中国参加世界环保食品会议，这奠定了蒙牛在国内龙头老大的实力。现在蒙牛也主办一些环保活动、扶贫活动，广告形式主要以新产品的广告为主，多元化的雪糕、牛奶和奶粉，市场反应效果相当不错。

③ 内外质量并重　将产品的内在质量和外在的包装、宣传结合起来，这是现代企业主要的、长远的产品质量战略。

2.4.2.2　产品内在质量特性战略

根据顾客对内在质量特性的要求不同，企业可在以下内在质量战略中选择。

(1) 产品性能战略

产品的性能是指产品满足顾客使用目的所具备的技术特性，即产品在不同目的、不同条件下使用时，其技术特性的适合程度。产品性能战略包括：

① 高性能战略　专门生产或主要生产性能高的产品战略。

② 适中性能战略　开发和生产性能属于中等的产品战略。

③ 合格性能战略　开发和生产符合质量标准所规定性能要求的战略。

(2) 产品寿命战略

产品寿命是指产品能够使用的期限，它与产品性能是相互匹配的质量特性。对于食品来说，主要指食品的货架期和食用品质。

① 长寿命战略　即开发和生产使用寿命较长或很长的产品战略。

② 适中寿命战略　由于技术进步，不少产品的市场寿命周期缩短，因而也影响到产品的使用寿命。

③ 短寿命产品战略　即开发和生产使用寿命较短或很短的产品战略。

2.4.2.3　产品质量标准战略

产品质量标准是衡量产品质量是否合格的尺度，它是直接或间接地针对产品质量特性的计量。产品质量标准颁布单位和适用范围不同，有不同的分类。而按符合质量标准不同来分类，有以下质量标准战略可供选择。

① 国际质量标准战略　就是国际标准化组织（ISO）和国际电工委员会（IEC）为保证生产合格产品所制定的有关质量标准，还包括国际标准化组织公布的其他国际组织所规定的标准。如 ISO 9001 质量管理体系标准、ISO 22000 标准等。

② 国外先进标准战略　是指国际上有权威的区域性标准、世界主要经济发达国家标准和通行的团体标准，以及其他国际上先进的标准。如欧盟标准和日本、美国等国家制定的标准。

③ 国家质量标准战略　即由我国相关职能部门制定的产品质量标准。如 GB 2760—

2011 食品添加剂使用标准。

④ 目标市场所在国的国家标准战略　目标市场所在国的国家标准战略就是出口企业的产品质量标准，按照企业所确定的目标市场所在国的国家标准来组织生产，使之达到该国对质量的特殊要求的战略。

⑤ 竞争质量标准战略　就是出口企业按照高于国外同类产品生产厂家的产品质量标准组织生产和销售的战略。

⑥ 用户满意标准战略　就是出口企业的产品质量按照与用户在合同中所提出的质量标准，进行设计和生产的战略。

2.4.2.4　市场动态质量战略

市场动态质量战略是指根据市场营销的发展变化，所实行的动态性的质量战略。根据市场营销的不同动态，有以下三种战略可供选择。

① 符合性质量战略　是指企业设计和生产的产品质量，符合国家技术标准或符合国际标准，或符合国外先进标准的战略。

② 竞争性质量战略　就是按照高于同类型产品生产厂家的质量标准，进行设计和生产的战略。

③ 适用性质量战略　即根据顾客需求变化的特点，按照顾客所要求的质量标准进行设计和生产的战略。

2.4.2.5　质量目标战略

质量目标战略是指企业在规划期间内使质量水平达到一定目标所进行的谋划和方略。

（1）质量等级战略

把产品质量的各项具体指标按 A、B、C、D 等四级进行评审，最后确定该产品的质量等级。

① 优秀级质量战略　在规划期内，使产品质量的各项指标都达到 A 级水平的战略。

② 良好级质量战略　在规划期内，使产品质量的各项指标都达到 B 级及 B 级以上水平的战略。

③ 一般级质量战略　在规划期内，使产品质量的各项指标都达到 C 级水平的战略。

④ 可用级质量战略　在规划期内，使产品质量的各项指标都达到 D 级水平的战略，即合格品水平的战略。

（2）质量年代水平等级

不同年代，消费水平和科技水平有差异，消费者对产品质量的要求也不同。如 20 世纪 90 年代质量水平战略、21 世纪 10 年代初期质量水平战略、21 世纪 50 年代质量水平战略（未来战略）。

第3章
食品质量管理

食品质量是设计、制造出来的，也是管理出来的。没有质量管理，产品质量就没有保障，企业没有市场竞争力，消费者的生命安全就无法保证。本章主要介绍质量管理方面的一些基本概念和理论。

3.1 管理

管理就是指一个组织为了实现预期的目标，以人为中心进行的协调活动。它包括 4 个含义：①管理是为了实现组织未来目标的活动；②管理的工作本质是协调；③管理工作存在于组织中；④管理工作的重点是对人进行管理。

传统意义上的管理指的是通过计划、组织、领导、控制及创新等手段，结合人力、物力、财力、信息等资源，以期高效地达到组织目标的过程。

根据此定义，我们可以看出，管理具有四大职能，即计划、组织、领导和控制。

计划：就是确定组织未来发展目标以及实现目标的方式；

组织：服从计划，并反映组织计划完成目标的方式；

领导：运用影响力激励员工以便促进组织目标的实现。同时，领导也意味着创造共同的文化和价值观念，在整个组织范围内与员工沟通组织目标和鼓舞员工树立起谋求卓越表现的愿望。

控制：对员工的活动进行监督，判定组织是否按照既定的目标顺利向前发展，并在必要的时候及时采取纠正措施。

3.2 质量管理

质量管理是为了实现组织的质量目标而进行的计划、组织、领导和控制的活动。ISO 9000 标准对质量管理的定义是："在质量方面指挥和控制组织协调的活动。"这里的活动通常包括制定质量方针、质量目标、质量策划、质量控制、质量保证和质量改进（图 3-1）。

3.2.1 质量管理的发展阶段

质量管理的产生和发展过程经历了漫长的发展道路。按照质量管理所依据的手段和方式，我们可以将质量管理发展历史大致划分为：操作者的质量管理阶段；质量检验管理阶段；统计质量管理阶段；全面质量管理（total quality management，TQM）阶段。

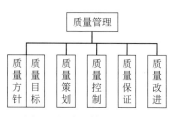

图 3-1　质量管理的组成

① 操作者的质量管理阶段　这个阶段从开始出现质量管理一直到 19 世纪末资本主义的工厂逐步取代分散经营的家庭手工业作坊为止。这段时期受小生产经营方式或手工业作坊式生产经营方式的影响，产品质量主要依靠工人的实际操作经验，靠手摸、眼看等感官估计和简单的度量衡器测量而定。工人既是操作者又是质量检验和质量管理者，他们的经验就是"标准"。质量标准的实施是靠"师傅带徒弟"的方式言传手教进行的，因此，有人又称之为"操作者的质量管理"。

② 质量检验管理阶段　资产阶级工业革命成功之后，机器工业生产取代了手工作坊式生产，劳动者集中到一个工厂内共同进行批量生产劳动，于是产生了企业管理和质量检验管理。

质量检验所使用的手段是各种各样的检测设备和仪表，它的方式是严格把关，进行百分之百的检验。

专职检验既是从生产成品中挑出废品，保证出厂产品质量，又是一道重要的生产工序。通过检验，反馈质量信息，从而预防今后出现同类废品。

专职检验的特点是"三权分立"，即：有人专职制定标准（立法）；有人负责生产制造（执法）；有人专职按照标准检验产品质量（司法）。

但我们又应看到，专职检验也有其弱点：其一，出现质量问题容易扯皮、推诿，缺乏系统优化的观念；其二，它属于"事后检验"，无法在生产过程中完全起到预防、控制的作用，一经发现废品，就是"既成事实"，一般很难补救；其三，它要求对成品进行百分之百的检验，这样做有时在经济上并不合理（会增加检验费用，延误出厂交货期限），有时从技术上考虑也不可能（例如破坏性检验），在生产规模扩大和大批量生产的情况下，这个弱点尤为突出。后来，又改为百分比抽样方法，以减少检验损失费用，但这种抽样方法片面认为样本和总体是成比例的，因此，抽取的样本数总是和检查批量数保持一个规定的比值，如百分之几或千分之几。但这实际上存在着大批严、小批宽，以致产品批量增大后，抽样检验越来越严格的情况，使相同质量的产品因批量大小不同而受到不同的处理。

③ 统计质量管理阶段　这一阶段的特征是数理统计方法与质量管理的结合。第一次世界大战后期，休哈特（Walter A. Shewhart）将数理统计的原理运用到质量管理中来，并发明了控制图。他认为质量管理不仅要搞事后检验，而且在发现有废品生产的先兆时就进行分析改进，从而预防废品的产生。控制图就是运用数理统计原理进行这种预防的工具。因此，控制图的出现，是质量管理从单纯事后检验进入检验加预防阶段的标志，也是形成一门独立学科的开始。

第二次世界大战开始以后，统计质量管理的方法得到很多军火商的应用，统计质量管理的效果也得到了广泛的认可。第二次世界大战结束后，美国许多企业扩大了生产规模，除原来生产军火的工厂继续推行统计质量管理方法以外，许多民用工业也纷纷采用这一方法，美国以外的许多国家，也都陆续推行了统计质量管理，并取得了成效。

但是，统计质量管理也存在着缺陷，它过分强调质量控制的统计方法，使人们误认为质量管理就是统计方法，是统计专家的事。在计算机和数理统计软件应用不广泛的情况下，使许多人感到难度大、高不可攀。

④ 全面质量管理阶段　1961 年，美国通用电气公司质量总监菲根堡姆（A. V. Feigenbaum）出版了《全面质量管理》一书，指出"全面质量管理是为了能够在最经济的水平上，考虑到充分满足用户要求的前提下，进行市场研究、设计、生产和服务，使企业的研制质量、维护质量和提高质量的活动构成完整的有效体系"。20 世纪 60 年代，各国纷纷接受此全新观念，尤其在日本开花结果，成效显著。

全面质量管理始于市场、终于市场，是企业管理的核心。其关键内容是"四全""一科学"："四全"是全过程、全企业、全指标、全员的质量管理；"一科学"是以数理统计方法为中心的一套科学管理方法。

3.2.2　质量管理专家及贡献

在质量管理的发展历程中，涌现出许多质量管理方面的专家，他们为世界质量管理的发展做出了突出贡献，发挥了积极作用，所以，人们称之为质量管理专家。

（1）休哈特及其质量理念

休哈特是现代质量管理的奠基者，美国工程师、统计学家、管理咨询顾问，被人们尊称为"统计质量控制之父"。

1924 年 5 月，休哈特提出了世界上第一张控制图，1931 年出版了具有里程碑意义的《产品制造质量的经济控制》一书，全面阐述了质量控制的基本原理，他认为，产品质量不是检验出来的，而是生产出来的，质量控制的重点应放在制造阶段，从而将质量管理从事后把关提前到事前控制。

（2）戴明及其质量理念

戴明（W. Edwards. Deming）博士是世界著名的质量管理专家，他对世界质量管理发展做出的卓越贡献享誉全球。以戴明命名的"戴明质量奖"至今仍是日本质量管理的最高荣誉。作为质量管理的先驱者，戴明的质量学说对国际质量管理理论和方法始终产生着极其重要的影响。戴明关于质量管理的学说简洁明了，其主要观点是"质量管理十四要点"（Deming's 14 Points），其核心是：目标不变、持续改善和知识渊博。戴明"质量管理十四要点"是 20 世纪全面质量管理（TQM）的重要理论基础。

戴明的其他观点包括："质量是一种以最经济的手段，制造出市场上最有用的产品""质量无须惊人之举""质量就是顾客对所提供产品和服务感受到的优良程度""企业需要通过使用'硬'的（测量统计等工具和手段）和'软'的手段（良好的人际关系和协调技术），将质量概念变为现实。"等。

（3）朱兰及其质量理念

朱兰博士是世界著名的质量管理专家，他所倡导的质量管理理念和方法始终深刻影响着世界企业界以及世界质量管理的发展。他的"质量计划、质量控制和质量改进"被称为"朱兰质量三部曲"。由朱兰博士主编的《朱兰质量手册》（Juran's Quality Handbook）被称为当今世界质量管理科学的名著，为奠定 20 世纪全面质量管理（TQM）的理论基础和基本方法做出了卓越的贡献。朱兰认为："质量是一种适用性，而所谓适用性（fitness for use）是指使产品在使用期间能满足使用者的需求。"可以看出，朱兰对质量的理解侧重于用户需求，强调了产品或服务必须以满足用户的需求为目的。事实上，产品的质量水平应由用户给出，只要用户满意的产品，不管其特性值如何，就是高质量的产品，而没有市场的所谓的"高质量"是毫无意义的。

在质量管理方面，朱兰提出质量螺旋（quality spiral）的概念。

在质量责任的权重比例方面，朱兰提出著名的"80/20 原则"，他依据大量的实际调查和统计分析认为，在所发生的质量问题中，追究其原因，只有 20% 来自基层操作人员，而恰恰有 80% 的质量问题是由于领导失职所引起的。

（4）菲根堡姆及其质量理念

菲根堡姆是美国通用电气公司前质量总监。他从系统论出发，要求建立一个人们能够从相互的成功中得到启发的环境，促使公司内部各职能部门建立和形成相互配合、相互协作的团队。他提出了全面质量控制，并于 1961 年出版了《全面质量控制》（又翻译成《全面质量管理》）一书。

根据菲根堡姆的观点，质量要由用户来定义。戴明却持不同观点，戴明的基本理论认为公司应该能够把握并满足用户未来的需要。

1994 年 6 月在欧洲质量组织的第 38 届年会上，菲根堡姆提出了"大质量"概念。它是一个综合的概念，要把战略、质量、价格、成本、生产率、服务、人力资源、能源和环境等因素一起考虑。

（5）克劳斯比及其质量理念

克劳斯比是"零缺陷"理论的创立者，并以名言"第一次就做对"而闻名。他强调预防，并对"总会存在一定的缺陷"的说法提出相反的看法。20 世纪 70 年代担任 ITT 公司的质量总监后，说服公司总裁在公司中树立起了全面质量意识。

按照"零缺陷"概念，克劳斯比认为任何水平的质量缺陷都不应存在。为公司部门之间实现共同目标，必须制定相应的质量管理计划。下面是他的一些主要观点：

① 高层管理者必须承担质量管理责任并表达实现最高质量水平的愿望；

② 管理必须持之以恒地努力实现高质量目标；

③ 管理必须用质量术语来阐明其目标是什么，以及为实现这些目标，员工必须做什么；

④ 第一次把事情做对；

⑤ 质量是免费的，不良质量造成的成本远远大于传统定义的成本。

（6）石川馨及其质量理念

石川馨是日本著名的质量管理专家，因果图的发明者，日本质量管理小组的奠基人之一。在质量管理方面的贡献包括：

① 质量不仅是指产品质量，从广义上说，质量还指工作质量、部门质量、人的质量、体系质量、公司质量、方针质量等。

② 全面质量管理在日本就是全公司范围内的质量管理。具体内容：所有部门都参加的质量管理；全员参加的质量管理；综合性质量管理，即以质量为中心，同时推进成本管理（利润、价格管理、数量、产量、销量、存量）。

③ 他认为推行日本的全面质量管理是经营思想的一次革命，其内容可归纳为：质量第一；面向消费者；下道工序是顾客；用数据、事实说话；尊重人的经营；机能管理。

（7）田口玄一及其质量理念

田口玄一博士是日本著名的质量管理专家，他于 20 世纪 70 年代提出质量的田口理论，他认为：产品质量首先是设计出来的，其次才是制造出来的，检验并不能提高产品质量。田口玄一的这一观点与质量管理的"事前预防、事中控制、事后分析"的观点不谋而合，得到国际质量管理界的高度认可。

田口玄一从社会损失的角度给质量下了如下定义：所谓质量就是产品上市后给社会造成的损失，但是，由于产品功能本身产生的损失除外。

事实上，任何产品在使用过程中都会给社会造成一定的损失，造成损失愈小的产品，其质量水平就愈高。例如，在某些食品的生产过程中，会消耗大量的能源，同时还会由于排放废水、废气而给环境造成污染，而节省能源和污染小的食品就是高质量的产品。但是，由于食品包装而带来的白色垃圾污染则不应被视为食品的质量问题。

3.2.3　质量管理战略

随着经济形势的变化和市场环境的变化，为了在市场竞争中赢得优势，质量管理已经不仅仅是传统模式下的全过程控制以确保产品制造质量。质量已经上升到战略高度，成为最高管理层在构筑企业核心竞争优势时必须考虑的第一因素，以适应不断变化的需要。对于成长型企业来说，要构筑竞争优势，获得持续发展的市场潜力，具备战略高度的质量意识与观念显得尤为重要。

质量管理战略是质量管理和战略管理相结合的产物，是战略管理在质量管理中的延伸和具体运用，是一种新的管理模式。这种新型管理模式，既有与战略管理相似的一面，又有其自身的特点，体现了质量管理的发展与创新。

（1）企业面对的环境

由于科学技术的不断进步和经济的不断发展、全球化信息网络和全球化市场形成及技术变革的加速，围绕新产品的市场竞争也日趋激烈。技术进步和需求多样化使得产品寿命周期不断缩短，企业面临着缩短交货期、提高产品质量、降低成本和改进服务的压力。所有这些都要求企业能对不断变化的市场作出快速反应，源源不断地开发出满足用户需求的、定制的"个性化产品"去占领市场以赢得竞争，市场竞争也主要围绕新产品的竞争而展开。因此，在 21 世纪，驱动和影响企业的主要力量可称为是"3C"环境（即 change，customer，competition），组织必须以顾客为中心，不断改进，才能在竞争中取胜。

（2）21 世纪的质量环境

在日益激烈的市场竞争中，企业能否生存与发展，不取决于主观愿望，也不取决于生产出多少产品或提供多少服务，而是取决于产品质量或服务满足顾客需求并使其满意的程度。企业要想获得成功，就必须站在顾客的角度上考虑问题。随着我国经济由卖方市场向买方市场的转变，市场竞争已直接成为全面争夺顾客、满足顾客的竞争。一个企业能否赢得更多的顾客，在于企业所提供产品和服务的质量是不是能让顾客满意。因此，顾客满意又是质量的最终标准，同时也是企业生存和发展的先决条件。

"金杯、银杯不如消费者的口碑"，顾客的满意程度决定了其是否重复购买该种产品和服务，决定他今后对这种产品和服务的态度，并且还会影响到其他消费者。忠诚顾客是企业竞争力的重要决定因素，更是企业获取长期利润最重要的源泉。

（3）质量管理战略途径

在以质取胜的市场竞争中，质量管理战略已成为众多食品企业寻求成功的有效途径。改革开放以来，我国的食品行业得到快速发展，涌现出一批知名的民族品牌，如娃哈哈、双汇、汇源、伊利等。这些企业的发展速度突显出所有优质企业发展的共性——高端的质量管理战略。针对我国食品企业现状，应从以下几个方面实施质量管理战略。

① 强化质量意识　企业对质量的重视程度在很大程度上取决于领导对质量的认识，领导在质量管理中起着决定性的作用，因此，首先要强化管理者的质量意识。同时，把员工质量意识的教育和培养放在质量工作的第一位。一家著名美国企业的总裁曾经到一家著名日本企业参观学习时表示：我们保证产品质量的关键在于 30% 的技术加 70% 的态度。而该日本企业管理者则表示：我们保证产品质量的关键在于 10% 的技术加 90% 的态度。由此可见日美企业在质量观念上的差别。态度不同则效果不同。过去，在我国出口食品企业中经常会发现出口的食品与国内销售的食品在质量标准上存在很大差异，国外标准高，而国内标准低。

造成以上现象的原因在于企业领导和员工从内心认为国外对质量要求严格而不敢大意，工作认真、注意力集中。事实证明：技术设备往往不是决定质量的最关键因素，领导和员工的观念和态度才是最关键的因素。

② 建立质量管理体系　纵观我国的龙头食品企业不难看出，这些企业快速发展的秘密在于企业全方位的质量战略，而这一战略的突出体现则是建立质量管理体系。ISO 9001、ISO 22000 等质量管理体系已经融入到这些龙头食品企业质量管理中。毫无疑问，这些相当复杂的体系建立使龙头食品企业以最短的时间和最有效的捷径步入了现代企业高速发展的快车道。

③ 创新质量管理模式　质量不是靠单一环节取得的，如果没有覆盖全部过程，没有全员参与的合理模式，就不可能产生卓越质量。从全面质量管理到 ISO 9001 的标准，从以管结果为主的检验、检查到以管过程为主的统计过程控制，从零缺陷理念到六西格玛管理和卓越绩效模式，是质量管理模式不断发展、不断深化的过程。

④ 创建质量文化　企业质量文化既是一种管理文化，又是一种经济文化，也是一种组织文化。它是一种宝贵的无形资产，是一种特殊的产品。在激烈的市场竞争中产品质量的竞争，是其竞争的一个重要方面。企业要想在竞争中确定自己的优势地位，就必须从内部提高员工的质量文化素质，从外部树立以质量为基础的企业信誉和形象。为此，就必须创建企业的质量文化。作为世界质量与组织文化变革管理教育和咨询的领导者，美国克劳斯比学院几十年来一直致力于帮助"500 强"创建"第一次就做对"的质量文化；在国内，海尔、联想等企业也都把"零缺陷"作为企业文化的核心，从而走出了一条从小到大、从弱到强、从国内到海外的做大做强之路，成为具有国际竞争力的成功企业。

⑤ 建立质量信息共享及质量安全追溯系统　食品质量安全追溯信息系统，就是指运用规模化种养殖技术、计算机技术、自动识别技术等现代化技术，来完成对食品从生产源头到销售终端质量安全控制与追溯体系的建立，从而满足人们对安全食品的需求。

为加强对食品的质量安全管理，适应国际食品领域发展的趋势，我国政府积极推广食品安全追溯体系，国家有关部门相继出台了鼓励食品企业实施农产品安全可追溯体制的规定。2004 年 9 月，国务院要求建立农产品质量安全例行监测制度和农产品质量安全追溯制度。2009 年 2 月，《中华人民共和国食品安全法》出台，该法律明确了食品安全追溯的要点，规定企业在食品生产环节、加工环节、流通环节都要有能够实现追溯所要记录的内容，强化了"从农田到餐桌"的全程监管。

⑥ 建立供应商管理系统和客户信息系统　为了从源头上控制产品的质量，做到事前预防，就要控制好采购产品的质量。通过对供应商的采购管理进行深入调研，制定出严密的采购控制程序，加强与供应商的信息沟通。及时有效地反馈供应商的质量状态，建立供应商管理系统；对供应商满足要求的情况进行评价，根据评价结果，管理供应商，以满足客户的要求。

顾客的态度对企业的生存与发展起着决定性的作用。建立客户信息系统的意义就是要提供高质量的产品和服务，让顾客获得最大限度的满意。利用计算机网上信息管理平台，建立一个客户信息中心，将所有客户的订货要求、技术要求、质量要求、生产发货计划、反馈意见、质量投诉等方面的问题实现网上共享，集中统一管理。加快客户信息传递速度，提高信息准确性和可追溯性，强化问题处理的力度，提高效率，建立起以提高产品质量为核心内容的企业与顾客间的新型关系。

3.2.4　全面质量管理

最早提出全面质量管理概念的是美国通用电器公司前质量总监菲根堡姆博士。全面质量管理的核心思想是在一个企业内各部门中做出质量发展、质量保持、质量改进计划，从而以最为经济的水平进行生产与服务，使用户或消费者获得最大的满意。

3.2.4.1　全面质量管理的含义

全面质量管理并不等同于质量管理，它是质量管理的更高境界。全面质量管理是将组织的所有管理职能纳入到质量管理的范畴，强调一个组织要以质量为中心，全员参与为基础，各部门协调配合，进行全过程质量控制，着重强调员工的教育和培训。因此，要掌握全面质量管理的核心思想，首先应该理解全面的含义。

全面是全面质量管理中的关键词语，它主要包括三个层次的含义：运用多种手段，系统地保证和提高产品质量；控制质量形成的全过程，而不仅仅是制造过程；质量管理的有效性应当是以质量成本来衡量和优化的。因此，全面质量管理不仅仅停留在制造过程本身，而且已经渗透到了质量成本管理的过程之中。

从全面质量管理的英文"total quality management"来看，total 指的是与公司有联系的所有人员都参与到质量的持续改进过程中，quality 指的是完全满足顾客明确或隐含的要求，而 management 则是指各级管理人员要充分地协调好。

因此，全面质量管理不仅要求有全面的质量概念，还需要进行全过程的质量管理，并强调全员参与，即"三全"的 TQM。

3.2.4.2　全面质量管理的内容

从全面质量管理的含义可知，全面质量管理是一种系统化、综合化的管理方式。企业要实施全面质量管理，除了要注意满足"三全"的要求外，还应该落实好全面质量管理的各项具体内容。通常情况下，全面质量管理的内容必须涉及两个方面的含义：一般性的内容和一般性的方法。

（1）一般性的内容

全面质量管理的一般性内容必须是可以计量的，同时又具有技术含量。此外，质量特征发生变化是有原因的。全面质量管理的一般性内容主要包括以下两个方面。

① 质量的计量特征和技术特征　全面质量管理的一般性内容首先是指质量的计量特征和技术特征。质量必须是可以度量的，能够准确地、并且必须用数据来表示。同时，质量又要体现一定的技术，例如制造技术、质量检验技术，或者蕴含在产品当中的功能方面的技术等。这些都是全面质量管理过程中所要求的。

② 质量特征变化的原因　全面质量管理的一般性内容中还包括质量特征变化的原因。由于顾客的需求在不断地改变，产品质量如同市场规律一样同样会产生波动，这种波动需要全面质量管理的管理者去研究，寻找产生波动的具体原因，并谋求将这种波动降低到最小的程度。当然，完全消除这种波动是无法实现的。

（2）一般性的方法

全面质量管理中的一般性的方法主要包括：质量控制界限的判别、质量的抽样检查、预防性质量管理和成品质量检验。通过这些方法的运用，企业就能够保证和提高产品的质量，从而有可能更好地去满足顾客的需求。

① 质量控制界限的判别　由于多方面因素的影响，质量具有一定的波动性。质量的波动必须是在一定的范围内进行，而不能超出这个范围。因此，对于全面质量管理的一般性方法来说，如何去设定波动的界限，即质量控制界限的判别，是需要我们进行深入研究的内容。

② 质量的抽样检查　产品质量的检验无论何时何地都离不开抽样检查，因为我们不太

可能把所有的产品进行彻底的检验，特别是对于那些批量很大的产品来说，做到全检是很不现实的。因此，为了比较客观地反映产品的质量，我们就必须研究如何抽样、如何对抽样的可信度进行评估等。

③ 预防性质量管理和成品质量检验　前面我们谈到，质量并不是检验出来的，而是设计、制造、管理出来的，同时也是预防出来的。因此，我们应该把更多精力放在产品质量的预防上。

TQM 的一般性内容和一般性方法实际上揭示了 TQM 的内容本质：TQM 是对全面质量的管理，它包括从产品的设计、产品的开发、生产制造、产品的使用及售后服务，期间所有的环节都属于 TQM 的范围；TQM 是对全部过程的管理，从顾客的需求开始，直到通过设计检验等全过程的活动，设计、生产和销售出满足客户需要的产品。

3.2.4.3　全面质量管理的特点

全面质量管理从过去的就事论事、分散管理，转变为以系统观念为指导的全面的综合治理，它不仅仅强调各方面工作各自的重要性，而且更加强调各方面工作共同发挥作用时的协同作用。概括地讲，全面质量管理具有以下几个方面的特点。

① 以人为本　全面质量管理是一种以人为中心的质量管理，必须十分重视整个过程中所涉及的人员。为了做到以人为本，企业必须做到以下四个方面：高层领导的全权委托，重视和支持质量管理活动；给予每个人均等机会，公正评价结果；让全体员工参与到质量管理的过程中；缩小领导者、技术人员和现场员工的差异。

② 以适用性为标准　在传统的质量管理中，一般都是以符合技术标准和规范的要求为目标，即所生产出来的产品只需要符合企业事先制订的技术要求就行。但是，全面质量管理与传统质量管理截然不同，它要求产品的质量必须符合用户的要求，始终以用户的满意为目标。从这个角度来看待全面质量管理，则将涉及所有参与到产品生产过程中的资源和人员。

③ 突出改进的动态性　全面质量管理的另一个显著特点就是突出改进的动态性。在传统的质量管理中，产品生产的目标是符合质量技术要求，而现在对产品质量的要求是能够符合顾客的需求。但是，顾客的需求通常会随着产品质量的提高而变得更高，这就要求我们有动态的质量管理概念。全面质量管理不但要求质量管理过程中有控制程序，而且要有改进程序。

④ 综合性　全面质量管理还有一个特点就是综合性。所谓综合性，指的是综合运用质量管理的技术和方法，并且组成多样化的质量管理方法体系，从而使企业的人、机器和信息有机结合起来。在日本，石川馨博士最早将统计技术和计算机技术应用到全面质量管理过程之中，并总结出全面质量管理的七种方法，如直方图、特性要因图等。

3.2.4.4　全面质量管理执行要点

① 质量以预防为主　在传统的质量管理中，往往是通过产品生产后的检验来控制产品的质量，这种质量保证方式并不能防止缺陷的产生，仅仅是一种补救措施。因此在全面质量管理中，必须意识到质量应该以预防为主，通过事前管理的方式来降低产品的成本。

② 以顾客为主　随着市场经济的发展，产品供不应求的状况已经结束，市场呈现出产品数量和种类都非常繁多的局面，顾客拥有了绝对性的选择权，产品必须符合顾客的要求才有可能销售出去。因此，全面质量管理的中心思想是为顾客服务，而不是为标准服务。

③ 质量控制以自检为主　在全面质量管理过程中，对质量的控制应该以自检为主。这样的质量管理方式也就意味着全体员工在全过程的生产制造中必须树立强烈的自我质量意

识，而不是等到质量部门检验以后才形成质量的概念。

④ 质量形成于生产全过程　产品质量形成于生产的全过程，这一过程是由若干个相互联系的环节所组成的，从供应商提供原料、进厂检验控制、上线生产、质量检验，直到合格品入库，每一个环节都或大或小地影响着产品质量的最终状况。这样也就决定了全面质量管理的管辖范围。

⑤ 质量的好坏用数据来说话　全面质量管理的科学性与严谨性体现在质量的好坏要靠翔实的数据来证明，而不是靠人员的感觉来确定。只有那些真实的统计数据，如客户的满意程度、产品销售量和对市场的占有率等，才能够说明产品质量的优劣。

⑥ 科学技术、经营管理和统计方法相结合　全面质量管理尤其要注重科学技术、经营管理和统计方法相结合。从 1961 年提出全面质量管理的概念开始，科学技术对生产的推动作用越来越巨大和明显，因此我们需要将这些科学技术和统计方法充分利用到全面质量管理之中。

3.3 食品质量管理的特点

食品质量安全重于泰山，企业靠市场，市场靠商品，商品靠质量，以质量站稳市场，以质量开拓市场。这是我国自改革开放以来，越来越多的食品企业的共识，并将质量管理的理论和实践应用到食品企业中来。

3.3.1　食品质量管理的重要性

(1) 保障消费者的健康和生命安全

食品的安全直接与人的生命相联系，近几年，食品安全事件不断发生，仅 2006 年我国发生的食品安全事件有阜阳奶粉（劣质）、苏丹红（含有致癌物质）、雀巢奶粉（超碘）、孔雀石绿（可导致人体致癌、致畸、致突变的化学制剂）、变质奶（光明牛奶返厂加工再销售）、冠生园月饼（过期原料返厂加工再销售）、福寿螺——广州管圆线虫病、多宝鱼——硝基呋喃类代谢物、上海瘦肉精等事件。2007 年 1 月 14 日，《中国公众环保民生指数（2006）》显示：82%的人"谈食色变"，81%的人"饮水思危"，73%的人"忍气吞声"……食品质量管理首要的任务是保障食品的安全，打消人们对食品安全的恐慌。

阜阳奶粉事件　2004 年 4 月 30 日，新华网披露：在安徽省阜阳市，由于被喂食几乎完全没有营养的劣质奶粉，13 名婴儿夭折，近 200 名婴儿患上严重营养不良症；2004 年 5 月 10 日《解放日报》报道，淮安涟水也惊现大头娃娃，2 名婴儿因食用劣质奶粉导致营养缺乏而死。受该事件影响，国产奶粉销量一泻千里，仅在 2004 年的五六月份，国产奶粉与去年同期相比销量下滑 25%。一时间，国产奶粉进入了"寒冷的冬季"。中国奶业协会会长刘成果认为，该事件对刚刚兴起的中国乳业来说，打击是"毁灭性"的，它不仅冲击了国内乳品生产企业，还沉重打击了国民对国产奶粉的消费信心。

(2) 提高产品的市场竞争力

产品质量与安全反映了一个企业的技术水平和管理水平。质量好的产品，在市场竞争中处于优势地位。每一个企业首先应该把产品质量放在第一位。例如世界快餐界的老大"麦当劳"的经营理念是"QSCV"，Q 代表产品质量，S 代表服务，C 代表清洁，V 代表价值，它们分别是英文 quality、service、cleanness、value 的第一个字母，意思是麦当劳为世人提供品质上乘、服务周到、环境清洁、物有所值的产品与服务，就是这种理念及其行为，使麦当劳在激烈的市场竞争中始终立于不败之地，跻身于世界强手之林。

所有麦当劳快餐店出售的汉堡都严格执行规定的质量和配料要求。例如，要求牛肉原料必须挑选精瘦肉，不能含有内脏等下货，脂肪含量也不得超过 19%；与汉堡一起销售的炸薯条，所用的马铃薯是专门培植并精心挑选的，再通过适当的贮存时间调整一下淀粉和糖的含量，放入可以调温的炸锅中油炸，立即供应给顾客。在保证质量的同时，麦当劳还要求烧好的牛肉饼出炉后 10 分钟及法式炸薯条炸好后 7 分钟之内若尚未售出必将它扔掉不再供应顾客，从而保证了鲜美的味道，汉堡不仅新鲜可口而且营养搭配合理。由于到麦当劳快餐店就餐的顾客来自不同的阶层，具有不同的年龄、性别和爱好，因此，汉堡的口味及快餐的菜谱、佐料也迎合不同人的口味和要求，消费者常对它的优质赞叹不已。

（3）维护国家安全和社会稳定

2006 年年初，当"芬达和美年达有致癌危险"的标题出现在各大门户网站的首页上时，近两年公众十分熟悉的"食品安全恐慌"再度来袭。从"苏丹红""碘超标""回炉奶""反式脂肪薯条"，再到如今的"软饮料致癌"，这种恐慌冲击波可谓是一波未平一波又起。人命关天，食品安全问题一再拨动着公众最恐惧、最敏感的那根神经。人们对新技术和新工艺食品（如转基因食品、辐照食品）不了解，加上媒体的宣传，导致人们对食品安全的疑惑；自从美国 9·11 恐怖袭击事件发生后，又出现了新的恐怖——食品恐怖主义袭击。这些都严重威胁着国家的安全和社会稳定。

（4）促进国际贸易，规避各种壁垒

目前，与食品安全相关的贸易壁垒，主要是技术壁垒，成为国际贸易壁垒的主要内容之一。国际食品的自由贸易为此受到了严重的影响。我们承认，其中的部分措施为保护消费者健康和安全所必需。但同时，由于 WTO 相关协定具体条款的模糊性以及技术堡垒本身的技术性，我们很难对其中的必要措施和变相的贸易保护进行区分。这就难免造成泥沙俱下、鱼目混珠，贸易保护主义假借食品质量与安全之名大行其道，对国际贸易造成很大扭曲。

3.3.2　食品质量管理的特殊性

食品与其他产品的不同在于对卫生要求不同和使用价值不同，因此食品质量管理与其他产品质量管理相比，有其特殊性。

首先，食品质量管理的首要任务是保证食品的安全和卫生。当今人们对食品安全越来越重视已经是不争的事实，食品安全的责任也不单单是政府和企业的责任，而是每一个参与食品供应链的人员的职责。例如食品原料的种植者、养殖者、销售人员和消费者本人。食品安全直接关系着消费者的生命和健康，甚至是子孙后代的繁衍。据卫生部公布的 2004 年第四季度全国重大食物中毒情况，重大食物中毒事件报告 43 起，中毒 2163 人，死亡 18 人，涉及 100 人以上的中毒事件 6 起。所以食品质量与安全马虎不得。

其次，食品质量管理在时间和空间上的广泛性。遵循"从农田到餐桌"的全程质量控制的思想，食品质量管理不仅是生产加工环节的管理，还包括种养殖、运输、贮藏、销售和服务的管理。因此食品在时间上跨度比较大，在空间上也比较广泛，管理的难度也就比较大。

再次，食品质量管理对象的复杂性。正是由于食品质量管理在时间和空间上的广泛性，导致管理对象的复杂性。质量管理的对象不仅指产品本身，还包括原料、包装、机械设备、贮藏、运输、质量管理体系和人员。人员不仅包括加工人员，还包括种植者、养殖者、运输和贮藏人员、销售人员一直到消费者。所以，食品质量管理的对象是很复杂的。

3.3.3　食品质量管理的方法——戴明循环

戴明循环是全面质量管理的基本工作方法（程序），它是由美国质量管理统计学专家戴明在 20 世纪 60 年代初期创立的，又叫 PDCA 循环。戴明循环分为四个阶段，分别是 P 计划（plan）、D 执行（do）、C 检查（check）、A 处理（action）。它反映了质量改进和完成各

项工作必须经过的 4 个阶段（图 3-2）。

3.3.3.1 戴明循环过程

① PLAN——第一阶段计划（P） 在调查研究的基础上，分析现状，找出问题；然后分析产生问题的原因；在原因中确定主要原因；根据主要原因制定相应的措施和实施计划。

② DO——第二阶段执行（D） 即执行措施，执行计划。

③ CHECK——第三阶段检查（C） 检查计划执行的情况，了解实施效果，及时发现问题。

④ ACTION——第四阶段处理（A） 根据检查结果进行相应的处理：a. 总结成功经验，巩固提高并进行标准化；b. 吸取失败的教训，避免再犯；c. 提出遗留问题，转入下一个 PDCA 循环。

根据 PDCA 循环的四个阶段，将其分解为八个步骤如图 3-3 所示。

图 3-2　PDCA 循环

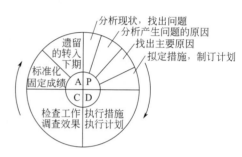

图 3-3　PDCA 循环的八个步骤

3.3.3.2 戴明循环的特点

戴明循环，可以使我们的思想方法和工作步骤更加条理化、系统化、图像化和科学化。从 PDCA 循环的过程我们可以得出，其特点有三个。

① 周而复始 PDCA 循环不是静止的，而是不断循环的。它必须按顺序进行，依靠组织的力量来推动，像车轮一样向前推进；循环一次，解决了一部分问题，可能还有问题没有解决，或者又出现了新的问题，再进行下一个 PDCA 循环，依此类推，周而复始（图 3-4）。

② 阶梯式上升 PDCA 循环不是原地不动的循环，每循环一次，就解决一部分问题，取得一部分成果，工作就前进一步，水平就提高一步。每通过一次 PDCA 循环，都要进行总结，提出新目标，再进行第二次 PDCA 循环，使质量管理的车轮滚滚向前。PDCA 每循环一次，质量水平和管理水平均提高一步（图 3-5）。

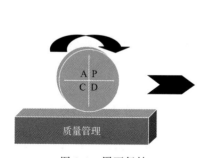

图 3-4　周而复始

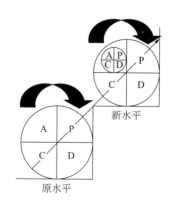

图 3-5　阶梯式上升

③ 大环套小环　企业每个部门、车间、工段、班组，直至个人的工作，均有一个 PDCA 循环，这样一层一层地解决问题，而且大环套小环，一环扣一环，小环保大环，推动大循环（图 3-6）。

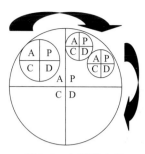

图 3-6　大环套小环

3.3.3.3　戴明循环的应用

例如，某罐头食品企业，在进行市场调查时，发现一批 2006 年 6 月份生产的鱼罐头发生胖听，于是质量管理人员利用 PDCA 循环对鱼肉罐头在保质期内变质原因进行分析。

步骤一：分析现状，找出问题

通过市场调查，发现在 2006 年 6 月生产的鱼罐头发生胖听。

步骤二：分析产生问题的原因

分析问题的原因可以从五个方面来寻找：人（man）、机器（machine）、原材料（material）、方法（method）和环境（environment）即 4M1E。

人的因素：未进行教育培训，员工技术水平不高；工作经验少；工作态度不认真，工作期间玩忽职守；个人卫生不良导致直接或间接污染罐头等。

生产设备因素：生产设备不卫生导致交叉污染；杀菌设备陈旧，达不到杀菌要求；包装设备不良，导致罐头密封不严；运输设备卫生不良导致交叉污染等。

原料因素：原料鱼已经腐烂变质；包装材料质量差；其他辅料质量不良或杀菌不彻底等。

方法的因素：生产工艺布局不合理导致生熟产品交叉污染；检测方法陈旧导致不良产品放行等。

环境因素：环境因素主要是生产车间的温度、湿度设置不当，车间卫生不良；运输和销售环境不良等。

步骤三：确认主要原因

根据以上分析的原因，发生鱼罐头变质的主要原因是腐败微生物导致的。导致腐败微生物存在的原因主要是杀菌不彻底、包装密封不严以及杀菌后发生再污染。

步骤四：拟订措施，制订计划

根据杀菌不彻底、包装密封不严等原因，重新制订杀菌温度和杀菌时间或更换杀菌设备，更换包装材料或维修包装设备。

步骤五：执行措施，执行计划。

按照步骤四的措施和计划，执行制订的措施和计划。

步骤六：检查验证，评估效果

计划和措施执行后，检查执行情况和效果。经过检查发现，在 2006 年 7 月份，市场上鱼罐头没再发生胖听的现象。

步骤七：标准化，固定成绩。

将以上的执行方法固定下来，形成标准或制定操作标准，将劳动成果固定下来。

步骤八：处理遗留问题，转入下一个 PDCA 循环。

在执行过程中，还存在员工对质量改进过程产生抵触情绪，针对这个新问题，转入下一个 PDCA 循环，加强员工的教育培训，增强质量意识。

第4章
食品质量设计

　　"一流的质量来自一流的设计，先天性质量缺陷是最难以克服的缺陷，好的产品首先是设计出来的"，这就超越了传统的生产过程中控制和生产之后的质量检验来进行质量管理的理念。即依靠科学合理的设计方案，达到事半功倍的质量效果。而一旦使用了有缺陷的设计方案，即便有先进的制作工艺、好的原材料，也很难保证产品的质量。产品质量首先是设计出来的，这就要求企业要从设计源头把握住产品质量，只有这样才能确保批量生产、销售给消费者的产品是最好的。

4.1 质量设计

4.1.1 质量设计的重要性

　　对于一个产品来说，会经历从设计到工艺，到原料选择、设备调试、加工，到包装、检验，再到销售服务等多个环节，其中任何一个环节的控制，都将对其质量产生重大的影响。一般来讲，产品越到后端，发生的质量问题越突出，所以企业就会需要集中越多的人力、物力去解决。然而，这些质量问题的出现，并不仅仅是这单一过程的问题，而是前端过程的某些环节和因素失控累加的结果。据有关专家统计，有70%的质量问题隐藏在产品研发阶段。设计是产品质量的源头，许多质量安全事故，都能够从设计环节找到根源。

　　"质量是设计出来的"这是日本质量大师田口玄一提出的理念，是日本曾在20世纪70年代到90年代质量管理超越美国的重要武器。产品的质量是设计出来的，设计过程决定了产品的基因，设计质量决定了产品的质量。因此设计阶段对于产品质量至关重要，而许多企业并没有对设计质量给予足够的重视，这样设计出的产品质量当然是要大打折扣的。

4.1.2 食品质量设计的概念

　　所谓食品质量设计，就是在食品设计中提出质量要求，确定食品的质量水平（或质量等级），选择主要的质量特性参数，规定多种质量特性参数经济合理的容差，或制定公差标准和其他技术条件。无论新产品的研制，还是老产品的改进，都要经过质量设计这个过程。产品设计过程的质量管理，关键就是要搞好质量设计。

质量设计是有助于质量实现的重要因素之一。换言之，质量应建立在产品的设计阶段和相应的生产过程中。一般而言，质量指的是满足或超越顾客对产品的期望，因此，考虑顾客的要求和期望对于质量设计十分必要；生产过程必须保证低消耗、高效率、对环境影响最小和符合法律法规的要求。食品质量设计还必须考虑能保持和提高人们的健康水平。

4.2 食品与过程设计

4.2.1 新产品种类

根据新产品种类的不同，在产品的设计阶段引入质量概念需要考虑许多因素。新产品所涵盖的范围包括新包装的老产品，或从未出现过的新产品，后一类称为发明的产品。新产品可依设计过程的特殊要求而分为不同的种类，根据设计过程的特点，将新产品分成了以下7种。

① 延续品　这是产品的新变种，例如某产品配以新的口味或新风味以后，就称作某一产品的延续品。这种产品的设计过程只需要对原加工过程进行微小的改变和对市场战略进行小调整，这种产品可能对储存或使用方法有微小的影响。

② 重新定位品　这是对产品进行二次促销以对产品重新定位，例如在对产品的保健功能较注重时，一种本身含有较高的维生素 E 的奶油制品就可以被重新定位。这种产品只需要市场部门的努力来占领特定的市场份额。

③ 新样式产品　产品经过转换样式后（例如变成液态、粒状、高浓度、固体或冷冻的产品）就变成了新样式产品。例如把冷冻的即食比萨饼转变成可以冷藏的比萨饼时，所转化的产品的货架期显然降低了许多。与原产品相比，新样式产品的物理特点改变很大，因此这种产品可能需要较长的研发时间，就此比萨饼的例子而言，产品的储存和分销条件也受到了很大的影响。

④ 配方产品　用新配方生产市场上已有的产品。新配方是为了降低产品原料的成本、改善原料不足对产品的限制或者采用具有某种特殊性质的新原料。新配方产品有好的外观和风味、更多的膳食纤维或较少的脂肪等新的特点。这种产品的设计过程花费少，所需时间也较短；然而，有时很小的变动可能会产生严重的后果，例如产品的化学性质或微生物变化引起货架期的改变，因此，提前预测或估计新配方产品可能产生的变化需要对食品技术有深刻的了解。

⑤ 新包装产品　这种产品是用新包装对已有产品进行改装，例如可以延长产品货架期的气调包装法；就设计过程而言，新的包装可能需要昂贵的包装机械，但有时为了新的用途，可以制成新配方的产品（例如微波包装）。

⑥ 新产品　在原产品的基础上，加以新的改变（除了以上的改变）而得到的产品。这种改变应产生新的附加值，需要的改变越多，设计过程就越长。为了让消费者接受这种新的改变，产品的推销也可能非常昂贵。然而，某些情况下，新产品所需的时间和金钱则较少，例如，把冷冻的蔬菜和配料放在一个盘子上就变成了一种很好的即烹食品。

⑦ 全新产品　全新产品指的是市场上从未见过的产品。例如，用植物蛋白制成的全新蛋白质产品就是个较为典型的例子。这种产品通常需要相当长的研发过程，花费也很高，失败概率也较高，而且一旦产品获得成功，仿制品就会很快充斥市场。在开始产品研发之前，通常需要评价产品的特点以便考虑不同做法所产生的后果（例如生产工艺技术、市场推销、

包装技术等）。

4.2.2　质量设计过程

传统的产品开发过多地关注产品的概念和雏形，而很少关注产品开发的前期步骤，例如收集有关消费者对产品的要求等，这种产品开发方法没有把市场学、质量管理和产品的设计进行有机结合。例如许多食品公司研发人员就是以他们意向中的产品作为出发点，而并不是真正从消费者角度考虑，所以从一开始就错了。

理想的产品开发程序是一种产品开发和加工设计相互交联的行为，正在开发的产品会给加工设计提出具体的要求，这种要求可能有利或者限制产品开发的机会。事实上，实际过程应包括产品的开发、加工的设计和所需的仪器，产品开发可以说是一种把消费者的要求转化成能被生产的具体产品的所有行为的总和。加工设计不仅包括生产机械的设计，也包括产品生产所需的厂房设计以及信息和控制系统的完善。

下面对质量设计不同阶段进行具体介绍（图4-1）。

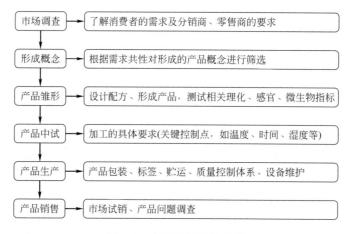

图 4-1　产品质量设计过程

（1）产品的市场调查

应从了解消费者对产品的各项具体要求作为起始点，然后确定目标消费对象（谁是主要的消费者）。对于其他的限制，例如公司本身的目标和方针、政策法规的要求以及技术上的可能性等也应加以考虑。在这一阶段，"消费者的声音"和公司的要求必须要搞清楚。

（2）概念形成阶段

新产品构思经过筛选后，需进一步发展形成更具体、明确的产品概念，这是开发新产品过程中最关键的阶段。产品概念是指已经成型的产品构思，即用文字、图像、模型等予以清晰阐述，具有确定特性的产品形象。一个产品构思可以转化为若干个产品概念。产品研发小组要根据消费者的要求和其他限制条件对所有产品的概念进行筛选，然后把符合目标消费者要求的所有的产品特点加以详细说明，这其中也包括分销商和零售商的要求。

如一家食品公司获得一个新产品构思，欲生产一种具有特殊口味的营养奶制品，该产品具有较高营养价值、特殊美味、食用简单方便（只需开水冲饮）的特点。为把这个产品构思转化为鲜明的产品形象，公司从以下三个方面加以具体化：

① 该产品的使用者是谁？即目标市场是婴儿、儿童、成年人还是老年人？

② 使用者从产品中得到的主要利益是什么？如营养、美味、提神或健身等？

③ 该产品最好在什么环境下饮用？如早餐、中餐、晚餐、饭后或临睡前等？

这样，就可以形成多个不同的产品概念，如：

概念1：为"营养早餐饮品"，供想快速得到营养早餐而不必自行烹制的成年人饮用；

概念2：为"美味佐餐饮品"，供儿童作午餐点心饮用；

概念3：为"健身滋补饮品"，供老年人夜间临睡前饮用。

企业要从众多新产品概念中选择出最具竞争力的最佳产品概念，这就需要了解顾客的意见，进行产品概念测试。

概念测试一般采用概念说明书的方式，说明新产品的功能、特性、规格、包装、售价等，印发给部分可能的顾客，有时说明书还可附有图片或模型。要求顾客就类似如下的一些问题提出意见：

① 你认为本饮品与一般奶制品相比有哪些特殊优点？

② 与同类竞争产品比较，你是否偏好本产品？

③ 你认为价格多少比较合理？

④ 产品投入市场后，你是否会购买（肯定买，可能买，可能不买，肯定不买）？

⑤ 你是否有改良本产品的建议？

概念测试所获得的信息将使企业进一步充实产品概念，使之更适合顾客需要。概念测试视需要也可分项进行以期获得更明确的信息。概念测试的结果一方面形成新产品的市场营销计划，包括产品的质量特性、特色款式、包装、商标、定价、销售渠道、促销措施等；另一方面可作为下一步新产品设计、研制的根据。

（3）产品的雏形阶段

食品制造者经常以一个简单的配方作为起始点。这些配方可以从食谱书籍、原料供应商或者对竞争者产品的分析结果等处得到。然后，对配方用原料加以调节从而得到所需要的特质。雏形产品制作出来以后，要对质量特质进行评价并用客观测试加以筛选。客观测试包括数值测量，如含有多少糖和口感等。产品雏形的研制可为工程师设计产品的过程提供信息，如什么样的加工方式（如切、混合）、储藏方式（如加热、干燥、包装）和要求的加工条件；另一方面，加工工程师也要向产品研发人员提供反馈信息。

（4）中试阶段

产品要从真正的生产线上制造出来。一般来讲，包装也应包括在内。中试阶段典型的方面包括：

① 确定产品保证安全和感官特征的货架期；

② 用主观方法对产品的特征进行品尝试验，每位品尝者必须写出他们最喜欢的产品和可以接受的风味；

③ 找到可靠而且价格上可以接受的原材料供应商，例如产品原料、包装材料等；

④ 确定其他资源，例如所需的仪器设备和工具；

⑤ 就食品安全而言，对可能的危害物进行分析，并在加工过程中加以控制。

中试阶段可以提供加工的具体要求。所有可以影响产品质量的加工处理应有具体的控制范围和界限，食品工业中要求具体数值的典型参数有：产品生产中每一步的时间和温度条件，例如，热处理、流速、产品黏性、产品压力的变化（如混合时，流速与管的直径有关等）。

（5）生产阶段

产品在真正的加工条件下进行批量生产，与产品有关的其他方面如产品标签、包装（初级和二级）、运输、质量控制系统以及工厂的养护和卫生等都应加以考虑。除此之外，产品的配方也应作相应的调整以适应批量生产的需要。尽量降低从中试到这一阶段的转变中可能遇到的问题，产品的质量还需通过顾客的评价测试，而且产品的货架期必须通过实验来加以确认。最后，产品生产加工的细则和产品的价格也应加以确定。

（6）销售阶段

常常从市场试销开始，产品应根据地理位置、市场情况和公司本身的特点而仔细选择产品的试验区。具体而言，应确定哪里的市场更适合该产品的发展、最佳的推出时间以及怎样进行促销。由于不能彻底了解顾客的消费行为和市场竞争所带来的影响，所以市场试销的结果经常会被曲解。如果产品试销的结果比较满意，那么产品就可以进行正式销售。

产品的研发和加工设计并不是一次性的行为，而是公司的一个主要和经常性活动。事实上，在西方国家，全新产品的研发是维持市场份额的重要的竞争手段。产品研发的原动力主要包括：

① 产品寿命的缩短　产品的周期包括以下几个过程：a. 产品的引入；b. 产品销售的上涨；c. 市场饱和时销售量的下降；d. 稳定销售阶段；e. 最后由于竞争而衰落。在过去的几年里，从产品的引入到最后衰落的时间变得越来越短，因此，新产品的研发就变得越来越重要。

② 市场对产品的要求在不断地改变　因此产品概念也被迫不断改变。例如，为了适应市场的变化，目前已出现了几种不同的零售方式：网购、专营店、加油站的零售店等。

③ 技术的发展提供了许多机会　可以使以前不能实现的事变成现实，如：牛奶灭菌技术（微波灭菌术、高压灭菌术）提供了制造健康而新鲜食品的机会。

④ 外因的变化　如欧盟要求必须在一定时间内降低包装废料的数量，这一规定促使食品包装业重新设计产品的包装概念。

因此，产品的研发和加工设计一方面对于在产品开发初期加强产品质量方面具有重要意义，另一方面，它是食品公司在激烈的市场竞争中立于不败之地的重要工具之一。

4.2.3　新产品开发

产品是企业生存与发展的基础。一家企业如果不能随市场变化而不断更新自己的产品，不能连续不断地对产品进行更新换代，不能以适销对路的产品来满足消费者的需求，那么它就会在市场经济中面临失败的威胁。

（1）新产品开发的定义

新产品开发指企业为了适应消费者需求和环境条件的变化，对产品的构思、筛选、试销到正式投产的全过程进行管理的活动。

成功的新产品往往可以给企业带来较高的经济回报，甚至可以整体提升企业的竞争地位。但收益往往不可避免地会面临相应的风险，很多失败的新产品开发项目都给企业带来了沉重的财务负担，甚至导致企业的破产。

（2）新产品开发的特征

新产品开发的特征主要表现在不确定性、变革性、机遇性和高费用性四个方面。

① 不确定性　新产品开发的不确定性主要表现在市场需求的不确定性、技术的不确定性和企业管理的不确定性三个方面。

a. 市场需求的不确定性。产品创新通常以现实或潜在的市场需求为出发点，开发出差异性的产品或全新的产品。然而，需求是随社会与环境的变化而不断变化的。对于新产品的开发，从市场调研获得的有关顾客的需求一般是模糊的、多种多样的、不确定的。因此，这种有关顾客需求的说明很可能是不完全的，有时甚至是不可行的。此外，顾客需求经常变化，很可能在设计持续期间，顾客又有了新的需求。这就造成了新产品开发在市场需求方面存在不确定性。

b. 技术的不确定性。产品创新是在市场需求的基础上，通过技术应用最终实现的。由于新技术的出现或技术不断的进步而产生新的或潜在的竞争者，导致了对现有的产品和新产品的规划具有很高的不确定性。技术创新具有复杂性和变革性，企业难以识别其带来的全部机会和威胁。因此，新技术的出现及技术水平的提高，虽然赋予企业以技术能力提升的机会，但同时也会给新产品的开发带来压力和不确定性。此外，新技术使产品生命周期缩短，先前开发的产品可能还没有收回投资，就面临被更先进的技术淘汰的危险。

c. 企业管理的不确定性。新产品开发的过程中面临着外部环境的不确定性，源于各种利益相关者的市场风险和组织协同运作等一些完全未知或很难预测的因素，往往使得新产品管理控制系统的信息交流和沟通面临着更大的挑战。而且，新产品开发在企业内部管理的层面上也存在着各种各样的不确定性。

② 变革性　新产品开发所需要的新思想或新的工作方式等，可能会打破现有组织内部已经形成的利益分配格局和组织传统。因此，企业在进行新产品开发时，可能会遇到各种阻碍。一方面，新产品的开发会遭到企业内部某些既得利益集团的阻碍；另一方面，随着源于新产品的企业竞争优势的增强，企业对潜在利润的追求又拉动了新产品的开发。因此，新产品开发所带来的变革的大小，往往取决于新产品开发的阻力和动力之间的作用程度。

③ 机遇性　一方面，新产品开发的机遇性表现在新产品的开发过程中存在着机遇；另一方面，新产品开发成功后，会给企业带来长期的机遇，获得竞争优势。

④ 高费用性　虽然新产品的开发可以扩大企业的市场，增加潜在收益，但是由于各方面的不确定因素，也存在着较高的费用开支和与各种资金投入相伴的风险，即所谓的高费用性。

基于新产品开发上述四个方面特点的分析，可以归纳出新产品开发成功的关键因素主要包括以下几方面：首先，企业应提供有差异化优势的产品开发，据统计，差异化程度高的新产品在市场推广中的成功率达到98%，中等程度差别化的新产品成功的概率为53%，差别化小的新产品成功率只有18%；其次，在新产品开发过程中对市场需求进行调查研究，把握正确的市场需求；最后，企业的资源和技术等各方面能力，应与新产品开发项目的需要相匹配。总之，在新产品开发中，要综合考虑技术、市场、外部竞争和内部资源等各方面因素。

（3）影响食品开发的因素

影响食品质量实现的因素包括食品本身的物理特性、数量和价格、方便性等。技术参数主要影响产品本身的物理特性，而对于其中的内部和外部特征应当加以适当的区别。食品安全性、健康和感官特征属于内部特征，生产系统的选择和外界因素的影响则属于外部特征，而公司的管理活动影响产品的价格、数量、服务、方便性。

食品不同于其他非消耗性商品，食品本身和其生产的特点决定了生产和加工过程的特殊性。

① 内源质量特征的稳定性　食品的一种典型性质是在收获或加工后立即出现衰败的过程。化学、微生物、生理、酶和物理反应等几种衰败过程可以降低产品的内在品质（如颜色、风味、口感、质地和外观的变化或者维生素含量的降解）。为了在保质期内保持产品理想的内在性质，必须建立稳定产品性质的方法。产品性质的稳定可以通过调节产品的组成（如调节水分活度和pH，使用食品添加剂）、优化加工过程（控制温度、时间）和选用适当的包装方法。产品的研发过程中，对产品内在性质稳定性的检查应越早越好。

稳定产品质量的可能性和局限性对产品链的进一步推进有重要的影响，如分销渠道的选择。举例来讲，新鲜进口的牛肉常常需要空运，如果开发出一个新颖的包装方法，就可以改用较便宜的运输方法如海运。产品的微生物稳定性决定了分销条件的使用，如为了维持婴儿食品微生物的稳定性可以决定分销的条件，这些条件应在产品研发的早期就应给予考虑。

② 安全性　食品的安全性关系着消费者的身体健康，确保食品安全是食品供应者首要的任务，这是食品区别于其他产品的重要特点。对于消费者而言，食品安全正变得越来越重要。食源性致病菌的生长、有毒物质的存在和外来的物理危害都可以影响产品的安全性。食品开发的每一步都应对微生物的危害进行评估，对于影响微生物生长的所有因素都应考虑，例如起始的细菌数、食品的营养组成、恰当的加工参数（如正确的中心温度）以及卫生操作和卫生过程的设计。另外，安全食品可能由于不正确的分销条件或消费者的非正常使用（高温长时间储存有利于致病菌孢子的生长）而变得不安全。因此，产品开发过程中应检查由于生产或其他因素（分销、消费者）可能发生的潜在危害物。

③ 食品的复杂性　食品特别是加工品是非常复杂的，它含有许多不同的化学物质，它们不仅可以相互影响，而且也影响最终产品的内在质量。除此之外，复杂的物理、化学和酶反应随时都可能发生。因此，产品组成的改变可能会导致质量很大的变化。如板栗仁水分活度的提高可以提高其口感品质，但此条件有利于美拉德反应的进行而使产品易变黑。

④ 原材料的供给和变化性　不同于许多工业产品，农业和食品工业的原材料的供应具有季节性。因此，原材料必须进口或者用恰当的条件把它们储藏起来以度过青黄不接的时期。例如，有些水果和蔬菜可以冷冻储藏直到被加工，而有些可以在受控条件下储藏以延长货架期。然而，储藏条件和不同来源的原材料可以影响原材料的组成和最终产品的内在质量特性。对食品的质量而言，应尽量保持储藏条件的恒定，原材料的这种变化在产品开发中应给予考虑。此外，原材料的变化（因为气候和季节的变化）也为产品配方提出了特别的要求，建立产品的详细说明书时，应对原材料的变化加以考虑。根据配方和加工的不同，原料的差异对最终产品质量的影响并不相同。所有这些变化在产品的开发过程中都应加以考虑。

⑤ 生产方法及对环境的影响　生产方法的选择或者对周围环境的影响也可对产品质量的认知产生作用，因此由于生产系统的特征（转基因食品、新颖的包装方法和原材料的来源等）而可能使消费者对产品质量认可度所产生的影响应在产品开发时进行评价。对于食品而言，加工所产生的环境影响常常反映了所选择的食品包装方法（小包装、可回收包装、可重新使用的包装等），选用的包装方法除了要满足功能性的要求外，对环境的影响也应加以考虑。

⑥ 食品与包装的相互作用　食品与包装间的相互作用可能降低食品的内在质量性质。它们间的相互作用包括食品成分向包装的扩散、外源物质通过包装向食品的扩散及包装所用材料物质向食品的扩散。如食品的风味物质可以扩散到聚合物的包装材料中，这不仅改变了食品的风味而且还可能改变包装材料的性能。另一方面，包装中的物质，如色素添加剂、增塑剂和重金属，都有可能扩散到食品中而影响食品的风味，甚至食品的安全。因此在食品的研发过程中应尽早根据食品本身的特点选择合适的包装，而不是等到设计即将完成时才考虑。

（4）食品开发的主导方法

总的说来，食品企业研制开发新产品，一般有以下三种方式：自行开发、技术引进、自行开发与技术引进相结合。

① 自行开发　自行开发，是一种独创性的新产品开发方法，它要求食品企业根据市场情况和用户需求，或针对原有产品存在的问题，从根本上探讨产品的层次与结构，进行有关新技术、新原料和新工艺等方面的研究，并在此基础上开发出具有本企业特色的新产品，特别是开发出更新换代型新产品或全新产品。

自行开发新产品的风险比较大，食品企业在开发新产品时，要注意新产品应该在某方面给消费者带来明显的利益；新产品要与消费者的消费习惯、社会文化、价值观念相适应，使消费者易于接受；新产品应该结构简单、使用方便；新产品应该尽量满足消费者的多方面的需求；开发新产品还必须讲求社会效益，即节约能源、防止污染、保持生态平衡。因此，食品企业自行研制新产品，要求具备较强的科研能力和雄厚的技术力量。

　　② 技术引进　技术引进指食品企业开发某种产品时，国际市场上已有成熟的技术可供借鉴，为缩短开发时间，迅速掌握产品技术，尽快生产出产品以填补国内市场的空白，而向国外企业引进生产技术的一种方式。利用技术引进的方式开发新产品具有三个方面的优势：一是节省科研经费和技术力量，把节省下来的人力、物力集中起来开发其他新产品，迅速增加产品品种；二是赢得时间，缩短与竞争企业之间的技术差距，快速获取竞争优势；三是把引进的先进技术作为发展产品的新起点，加速企业的技术发展，迅速提高企业的技术水平。

　　技术引进是新产品开发常用的一种方式，特别是对于产品开发能力较弱而生产能力较强的企业更为适用。但是，一般说来，引进的技术多半属于别人已经采用的技术，该产品已经占领了一定的市场，特别是从国外引进的技术，不仅需要付出较高的代价，而且还经常带有限制条件，这是在应用这种新产品开发方式时不能不考虑的重要因素。因此，有条件的企业不应把新产品开发长期建立在技术引进的基础上，应逐步建立自己的产品研发机构，或是通过科研、产品设计部门进行某种形式的联合，开发出自己的新产品。

　　③ 自行开发与技术引进相结合　自行开发与技术引进相结合，是指在对引进技术充分消化和吸收的基础上，与本企业的科学研究结合起来，充分发挥引进技术的作用，以推动企业科研的发展、取得预期效果。这种方式适用于：企业已有一定的科研技术基础，外界又具有开发这类新产品比较成熟的一部分或几种新技术可以借鉴。该方法结合了以上两种方法的优势并互补劣势，因此它在许多企业得到了广泛采用。

4.3　质量设计工具

4.3.1　质量功能展开

4.3.1.1　质量功能展开的定义

　　质量功能展开（quality function deployment，简称 QFD）是把顾客对产品的需求进行多层次的演绎分析，转化为产品的设计要求、原材料特性、工艺要求和生产要求的质量工程工具，用来指导产品的设计并保证质量。这一技术产生于日本，在美国得到了进一步发展，并在世界范围内得到了广泛应用。

　　QFD 要求产品生产者在听取顾客对产品的意见和需求后，通过合适的方法和措施将顾客需求进行量化，采用工程计算的方法将其一步步地展开，将顾客需求落实到产品的研制和生产的整个过程中，从而最终在研制的产品中体现顾客的需求，同时在实现顾客的需求过程中，帮助企业各职能部门制定出相应的技术要求和措施，使他们之间能够协调一致地工作。

　　QFD 是在产品策划和设计阶段就实施质量保证与改进的一种有效的方法，能够以最快的速度、最低的成本和优良的质量满足顾客的最大需求，已成为企业进行全面质量管理的重要工具和实施产品质量改进的有效工具。由于强调从产品设计的初期就同时考虑质量保证与改进的要求及其实施措施，QFD 被认为是质量设计（design for quality，简称 DFQ）的最有力工具，对企业提高产品质量、缩短开发周期、降低生产成本和增加顾客的满意程度有极大的帮助。

4.3.1.2　质量功能展开瀑布模型

调查和分析顾客需求是 QFD 的最初输入，而产品是最终的输出。这种输出是由使用它们的顾客的满意度确定的，并取决于形成及支持它们的过程的效果。由此可以看出，正确理解顾客需求对于实施 QFD 是十分重要的。顾客需求确定之后，采用科学、实用的工具和方法，将顾客需求一步步地分解展开，分别转换成产品的技术需求等，并最终确定出产品质量控制办法。相关矩阵（也称质量屋）是实施 QFD 的基本工具，瀑布式分解模型则是 QFD 的展开方式和整体实施思想的描述。图 4-2 是一个由 4 个质量屋矩阵组成的典型 QFD 瀑布式分解模型。

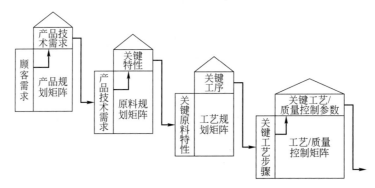

图 4-2　QFD 瀑布式分解模型

实施 QFD 的关键是获取顾客需求并将顾客需求分解到产品形成的各个过程，将顾客需求转换成产品开发过程具体的技术要求和质量控制要求。通过对这些技术和质量控制要求的实现来满足顾客的需求。因此，严格地说，QFD 是一种思想，一种产品开发管理和质量保证与改进的方法论。对于如何将顾客需求一步一步地分解和配置到产品开发的各个过程中，需要采用 QFD 瀑布式分解模型。但是，针对具体的产品和实例，没有固定的模式和分解模型，可以根据不同目的按照不同路线、模式和分解模型进行分解和配置。下面是几种典型的 QFD 瀑布式分解模型。

① 按顾客需求——→产品技术需求——→关键原料特性——→关键工序——→关键工艺及质量控制参数，将顾客需求分解为 4 个质量屋矩阵，如图 4-2 所示；

② 按顾客需求——→供应商详细技术要求——→系统详细技术要求——→子系统详细技术要求——→制造过程详细技术要求——→原料详细技术要求，分解为 5 个质量屋矩阵；

③ 按顾客需求——→技术需求（重要、困难和新的产品性能技术要求）——→子系统/原料特性（重要、困难和新的子系统/原料技术要求）——→生产过程需求（重要、困难和新的生产过程技术要求）——→统计过程控制（重要、困难和新的过程控制参数），分解为 5 个质量屋矩阵；

④ 按顾客需求——→工程技术特性——→应用技术——→生产过程步骤——→生产过程质量控制步骤——→在线统计过程控制——→成品的技术特性，分解为 6 个质量屋矩阵。

下面以图 4-2 所示的 QFD 瀑布式分解模型为例进一步说明 QFD 的分解步骤和过程。

(1) QFD 分解步骤

顾客需求是 QFD 最基本的输入。顾客需求的获取是 QFD 实施中最关键也是最困难的工作。要通过各种先进的方法、手段和渠道搜集、分析和整理顾客的各种需求，并采用数学的方式加以描述。然后进一步采用质量屋矩阵的形式，将顾客需求逐步展开，分层地转换为产品的技术需求、关键原料特性、关键工艺步骤和质量控制方法。在展开过程中，上一步的输出是下一步的输入，构成瀑布式分解过程。QFD从顾客需求开始，经过4个阶段，即4步分解，用4个质量屋矩阵——产品规划矩阵、原料规划矩阵、工艺规划矩阵和工艺/质量控制矩阵，将顾客的需求配置到产品开发的整个过程。

① 确定顾客的需求　由市场研究人员选择合理的顾客对象，利用各种方法和手段，通过市场调查，全面收集顾客对产品的种种需求，然后将其总结、整理并分类，得到正确、全面的顾客需求以及各种需求的权重（相对重要程度）。在确定顾客需求时应避免主观想象，注意全面性和真实性。

② 产品规划　产品规划矩阵的构造在QFD中非常重要，满足顾客需求的第一步是尽可能准确地将顾客需求转换成为通过生产能满足这些需求的物理特性。产品规划的主要任务是将顾客需求转换成设计用的技术特性。通过产品规划矩阵，将顾客需求转换为产品的技术需求，也就是产品的最终技术性能特征，并根据顾客需求的竞争性评估和技术需求的竞争性评估，确定各个技术需求的目标值。

QFD具体到产品规划过程要完成下列一些任务：完成从顾客需求到技术需求的转换；从顾客的角度对市场上同类产品进行评估；从技术的角度对市场上同类产品进行评估；确定顾客需求和技术需求的关系及相关程度；分析并确定各技术需求相互之间的制约关系；确定各技术需求的目标值。

③ 产品设计方案确定　依据上一步所确定的产品技术需求目标值，进行产品的概念设计和初步设计，并优选出一个最佳的产品整体设计方案。这些工作主要由产品设计部门及其工作人员负责，产品生命周期中其他各环节、各部门的人员共同参与，协同工作。

④ 原料规划　基于优选出的产品整体设计方案，并按照在产品规划矩阵所确定的产品技术需求，确定对产品整体组成有重要影响的关键原料/子系统及原料的特性，利用失效模型及效应分析（failure mode and effect analysis，FMEA）、故障树分析（fault tree analysis，FTA）等方法对产品可能存在的故障及质量问题进行分析，以便采取预防措施。

⑤ 外形设计及工艺过程设计　根据原料规划中所确定的关键原料的特性及已完成的产品初步设计结果等，进行产品的详细设计，完成产品各工序/子系统及原料的设计工作，选择好工艺实施方案，完成产品工艺过程设计，包括生产工艺和包装工艺。

⑥ 工艺规划　通过工艺规划矩阵，确定为保证实现关键产品特征和原料特征所必须给予保证的关键工艺步骤及其特征，即从产品及其原料的全部工序中选择和确定出对实现原料特征具有重要作用或影响的关键工序，确定其关键程度。

⑦ 工艺、质量控制　通过工艺、质量控制矩阵，将关键原料特性所对应的关键工序及工艺参数转换为具体的工艺、质量控制方法，包括控制参数、控制点、样本容量及检验方法等。

（2）质量屋

质量屋（house of quality，HOQ）的概念是由美国学者J. R. Hauser和Don Clausing在1988年提出的。质量屋为将顾客需求转换为产品技术需求以及进一步将产品技术需求转换为关键原料特性、将关键原料特性转换为关键工艺步骤和将关键工艺步骤转换为关键工艺、质量控制参数等QFD的一系列瀑布式的分解提供了一个基本工具。

质量屋结构如图4-3所示，一个完整的质量屋包括6个部分，即顾客需求、技术需求、关系矩阵、竞争分析、屋顶和技术评估。竞争分析和技术评估又由若干项组成。在实际应用中，视具体要求的不同，质量屋结构可能会略有不同。例如，有的时候，可能不设置屋顶；有的时候，竞争分析和技术评估这两部分的组成项目会有所增删等。

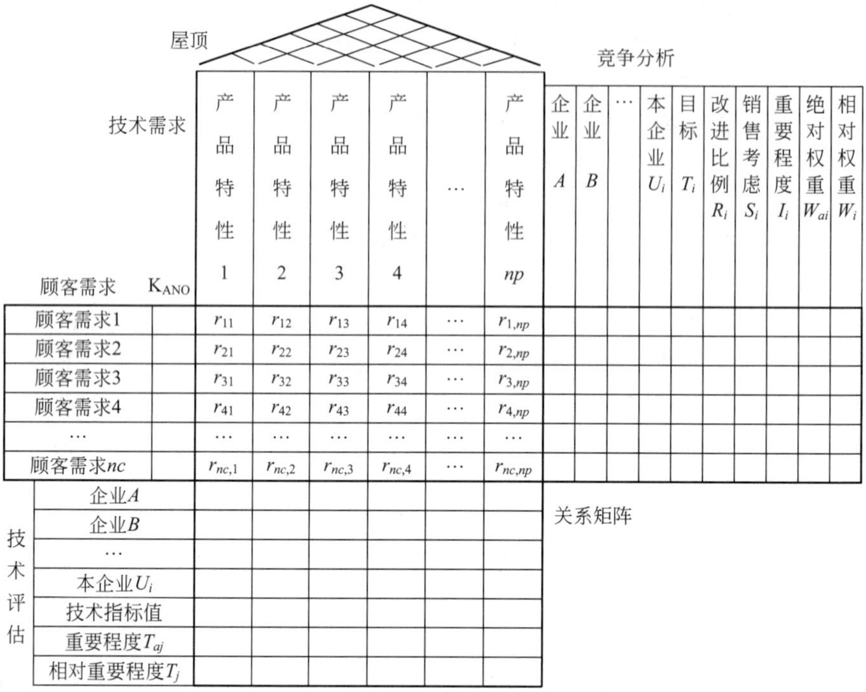

技术需求

顾客需求 K$_{ANO}$	产品特性1	产品特性2	产品特性3	产品特性4	...	产品特性np	企业A	企业B	...	本企业U_i	目标T_i	改进比例R_i	销售考虑S_i	重要程度I_i	绝对权重W_{ai}	相对权重W_i
顾客需求1	r_{11}	r_{12}	r_{13}	r_{14}	...	$r_{1,np}$										
顾客需求2	r_{21}	r_{22}	r_{23}	r_{24}	...	$r_{2,np}$										
顾客需求3	r_{31}	r_{32}	r_{33}	r_{34}	...	$r_{3,np}$										
顾客需求4	r_{41}	r_{42}	r_{43}	r_{44}	...	$r_{4,np}$										
...	...	...	...	...	...	...										
顾客需求nc	$r_{nc,1}$	$r_{nc,2}$	$r_{nc,3}$	$r_{nc,4}$	...	$r_{nc,np}$										

关系矩阵

技术评估

	产品特性1	产品特性2	产品特性3	产品特性4	...	产品特性np
企业A						
企业B						
...						
本企业U_i						
技术指标值						
重要程度T_{aj}						
相对重要程度T_j						

注：1. 关系矩阵一般用"◎、○和△"表示，它们分别对应数字"9、3和1"，没有表示即为无关系，对应数字0；

2. 销售考虑用"●和●"表示，"●"表示强销售考虑；"●"表示可能销售考虑，没有表示即不是销售考虑。分别对应数字1.5、1.2和1.0。

图 4-3　质量屋结构图

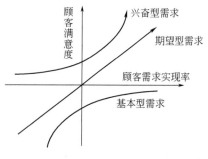

图 4-4　KANO 需求理论模型

① 顾客需求及其需求类型，即质量屋的"什么（What）"。各项顾客需求可简单地采用图示列表的方式，将顾客需求 1、顾客需求 2、……、顾客需求 nc 填入质量屋中。根据卡诺（Noritaki KANO）顾客需求理论，将顾客需求分为基本型、期望型和兴奋型三种（图 4-4）。

基本需求是顾客认为产品应该具有的基本功能，是不言而喻的，一般情况下顾客不会专门提出。基本需求作为产品应具有的最基本功能，如果没有得到满足，顾客就会很不满意；相反，当完全满足这些基本需求时，顾客也不会表现出特别满意。例如，食品必须首先是安全的，这是食品必须具备的最基本特性。如果食用不安全食品导致食物中毒，则会引起消费者强烈不满。

期望型需求在产品中实现的越多，顾客就越满意；相反，当不能满足这些期望型需求时，顾客就会不满意。企业要不断调查和研究顾客的这种需求，并通过合适的方法在产品中体现这种需求。如食品的适口性和愉悦性就属于这种需求。需求被满足的越多，顾客就越满意。

兴奋型需求是指令顾客意想不到的产品特性。如果产品没有提供这类需求，顾客不会不满意，因为他们通常就没有想到这类需求；相反，当产品提供了这类需求时，顾客对产品就会非常满意。如在方便面中增加卤鸡蛋。

顾客需求的提取是 QFD 实施过程中最为关键也是最难的一步。顾客需求的提取具体包括顾客需求的确定、各需求的相对重要度的确定以及顾客对市场上同类产品在满足他们需求方面的看法等。顾客需求的获取主要通过市场调查，收集到的顾客需求是各种各样的，有要求、意见、抱怨、评价和希望，有关于质量的，有涉及功能的，还有涉及价格的，所以必须对从用户那里收集到的情报进行分类、整理。通过对调查信息的分析与整理，形成 QFD 配置所需的顾客需求信息及形式（表 4-1）。

表 4-1　苹果酱质量设计中的顾客需求

质量要求展开			重要性等级
顾客需求	准则层	指标层	
最佳饮食	食用方便	易于倒出	4
		倒时不撒出	4
	健康	甜但不含糖	3
		含盐量低	3
	口感	苹果香气	4
		酸度适中	3
		口感黏稠	3
	无缺陷	加工时废弃物少	3
		保质期长	4
		表面无水	2
	信息清楚	保质期	4
		食用方法	4
		贮藏方法	4
		"QS"标识	3
良好的包装和标识	最佳包装	透过包装能看到内部产品	4
		包装规格不同	3
		能被挤压	2
		便于处理和使用	4
		回收利用	4

② 技术需求（最终产品特性），即质量屋的"如何（How）"。技术需求是用以满足顾客需求的手段，是由顾客需求推演出的，必须用标准化的形式表述。技术需求可以是一个产品的特性或技术指标，也可以是指产品的原料特性或技术指标，或者是一种原料的关键工序及属性等。对于食品质量设计来说，就是将食品的特性或技术指标转化为食品技术人员描述的并可以测量的特征。因此，顾客的语言（期望和要求）需要被转化成食品技术人员的语言，如产品要求细则。在这一部分需要考虑好多种或者某一特定的目标以及如何测量。

③ 关系矩阵，即顾客需求和技术需求之间的相关程度关系矩阵。这是质量屋的本体部分，它用于描述技术需求（产品特性）对各个顾客需求的贡献和影响程度。图 4-3 所示质量屋关系矩阵可采用数学表达式 $R=[r_{ij}]_{nc \times np}$ 表示。关系矩阵中 nc 和 np 分别指的是顾客需求和技术需求的个数，r_{ij}（$i=1, 2, 3\cdots, nc$；$j=1, 2, 3\cdots, np$）指的是第 i 个顾客需求与第 j 个技术需求之间的相关程度值。r_{ij} 是指第 j 个技术需求（产品特性）对第 i 个顾客需求的贡献和影响程度。r_{ij} 的取值可以是数值域 $[0, 1]$ 内的任何一个数值，或从 $\{0, 1, 3, 9\}$ 中取值。取值越大，说明第 j 个技术需求（产品特性）对第 i 个顾客需求的贡献和影响程度越大；反之，越小。例如产品中的脂肪含量（产品技术指标）与顾客对健康的要求（低脂肪）正好相反，但却与产品的感官特征（顾客要求）成正相关。

④ 竞争分析，站在顾客的角度，对本企业的产品和市场上其他竞争者的产品在满足顾客需求方面进行评估。

第一，本企业及其他企业情况。主要用于描述产品的提供商在多大程度上满足了所列的各项顾客需求。企业 A、企业 B 等是指这些企业当前的产品在多大程度上满足了那些顾客需求。本企业 U 则是对本企业产品在这方面的评价。可以采用折线图的方式，将各企业相对于所有各项顾客需求的取值连接成一条折线，以便直观地比较各企业的竞争力，尤其是本企业相对于其他企业的竞争力。

第二，未来的改进目标。通过与市场上其他企业的产品进行分析、比较，分析各企业的产品满足顾客需求的程度，并对本企业的现状进行深入剖析，在充分考虑和尊重顾客需求的前提下，设计和确定出本企业产品未来的改进目标。确定的目标在激烈的市场中要有竞争力。

第三，改进比例。改进比例 R_i 是改进目标 T_i（表示企业为满足第 i 个顾客需求要改进的目标）与本企业现状 U_i（表示本企业满足第 i 个顾客需求的现状）之比。

第四，销售考虑。销售考虑 S_i 用于评价产品的改进对销售情况的影响。例如，我们可以用 $\{1.5，1.2，1.0\}$ 来描述销售考虑 S_i。当 $S_i=1.5$ 时，指产品的改进对销售量的提高影响显著；当 $S_i=1.2$ 时，指产品的改进对销售量的提高影响中等；当 $S_i=1.0$ 时，指产品的改进对销售量的提高无影响。质量的改进必须考虑其经济性问题。如果我们要改进某一特性，以更好地满足这一顾客需求，改进之后，产品的销售量会不会有所提高，究竟能提高多少值得认真考虑。片面地追求质量至善论是不正确的。

第五，重要程度。顾客需求的重要程度 I_i 是指按各项顾客需求的重要性进行排队而得到的一个数值。该值越大，说明该项需求对于顾客具有越重要的价值；反之，则重要程度越低。

第六，绝对权重。绝对权重 W_{ai} 是改进比例 R_i、重要程度 I_i 及销售考虑 S_i 之积，是各项顾客需求的绝对计分。通过这个计分，提供了一个定量评价顾客需求的等级或排序。

第七，相对权重。为了清楚地反映各项顾客需求的排序情况，采用相对权重 W_i 的计分方法，即 $(W_{ai}/\sum W_{ai})\times100\%$。

⑤ 技术需求相关关系矩阵，质量屋的屋顶。技术需求相关关系矩阵主要用于反映一种技术需求如产品特性对其他产品特性的影响。它呈三角形，又位于质量屋的上方，故被称为质量屋的屋顶。例如，在图 4-3 中，若某一食品特性 i（货架期）与另一食品特性 j（营养价值）之间存在一种制约关系，即如果提高食品特性 i（货架期）指标，食品特性 j（营养价值）指标必然下降；反之，亦然。我们可以用一个符号如 X 来表示这种情况，并称之为负相关。若某一食品特性 i（营养成分糖含量）与另一食品特性 j（感官指标甜度）之间存在一种促进关系，即如果提高食品特性 i（糖含量）指标，食品特性 j（甜度）指标必然是跟着提高；反之亦然。我们可以用一个符号如○来表示这种情况，并称之为正相关。我们也可进一步采用不同的符号或数值来描述相关（正相关和负相关）的强弱程度。

⑥ 技术评估，对技术需求进行竞争性评估，确定技术需求的重要度和目标值等。

第一，本企业及其他企业情况。针对各项技术需求，描述产品的提供商所达到的技术水平或能力。企业 A、企业 B 等是指这些企业针对于各项技术需求，能够达到的技术水平或具有的质量保证能力。本企业 U 则是对本企业在这方面的评价。可采用折线图的方式，将各企业相对于所有各项技术需求所具有的能力或技术水平的取值连接成一条折线，以便直观地评估各企业的技术实力和水平，尤其是本企业相对于其他企业在技术水平和能力上的竞争力。

第二，技术指标值。具体给出各项技术需求如产品特性的技术指标值。

第三，重要程度 T_{aj}。对各项技术需求的重要程度进行评估、排队，找出其中的关键项。关键项是指：若该项技术需求得不到保证，将对能否满足顾客需求产生重大消极影响；该项技术需求对整个产品特性具有重要影响，是关键的技术或是质量保证的薄弱环节等。对确定为关键的技术需求，要采取有效措施，加大质量管理力度，重点予以关注和保证。

技术需求的重要程度 T_{aj} 是指按各项技术需求的重要性进行排队而得到的一个数值。该值越大，说明该项需求越关键；反之，则越不关键。T_{aj} 是各项技术需求的一个绝对计分。通过这个计分，提供了一个定量评价技术需求的等级或排序。

第四，相对重要程度 T_j。为了清楚地反映各技术需求的排序情况，采用相对重要程度 T_j，即 $T_j = (T_{aj}/\sum T_{aj}) \times 100\%$。

（3）质量屋应用案例分析

"吸烟与健康"问题是一个世人普遍关注的问题。近年来，在世界卫生组织的推动下，这个问题已经成为全世界比较热门的话题之一。全球性的反烟运动日益高涨，烟草行业受到的社会压力越来越大。为了增加企业效益，进一步增强市场竞争力，某卷烟公司研制一种具有高科技含量、竞争力强的 21 世纪的新型卷烟。下面以卷烟设计为例，说明质量屋在这种新产品研制中的应用。

① 质量需求展开　顾客需求的获得：顾客需求的获得是 QFD 过程中最为关键也是最难的一步。顾客需求的获取，必须按照正确的步骤和运用科学的方法，主要通过市场调查，然后整理和分析而得到。

对该产品——21 世纪新型卷烟，其市场调查的对象主要分为两类：一类是原有吸烟者，另一类是潜在的吸烟者，其中包括由于了解吸烟的危害性而不敢吸烟者。

调查对象确定好后，接着要根据调查对象、地点、人数等因素选择合适的调查方法实施市场调查，最后对所取得的所有信息资料进行整理分析。

② 质量需求的交换　通过以上调查收集到的顾客需求是各种各样的，有意见、投诉、评价、希望等。这些原始数据，是顾客的原意，必须对其进行翻译，变换成规范的质量需求。这里根据顾客的需求和投诉，将原始资料变换成下列质量需求项目：烟支变细、降低焦油含量、爽口、新型包装、DIY 卷烟、增加过滤嘴、女士香烟、心情香烟、夜光型香烟、保健型香烟、解酒烟、无烟型香烟、安全性卷烟等。

③ 质量需求分析　采用亲和图法等统计质量控制方法，进一步对顾客需求进行分析、整理和概括，将表达同一含义或相似含义的各个顾客需求归于同一类。如调查中顾客对卷烟形式多样化有多种不同的表述：有希望烟支变细的，有喜欢粗的，还有希望烟支不仅是圆柱形，也可以是其他形状的。最后，将层次结构的质量需求整理成质量需求展开表，如表 4-2 所示。

表 4-2　21 世纪新型卷烟质量需求展开表

一次水平需求	二次水平需求	三次水平需求	重要度
具有 21 世纪的多样化、独特等优秀品质	口味多	水果味	3
		淡口味	5
	外观独特	夜间发光	3
		侧向开口	3
	功能多	含中药成分	3
		解酒作用	4
		无烟雾	2
	文化丰富	能 DIY	2
		能集卡	3

④ 质量特性展开　通过将以顾客语言表达的质量需求转化成技术语言的质量特性，可

以使抽象的顾客需求进行具体的产品化。这里从质量需求抽出质量要素。在抽出质量要素时，考察、测量质量需求是否满足的尺度是什么？在这个阶段，没有必要考虑构成产品的各组成部分的质量特性，只需要比较抽象的表现。例如，由需求"开发很爽口的卷烟"，可抽出产品的质量要素——卷烟配方、制丝工艺以及卷接材料；由需求"改变卷烟形式，形成嚼烟等多种形式"，可抽出质量要素——包装材料、卷包工艺。依次由各个顾客需求抽出相应的质量要素，并进行整理，得到如下质量特性：卷烟配方、制丝工艺、卷接材料、包装材料、卷包工艺。用亲和图法整理出的质量特性，构造质量特性展开表。用独立配点法进行重要度转换，即将市场要求的质量需求重要度变换成技术性的质量要素（质量特性）重要度，如表 4-3 所示。

表 4-3　21 世纪新型卷烟质量需求-特性重要度转换表

质量需求				质量特征				
				卷烟配方	制丝工艺	卷接材料	包装材料	卷包工艺
一次	二次	三次	重要度					
具有 21 世纪的多样化、独特优秀品质	口味多	水果味	3	◎	◎	○		
		淡口味	5	◎	◎	○		△
	外观独特	夜间发光	3			◎		
		侧向开口	3				◎	◎
	功能多	含中药成分	3	◎	◎			
		解酒作用	4	◎	○	△		
		无烟雾	2	○	△	△		
	文化丰富	能 DIY	2		△		◎	◎
		能集卡	3				◎	◎

注：◎为强相关；○为相关；△为弱相关；空白为不相关。

⑤ 质量屋的构建　在以上步骤的基础上，将质量需求展开表与质量特性展开表组合成二维表，确定相关关系矩阵，并添加右墙——质量规划矩阵及地下室——质量设计矩阵，即构成一个完整的 21 世纪新型卷烟的质量屋（表 4-4）。

4.3.2　并行工程

（1）并行工程的定义

并行工程（concurrent engineering，简称 CE）是集成地、并行地设计产品及其生产工艺和相关各种过程（包括生产过程和相关过程）的一种系统方法。并行工程融合公司的一切资源，在设计新产品时，就前瞻性地考虑和设计与产品的全生命周期有关的过程。在设计阶段就预见到产品的生产、包装、质量检测、安全性、成本等各种因素。

并行工程产生之前，产品功能设计、生产工艺设计、生产准备等步骤以串行生产方式进行。这样的生产方式的缺陷在于：后面的工序是在前一道工序结束后才参与到生产链中来，它对前一道工序的反馈信息具有滞后性。一旦发现前面的工作中含有较大的失误，就需要对设计进行重新修改、对半成品进行重新加工，于是会延长产品的生产周期、增加产品的生产成本、造成不必要的浪费。产品的质量也不可避免地受到影响。

并行工程使企业在设计阶段就预见到产品的整个生命周期，是一种基于产品整个生命周期的具备高度预见性和预防性的设计。需要指出的是，有人把并行工程简单地等同于并行生产或者并行工作，认为并行工程就是同时或者交错地开展生产活动。这种看法是错误的，并行工程最大的一个特点是强调所有的设计工作要在生产之前完成。

表 4-4　卷烟质量屋

质量需求 一次	质量特性 二次	三次	卷烟配方	制丝工艺	卷接材料	包装材料	卷包工艺	重要度	竞争性评估 本公司	竞争对手	计划项目 计划质量	水平提高率	产品特性	权重 绝对权重	相对权重
具有 21 世纪的多样化、独特优秀品质	口味多	水果味	◎	◎	○		△	3	3	3	3	1		3	7.369
		淡口味	◎	◎	○			5	3	4	4	1.33	◎	9.975	24.5
	外观独特	夜间发光			◎	◎	◎	3	3	3	3	1		3	7.369
		侧向开口				◎		3	3	3	3	1	○	3.6	8.843
	功能多	含中药成分	◎	◎				3	3	3	3	1	◎	4.5	11.05
		解酒作用	◎	○	△			4	3	3	3	1	○	4.8	11.79
		无烟雾	○	△	△			2	3	3	4	1.33		2.66	6.533
	文化丰富	能 DIY		△		◎	◎	2	3	3	4	1.33	○	3.192	7.84
		能集卡			◎	◎	◎	3	3	4	4	1.33	◎	5.985	14.7
质量特性重要度			177.193	166.71	104.168	94.149	118.649							40.71	100
技术竞争性评估	本公司		4	4	4	4	3								
	竞争对手		4	4	3	3	4								
质量设定目标值			5	5	4	4	4								

注：◎为 3，○为 2，△为 1
对手产品特性一栏◎为 1.5，○为 1.2，空白为 1。

（2）并行工程的实施

并行工程方法的实质就是要求产品开发人员与其他人员一起共同工作，在设计阶段就考虑产品整个生命周期中从概念形成到产品报废处理的所有因素，包括质量、成本、进度计划和用户的要求。

从上述定义可以看出，要想开展并行工程，必须从以下几个方面来努力。

① 团队工作方式　并行工程在设计一开始，就应该把产品整个生命周期所涉及的人员都集中起来，确定产品性能，对产品的设计方案进行全面的评估，集中众人的智慧，得到一个优化的结果。这种方式使各方面的专业人才，甚至包括潜在的用户都汇集在一个专门小组里，协同工作，以便从一开始就能够设计出便于加工、便于装配、便于维修、便于回收、便于使用的产品。并行工程需要成员具备团队精神，这样不同专业的人员才能在一起协同工作。

这样的工作方式从相当大程度上克服了原来串行生产模式的弊病。过去，由于单个设计人员的知识和经验的局限性，很难全面地考虑到产品生产中各个阶段的要求；加上设备、工艺、原料的复杂性和多样性，难以对多个设计方案进行充分评价和筛选，在时间紧迫的情况下，设计人员大多选择最方便的方案，而不是最适宜的方案。于是返工现象就在所难免。

② 技术平台　实施并行工程，必须有相应的技术支持，才能完成基于计算机网络的并行工程。技术平台包括：

一个完整的公共数据库，它必须集成并行设计所需的诸方面的知识、信息和数据，并且以统一的形式加以表达。

一个支持各方面人员并行工作、甚至异地工作的计算机网络系统，它可以实时、在线地在各个设计人员之间沟通信息、发现并调解冲突。

一套切合实际的计算机仿真模型和软件，它可以由一个设计方案预测、推断产品的生产及储运和消费过程，发现所隐藏的阻碍并行工程实施的问题。

③ 对设计过程进行并行管理　技术平台是并行工程的物质基础，各行业专家是并行工程的思想基础。并行工程是基于专家协作的并行开发。但是，并不是说有了专家和技术平台，就自然而然地产生效益，还要对这个并行过程进行有效的管理。由于每个专业的人士受其专业知识的限制，往往对产品的某一个方面的因素考虑得较多，而容易忽视产品的整体指标，因此要确定一个全面的设计方案，需要各专家多次的交流、沟通和协商。在设计过程中，团队领导要定期或者不定期地组织讨论，团队成员都畅所欲言，可以随时对设计出的产品和零件从各个方面进行审查，力求使设计出的产品不仅外观美、成本低、便于使用，而且便于加工、包装、运输，在产品的综合指标方面达到一个满意值。

这种并行工程方式与传统方式相比，可以保证设计出的最终原型能够集中各方面专家的智慧，是一个现行情况下最完美的模型，在很大程度上可以避免设计缺陷造成产品返工以及由于设计反复修改引起人、财、物的浪费。

④ 强调设计过程的系统性　并行设计将设计、生产、管理等过程纳入一个整体的系统来考虑，设计过程不仅包括制定样品和其他设计资料，还要进行质量控制、成本核算，也要产生进度计划等。比如在设计阶段就可同时进行工艺（包括加工工艺、包装工艺和检验工艺）过程设计，并对工艺设计的结果进行计算机仿真，直至用快速原型法生产出产品的样件。

⑤ 基于网络进行快速反馈　并行工程往往采用团队工作方式，包括虚拟团队。在计算机及网络通讯技术高度发达的今天，工作小组完全可以通过计算机网络向各方面专家咨询，专家成员既包括企业内部的专家，也包括企业外部的专家。这样专家可以对设计结果及时进

行审查，并及时反馈给设计人员。不仅大大缩短设计时间，还可以保证将错误消灭在"萌芽"状态。计算机、数据库和网络是并行工程必不可少的支撑环境。

（3）并行工程应用实例

美国波音飞机制造公司投资 40 多亿美元，研制波音 777 型喷气客机，采用庞大的计算机网络来支持并行设计和网络制造。从 1990 年 10 月开始设计到 1994 年 6 月仅花了 3 年零 8 个月就试制成功，进行试飞，一次成功，即投入运营。在实物总装后，用激光测量偏差，飞机全长 63.7m，从机舱前端到后端 50m，最大偏差仅为 0.9mm。波音 777 的整机设计、部件测试、整机装配以及各种环境下的试飞均是在计算机上完成的，使其开发周期从过去 8 年时间缩短到 3 年多，甚至在一架样机未生产的情况下就获得了订单。

如果没有并行工程技术的应用，设计如此庞大的设备，要想在这么短的时间内，达到这样高的精度，几乎是不可能的。

第 5 章
食品质量控制

食品质量控制是保障食品安全的主要途径，也是发现质量问题、分析质量问题的主要方法。本章主要介绍产品质量发生波动的原因、分类，质量数据的分类、收集及特性，质量控制的方法。

5.1 质量波动概述

5.1.1 质量波动

在日常生活中经常遇到这样的现象：不同的人，用同样的生产设备、生产原料和生产工艺，生产的食品在色、香、味、质地和外形等方面有所不同，尤其表现在厨师上，不同厨师做同样的菜，口味差异较大；甚至是同一个人在不同的时间或心情不一样时，做出的产品也有差别，这就是质量波动。产品质量具有波动性和规律性，产品质量波动具有普遍性和永恒性。

5.1.2 质量波动的原因

引起质量波动的原因可以从 5M1E 入手，即人（man）、机（machine）、料（material）、法（method）、测（measurement）、环（environment）。

① 人（man）　操作者对质量的认识、技术熟练程度、文化素质、身体状况等；

② 机器（machine）　机器设备、工器具的卫生、精度和维护保养状况等；

③ 材料（material）　食品原料的成分、物理性能和化学性能等；

④ 方法（method）　包括加工工艺、管理方法、操作规程、测量方法等；

⑤ 测量（measurement）　测量时采取的方法是否标准、正确；

⑥ 环境（environment）　种养殖环境、储运环境以及加工环境（生产场所的温度、湿度、照明和清洁条件等）。

由于这六个因素的英文名称的第一个字母是 M 和 E，所以一般简称为 5M1E。

从过程质量控制的角度来看，通常又把上述造成质量波动的六方面的原因归纳为偶然性原因和系统性原因。

① 偶然性原因　偶然性原因是不可避免的原因，一定程度上又可以说是正常原因。如原料理化性能、成分的微小差异，设备的轻微振动，工器具承受压力的微小差异，消毒剂和清洁剂用量，润滑油及周围环境的微小变化，刀具的正常磨损，工艺系统的弹性变化，工人操作中的微小变化，测试手段的微小误差，检查员读值的微小差异。一般来说，这类影响因素很多，不易识别，其大小和作用方向都不固定，也难以确定。它们对质量特性值波动的影响较小，使质量特性值的波动呈现典型的分布规律。

② 系统性原因　系统性原因在生产过程中少量存在，并且是对产品质量不经常起作用的影响因素。一旦在生产过程中存在这类因素，就必然使产品质量发生显著的变化。这类因素有原料质量不合格、工人操作失误或不遵守操作规程、生产工艺不合理、工人过度疲劳、设备波动过大、刀具过度磨损或损坏、刀具的安装和调整不当、机器运转异常、使用未经鉴定过的测量工具、测试错误、测量读数带一种偏向等。一般来说，这类影响因素较少，容易识别，其大小和作用方向在一定的时间和范围内，表现为一定的或周期性的或倾向性的有规律的变化。

5.1.3　质量波动的分类

也正因为波动性的存在，所以在产品设计时有了公差的要求。位于规定公差范围内的产品是可以接受的，称之为正常波动；超出公差规定范围的产品是不可接受的，称为异常波动。

正常波动是由偶然性原因造成的。它们对质量特性值波动的影响小，在一定技术条件下，硬要消除这类原因，不但技术上办不到，而且经济上也不合算。所以，这类影响也称为不可避免的原因或正常原因。正常波动不应由工人和管理人员来负责，减少这类质量波动只能靠提高技术水平或科学水平来达到。

异常波动是由系统性原因导致的质量波动。这类因素对质量数据波动的影响比较大，使生产过程处于不稳定状态。在一定技术条件下，这类原因可以通过有关人员的努力和加强管理，从技术上加以消除，经济上也值得消除。所以这类影响因素又称为可避免的原因或异常原因。

5.2　质量数据

在科学研究中要以科学数据为基础，在质量管理中一切要以数据来说话，根据事实采取措施，防止盲目的主观主义。食品是否合格或安全，要以一系列的检测数据来说明，例如，微生物数量，重金属含量，农药、兽药残留量，重量等。每天的生产量、产品合格率、生产成本、盈利状况等都要以数据来阐述。

5.2.1　质量数据的分类

在质量管理过程中，通过有目的地收集数据，运用数理统计的方法处理所得的原始数据，提炼出有关产品质量、生产过程的信息，再分析具体情况，做出决策，从而达到提高产品质量的目的。

在科学研究和生产实践中，经常遇到各种各样的数据，按照性质和使用目的的不同，可以分为计量值数据、计数值数据、顺序数据、点数数据和优劣数据。

① 计量值数据　所谓计量值数据是指数据在给定的范围内可以取任何值，即被测数据

可以是连续的，如测量产品的长度、重量、硬度、电流、温度等。但是，由于测量方法受到限制，或者是没有必要把所有产品的数据都测量，因此，测量结果的数据是不连续的，数据的变化情况与所用的测量仪器精确度有关。

② 计数值数据　所谓计数值数据是指那些不能连续取值的，只能以个数计算的数为计数值数据。如教室中学生数量、日光灯盏数、计算机出现故障的次数等。

③ 顺序数据　在对产品进行综合评审而又无适当仪表进行测量时所用的数据。例如，在对食品进行感官分析时，将不同的产品进行随机编号，027、315、256、048，或把 n 类产品按评审标准顺序排成 1，2，3，…，n，这样的数据就是顺序数据。

④ 点数数据　以 100 点或 10 点或其他点记为满点进行评分的数据。给食品打分时常用点数数据。例如：对香肠进行感官评分时，采用 5 点。5 分：肉色好，有光泽，香气圆润浓郁，风味明显，留香时间长；4 分：肉色较好，有光泽，香气较浓郁，风味较明显，留香时间较长；3 分：肉色正常，较有光泽，有正常香气，能闻到或品尝到香精风味；2 分：肉色异常，无光泽，无正常香气，无香精风味；1 分：肉色异常（或有霉菌），无光泽，有酸腐气味，无正常香气。

⑤ 优劣数据　比较两个或多个产品之间的差别或优劣时使用的数据。例如，比较国光和红富士两个品种的苹果哪种更好。

5.2.2　搜集数据的目的

为了收集高质量的数据，首先要明确收集数据的目的，搜集数据的目的很多，主要包括：

① 分析用数据　例如，为了调查面包发酵时间与发酵温度之间的关系，需要制订实验设计进行实验，对取得的数据加以分析，然后，将分析结果记录下来以备参考。

② 检验用数据　例如，测定蔬菜中的农药残留，与国家标准相比较，看是否超出国标规定的限量。

③ 管理用数据　例如，冷库的温度、湿度的波动大小，设备出现故障的次数等。

④ 调节用数据　例如，在气调库中检测 O_2 和 CO_2 的浓度，CO_2 浓度高时，加大通风量，浓度低时，充入 CO_2 或关闭通风口。

5.2.3　搜集数据的注意事项

在做管理或决策时，收集的数据要真实可靠，并具有代表性，否则，就会得出错误结论，导致错误的措施，这比没有数据更糟糕。为了取得准确可靠的数据，应该注意下列事项：

① 明确收集数据的目的和收集的方法；

② 收集的数据要具有代表性；

③ 收集数据时，要进行登记和记录。记录的内容包括何人、何时、从何处、用何方法、用何测量仪表、记录何数据、如何处理等；

④ 数据记录时，字迹要写清楚，让人能看懂；

⑤ 记录必须保存，而且计算过程也应予以保存，以便出现计算错误时可追溯。

5.2.4　数据特征值

数据特征值可以分为两类：一类是数据集中趋势的度量，如平均值、中位数、众数等；另一类是数据离散度的度量，如极差、平均偏差、均方根偏差、标准偏差等。

（1）表示数据集中趋势的特征值

① 频数　通常要把杂乱的数据按照一定的方式（如从大到小）进行整理。计算各个值反复出现的次数，称为频数。

② 算术平均值　如果产品质量有 n 个测量值 X_i （$i=1$，2，3，…，n），那么它们的平均值由下式求得：

$$\overline{X} = \frac{1}{n} \sum_{i=1}^{n} X_i$$

③ 中位数　将一组数按大小顺序排列，排在中间的那个数称为中位数，用 $\widetilde{X}$ 表示。当一组数据总数为偶数时，中位数为中间两个数据的平均值。

④ 众数　众数是一组测量数据中出现次数（频数）最多的那个数值。

（2）表示数据离散程度的特征值

① 极差　极差是一组测量数据中的最大值和最小值之差。通常表示不分组数据的离散度，用符号 R 表示。

$$R = X_{max} - X_{min}$$

② 标准方差　对于全体或总体来说，从理论上来讲，可以求出描述全部产品测量数据的一个离散程度值，我们称之为总体标准方差 δ^2，如下式：

$$\delta^2 = \frac{1}{n} \sum_{i=1}^{n} (X_i - \overline{X})^2$$

样本标准方差：
$$S^2 = \frac{1}{n-1} \sum_{i=1}^{n} (X_i - \overline{X})^2$$

③ 标准偏差　把样本标准方差开平方后，就得到样本标准偏差为

$$S = \sqrt{\frac{1}{n-1} \sum_{i=1}^{n} (X_i - \overline{X})^2}$$

5.2.5　随机抽样

随机抽样是指总体中每一个体被抽取的可能是相等的，且不掺杂人的主观意志在内的一种抽样方法。

① 单纯随机抽样法　又称简单随机抽样。样品是直接从总体中不加任何限制抽选出来的。为了实现抽样的随机化，避免人的主观意志和操作偏习的影响，可采用抽签法、掷骰法、随机数表法来随机抽取样品。例如在面包感官评定时，从 25 个批次中随机抽取第 3、12、17、20 批次的样品进行测定。

② 机械随机抽样法　又称系统抽样、间隔抽样或规律性抽样。它是在时间和空间上，以相等的间隔顺次地抽取样品组成的抽样方法。例如在方便面生产线上每隔 5min 取一包进行检测；桶装玉米油抽样时，将油桶平均分成上、中、下三层，每层取一定量样品混合后成为待检测样。

③ 分层随机抽样法　又称类型抽样、典型抽样。把不同条件下生产出来的样品归类分组后，按一定比例从各组中随机抽取的产品组成样本。例如将一天内由不同班次生产的产品按照一定比例随机抽取的产品作为待检测样。

④ 整群随机抽样法　又称系列抽样、划区抽样。在总体中一次并非抽取单个个体，而是抽取整群个体作为样品的抽样方法。例如在一批啤酒中随机抽取一箱或一桶啤酒作为待检测样。

5.3 质量控制工具（一） QC 旧七法

5.3.1 检查表

5.3.1.1 定义

在质量改善活动中，为了收集数据并进行分析判断而设计的一种表格。

例如，面包不合格原因检查表，见表 5-1。

表 5-1 面包不合格原因检查表

生产日期	检查数	不合格品数	产生不合格品的原因					
			重量	颜色	包装	大小	夹生	其他
1.1	5000	16	7	6	0	3	0	0
1.2	5000	88	36	8	16	14	9	5
1.3	5000	71	25	11	21	4	8	2
1.4	5000	12	9	3	0	0	0	0
1.5	5000	17	13	1	1	1	1	0
1.6	5000	23	9	6	5	1	0	2
1.7	5000	19	6	0	13	0	0	0
合计	频数	246	105	35	56	23	18	9
	频率	1.000	0.427	0.142	0.228	0.093	0.073	0.037

5.3.1.2 检查表的做法

（1）确定相关的项目

① 确定检查的对象　生产线上的面包。

② 确定检查的时间　1 月 1 日～1 月 7 日。

③ 确定检查的周期　1 次/天。

④ 确定检查的方式　全检。

⑤ 确定检查数　检查当天所生产的全部面包。

⑥ 确定记录方式　数字。

⑦ 确定判定方式　a. 重量：重量不足或超过标准要求；b. 颜色：颜色不均匀或烤煳；c. 包装：包装密封不严或破损；d. 大小：由于发酵不充分或烤制温度不当，导致面包不长；e. 夹生：烤制温度或烤制时间不足，导致面包内部夹生。

（2）准备记录用的表格，用于记录检验的不良数。

（3）按检验的要求，对产品进行检验，将不合格的产品检出，并用"正"字法填写

（4）小计本次的不合格数，并计算本次的不合格率。

（5）重复 2、3、4 的步骤，制作出 1 月 1 日至 1 月 7 日的记录表（表 5-2）。

（6）将 1.1～1.7 日的记录表的统计数据，填入检查表。

（7）对检查表内的数据进行统计和计算。

表 5-2　面包检验记录表

检验日期：2005 年 1 月 1 日　　　　　　　　　　　　　　　　　　　编号：JN0001

产品名称	面包	重量	100g	批次	0001
检验数量	5000	检验员	王小刚		
不合格项目	不合格项目记录(画"正"字)				小计
重量	正丁				7
颜色	正一				6
包装					0
大小	下				3
夹生					0
其他					0
本次不合格数	16	不合格率/%	0.32		

5.3.2　排列图

5.3.2.1　排列图定义

　　排列图（Pareto chart）又叫帕累托（Pareto）图，排列图的全称是主次因素分析图，它是将质量改进项目从最重要到最次要进行排列而采用的一种简单的图示技术。排列图建立在帕累托原理的基础上，帕累托原理是 19 世纪意大利经济学家在分析社会财富的分布状况时发现的：国家财富的 80％掌握在 20％的人手中，这种 80％～20％的关系，即是帕累托原理。

5.3.2.2　排列图的做法

　　排列图由两个纵坐标、一个横坐标、几个直方图和一条曲线组成。如图 5-1 所示，左边的纵坐标表示频数，右边的纵坐标表示累计百分数，横坐标表示影响产品质量的各个因素，按影响程度的大小从左至右排列；直方形的高度表示某个因素影响的大小；曲线表示各因素影响大小的累计百分数，这条曲线称为帕累托曲线。通常将累计百分数分为三个等级，累计百分数在0～80％的因素为 A 类，显然它是主要因素；累计百分数在 80％～90％的因素为 B 类，是次要因素；累计百分数在 90％～100％的为 C 类，在这一区间的因素为一般因素。

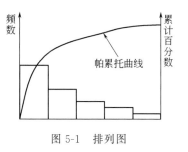

图 5-1　排列图

　　下面以面包不合格原因来说明排列图的具体做法。

　　共检查 7 天面包质量，对每一天不合格品分析原因后列在表 5-1 中。

　　从表 5-1 中给出的数据可以看出各种原因造成的不合格品的比例。为了找出产生不合格品的主要原因，需要通过排列图进行分析，具体步骤如下。

　　① 列频数统计表　将表 5-1 中的数据按频数或频率大小顺序重新进行排列，最大的排在最上面，其他依次排在下面，"其他"排在最后，然后再加上一列"累积频率"，便得到频数统计表，见表 5-3。

表 5-3 排序后频数统计表

质量原因	频数	频率	累积频率
重量	105	0.427	0.427
包装	56	0.228	0.655
颜色	35	0.142	0.797
大小	23	0.093	0.890
夹生	18	0.073	0.963
其他	9	0.037	1.000
合计	246	1.000	

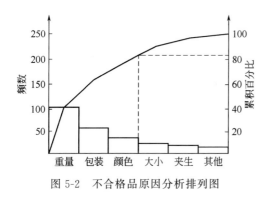

图 5-2 不合格品原因分析排列图

② 画排列图　在坐标系的横轴上从左到右依次标出各个原因，"其他"这一项放在最后，在坐标系上设置两条纵坐标轴，在左边的纵坐标轴上标上频数，在右边的纵坐标轴的相应位置上标出累积百分比。然后在图上每个原因项的上方画一个矩形，其高度等于相应的频数，宽度相等。然后在每一矩形的上方中间位置上点上一个点，其高度为到该原因为止的累积百分比，并从原点开始把这些点连成一条折线，称这条折线为累积百分比折线，也叫帕累托曲线，如图 5-2 所示。

③ 确定主要原因　根据累积百分比在 0~80% 之间的因素为主要因素的原则，可以在累积百分比为 80% 处画一条水平线，在该水平线以下的折线部分对应的原因便是主要因素。从图 5-2 可以看出，造成不合格品的主要原因是重量、包装与颜色，要减少不合格品应该从这三个方面着手。

5.3.3 特性要因图

5.3.3.1 特性要因图的定义

在食品的设计开发、生产和各项工作中，常常会出现质量问题，为了解决这些问题，就需要查找原因，考察对策，采取措施，解决问题。也就是将出现问题的原因通过大家的讨论，并确定产生问题的主要原因。由于此图像一根鱼刺，也叫鱼骨图，正式名称为特性要因图。如图 5-3 所示。

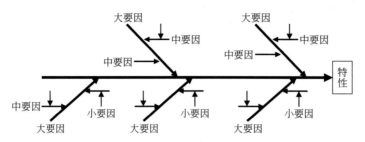

图 5-3 特性要因图（鱼骨图）

5.3.3.2 特性要因图的制作方法

下面通过实例介绍特性要因图的具体画法。

消毒奶在保质期内发生变质，希望通过特性要因图找出消毒奶变质的原因，以便采取针对性措施加以解决。

第一步，确定待分析的质量问题，将其写在右侧的方框内，画出主干，箭头指向右端。确定消毒奶变质作为此问题的特性，在它的左侧画一个自左向右的粗箭头，见图5-4。

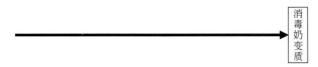

图 5-4　特性要因图——确定问题

第二步，确定该问题中影响质量原因的分类方法。一般分析工序质量问题，常按其影响因素——人、机、料、法、环五大因素，造成消毒奶变质的原因可以具体分成操作员、杀菌设备、原料奶、检测方法、生产环境五大类，用中箭头表示。见图5-5。

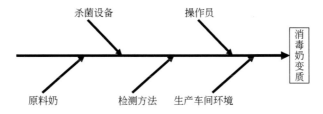

图 5-5　特性要因图——确定主因

第三步，将各分类项目分别展开，每个中枝表示各项目中造成质量问题的一个原因。作图时，中枝平行于主干，箭头指向大枝，将原因记在中枝上下方。见图5-6。

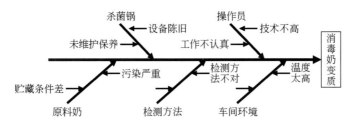

图 5-6　特性要因图——确定中要因和小要因

第四步，对于每个中枝的箭头所代表的一类因素进一步分析，找出导致它们质量不好的原因，逐类细分，用粗细不同、长短不一的箭头表示，直到能具体采取措施为止。见图5-6。

第五步，分析图上标出的原因是否有遗漏，找出主要原因，画上方框，作为质量改进的重点。见图5-7。

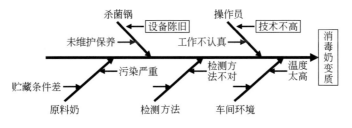

图 5-7　特性要因图——确定主要原因

第六步，注明特性要因图的名称、绘图者、绘图时间、参与分析人员等。

第七步，根据找出的主要原因，采取措施解决问题。

针对操作员技术水平不高的问题，可以加强员工的教育培训；杀菌设备陈旧，及时进行设备的更新换代，加强设备的维护保养和检修。

5.3.4 直方图

5.3.4.1 直方图的定义

直方图又称质量分布图，是通过对测定或收集来的数据加以整理，来判断和预测生产过程质量和不合格品率的一种常用工具。它用一系列宽度相等、高度不等的柱形来表示。

5.3.4.2 直方图的制作步骤

下面以蛋糕中水分含量为例介绍直方图的制作

（1）收集计量值数据

数据的个数必须不少于 50 个，见表 5-4。

表 5-4　蛋糕水分含量　　　　　　　　　　　　单位：%

43	28	27	26	33	29	18	24	32	14
34	22	30	29	22	24	22	28	48	1
24	29	35	36	30	34	14	42	38	6
28	32	22	25	36	39	24	18	28	16
38	36	21	20	26	20	18	8	12	37
40	28	28	12	30	31	30	26	28	47
42	32	34	20	28	34	20	24	27	24
29	18	21	46	14	10	21	22	34	22
28	28	20	38	12	32	19	30	28	19
30	20	24	35	20	28	24	24	32	40

（2）找出最大值和最小值，计算极差

数据中的最大值用 X_{max} 表示，最小值用 X_{min} 表示，极差用 R 表示。根据表 5-4 中的数据可知，$X_{max}=48$，$X_{min}=1$，$R=X_{max}-X_{min}=47$。

（3）确定组数和组距

组数一般用 K 表示，组距一般用 h 表示。

$$K=\sqrt{n} \quad h=\frac{R}{K}$$

组数的确定可参考表 5-5。

表 5-5　组数 K 取值参考表

数据的总数 n	组数 K
50～100	6～10
100～250	7～12
250 以上	10～20

$$K=\sqrt{100}=10 \qquad h=\frac{47}{10}=4.7\approx5$$

（4）确定测定单位，即最小单位

如：数据为 14 个，那么测定单位为 1 个；数据为 2.5m，测定单位为 0.1m。

本例的测定单位为 1。

（5）确定境界值单位

测定单位的一半就是境界值单位。如上面的例子境界值单位分别为 0.5 和 0.05。

本例子的境界值单位为 1/2＝0.5。

（6）确定组界

第一组界下限值＝最小值－境界值单位＝1－0.5＝0.5

第一组界上限值＝第一组界下限值＋组距＝0.5＋5＝5.5

第二组界下限值＝第一组界上限值＝5.5

第二组界上限值＝第一组界上限值＋组距＝5.5＋5＝10.5

……

（7）编制频数分布表

见表 5-6。

表 5-6　蛋糕水分含量频数分布表

组号	组界	频数分布用"正"表示	小计
1	0.5～5.5	一	1
2	5.5～10.5	上	3
3	10.5～15.5	正一	6
4	15.5～20.5	正正止	14
5	20.5～25.5	正正正止	19
6	25.5～30.5	正正正正正丁	27
7	30.5～35.5	正正止	14
8	35.5～40.5	正正	10
9	40.5～45.5	下	3
10	45.5～50.5	下	3

（8）画直方图

横坐标表示水分含量，纵坐标表示频数，见图 5-8。

5.3.4.3　直方图的类型

直方图能比较形象、直观、清晰地反映产品质量的分布情况，观察直方图时，应该着眼于整个图形的形态，对于局部的参差不齐不必计较。根据形状判断它是正常型还是异常型，如果是异常型，还要进一步判断它是哪种类型，以便分析原因，采取措施。常见的直方图形状大体有八种，如图 5-9 所示。

① 对称形　对称形直方图是中间高、两边低、左右基本对称，符合正态分布。这是从稳定正常的工序中得到的数据做成的直方图，这说明过程处于稳定状态（统计控制状态），见图 5-9（a）。

② 折齿形　折齿形直方图像折了齿的梳子，出现凹凸不平的形状，这多数是因为测量方法或读数有问题，也可能是作图时数据分组不当引起的，见图 5-9（b）。

③ 陡壁形　陡壁形直方图像高山陡壁，向一边倾斜，一般在产品质量较差时，为得到

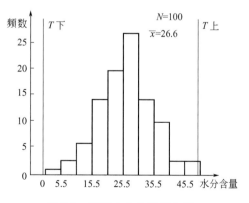

图 5-8　蛋糕水分含量直方图

符合标准的产品，需要进行全数检验来剔除不合格品。当用剔除了不合格品后的产品数据作直方图时，容易产生这种类型，见图5-9(c，d)。

④ 尖峰形　尖峰形直方图的形状与对称形差不多，只是整体形状比较单薄，这种直方图也是从稳定正常的工序中得到的数据做成的直方图，这说明过程处于稳定状态，见图5-9(e)。

⑤ 孤岛形　孤岛形直方图旁边有孤立的小岛出现。原材料发生变化，刀具严重磨损，测量仪器出现系统偏差，短期间如不熟练工人替班等原因，容易产生这种情况，见图5-9(f)。

⑥ 双峰形　双峰形直方图中出现了两个峰，这往往是由于将不同原料、不同机床、不同工人、不同操作方法等加工的产品混在一起所造成的，此时应进行分层，见图5-9(g)。

⑦ 平坦形　平坦形直方图没有突出的顶峰，顶部近于平顶，这可能是由于多种分布混在一起，或生产过程中某种缓慢的倾向在起作用。如工具的磨损、操作者疲劳的影响等，质量指标在某个区间中均匀变化，见图5-9(h)。

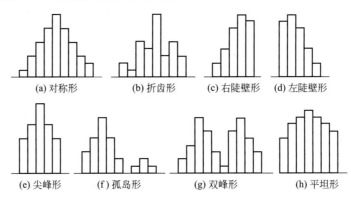

图 5-9　直方图类型

5.3.4.4　直方图与标准界限比较

将直方图和公差对比来观察直方图大致有以下几种情况，如图5-10所示。

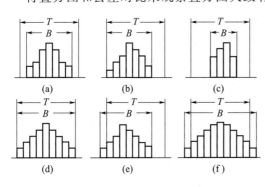

图 5-10　直方图与标准界限比较

① 理想型　B 在 T 的中间，平均值也正好与公差中心重合 [图5-10(a)]。

② 偏心型　虽然分布范围落在公差界线之内，但分布中心偏离规格标准中心，故有超差的可能，说明控制有倾向性 [图5-10(b)]。

③ 瘦型　又叫能力富余型。公差范围大于实际数据分布范围，质量过分满足标准的情况。虽然没有不合格的产品产出，但是太不经济。可以考虑改变工艺，放松加工精度或缩小公差，以便降低成本 [图5-10(c)]。

④ 无富余型　分布虽然落在规格范围之内，但完全没有余地，一不小心就会超差，必须采取措施，缩小分布范围 [图5-10(d)]。

⑤ 陡壁型　这是工序控制不好，实际数据分布过分地偏离规格中心，造成超差或废品 [图5-10(e)]。

⑥ 胖型　又叫能力不足型。实际分布的范围太大，造成超差。这是由于质量波动太大，工序能力不足，出现一定量的不合格品的状态。应从多方面采取措施，缩小分布 [图5-10(f)]。

5.3.5　散布图

5.3.5.1　散布图的定义

散布图，又称相关图，是描绘两种质量特性值之间相关关系的分布状态的图形，即将一对数据看成直角坐标系中的一个点，多对数据得到多个点组成的图形即为散布图，见图 5-11。

图 5-11　散布图

5.3.5.2　散布图制作步骤

① 选定对象。可以选择质量特性值与因素之间的关系，也可以选择质量特性与质量特性值之间的关系，或者是因素与因素之间的关系。

② 收集数据。一般需要收集成对的数据 30 组以上。数据必须是一一对应的，没有对应关系的数据不能用来做相关图。

③ 画出横坐标 x 与纵坐标 y，填上特性值标度。一般横坐标表示原因特性，纵坐标表示结果特性。进行坐标轴的分计标度时，应先求出数据 x 与 y 的各自最大值与最小值。划分间距的原则是：应使 x 最小值至最大值（在 x 轴上的）的距离，大致等于 y 最小值至最大值（在 y 轴上的）的距离。其目的是为了防止判断的错误。

④ 根据每一对数据的数值逐个画出各组数据的坐标点。

5.3.5.3　散布图的类型

散布图的类型主要是看点的分布状态，判断自变量 x 与因变量 y 有无相关性。两个变量之间的散布图的图形形状多种多样，归纳起来有六种类型，见图 5-12。

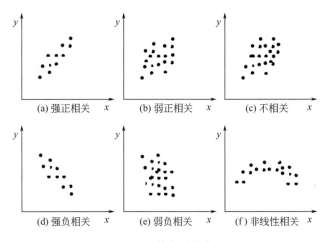

图 5-12　散布图的类型

① 强正相关的散布图，如图 5-12(a) 所示，其特点是 x 增加，导致 y 明显增加。说明 x 是影响 y 的显著因素，x、y 相关性明显。

② 弱正相关的散布图，如图 5-12(b) 所示，其特点是 x 增加，也导致 y 增加，但不显著。说明 x 是影响 y 的因素，但不是唯一因素，x、y 之间有一定的相关性。

③ 不相关的散布图，如图 5-12(c) 所示，其特点是 x、y 之间不存在相关性，说明 x 不是影响 y 的因素，要控制 y，应寻求其他因素。

④ 强负相关的散布图，如图 5-12(d) 所示，其特点是 x 增加，导致 y 明显减少，说明 x 是影响 y 的显著因素，x、y 之间相关性明显。

⑤ 弱负相关的散布图，如图 5-12(e) 所示，其特点是 x 增加，也导致 y 减少，但不显著。说明 x 是影响 y 的因素，但不是唯一因素，x、y 之间有一定的相关性。

⑥ 非线性相关的散布图，如图 5-12(f) 所示，其特点是 x、y 之间虽然没有通常所指的那种线性关系，却存在着某种非线性关系。图形说明 x 仍是影响 y 的显著因素。

5.3.6 分层法

5.3.6.1 分层法的定义

将杂乱无章的数据和错综复杂的因素进行适当归类和整理，使其系统化和条理化，有利于找出主要的质量原因和采取相应的技术措施的方法。

质量管理中的数据分层就是将数据根据使用目的，按其性质、来源、影响因素等进行分类的方法，把不同材料、不同加工方法、不同加工时间、不同操作人员、不同设备等各种数据加以分类的方法，也就是把性质相同、在同一生产条件下收集到的质量特性数据归为一类。分层法有一个重要的原则就是，使同一层内的数据波动幅度尽可能小，而层与层之间的差别尽可能大，否则就起不到归类汇总的作用。

5.3.6.2 常用的分层方法

分层的目的不同，分层的标志也不一样。一般说来，分层可采用以下标志：

① 操作人员　可按年龄、级别和性别等分层。

② 机器　可按不同的工艺设备类型、新旧程度、不同的生产线等进行分层。

③ 材料　可按产地、批号、生产厂、规范、成分等分层。

④ 方法　可按不同的工艺要求、操作参数、操作方法和生产速度等进行分类。

⑤ 时间　可按不同的班次、日期等分层。

5.3.6.3 分层法实例

某食品公司生产的果汁经常发生微生物超标的现象，为解决这一质量问题，对该杀菌工序进行现场统计。对杀菌后的 60 批次产品进行抽样检测，有 24 批次微生物超标，超标率为 40%。通过分析认为，造成微生物超标的原因有两个：一是杀菌工序有 A、B、C 三人操作方法不同；二是浓缩果汁来源不同，分别来自美国、日本。

为了找到问题的根源，我们将数据进行分层。先按工人进行分层，得到的统计情况如表 5-7 所示。然后按浓缩果汁供应商进行分层，得到的统计情况如表 5-8 所示。

表 5-7　按操作工人分层统计表

操作者	微生物超标	微生物未超标	超标率/%
A	8	12	40
B	4	16	20
C	12	8	60
合计	24	36	40

表 5-8　按供应商分层统计表

供应商	微生物超标	微生物未超标	超标率/%
美国	14	16	47
日本	10	20	33
合计	24	31	40

由上面两个表可以得出这样的结论：为减少微生物超标率，应采用操作者 B 的操作方法，因为操作者 B 的操作方法微生物超标率最低；应采用日本供应商提供的浓缩果汁，因为它比美国供应商的微生物超标率低。实际情况是否如此，还需要通过更详细的分层分析。同时按操作工人和供应商分层，见表 5-9。

表 5-9　综合分层的统计表

材 料 操 作			供应商		合计
			美国	日本	
操作者	A	微生物超标	6	0	6
		微生物未超标	2	11	13
	B	微生物超标	0	6	6
		微生物未超标	5	7	12
	C	微生物超标	4	8	12
		微生物未超标	7	4	11
合计		微生物超标	10	14	24
		微生物未超标	14	22	36
共计			24	36	60

如果按照上面的结论，采用操作者 B 的操作方法和日本的浓缩果汁，微生物超标率为 6/13＝46.15%，而原来的是 40%，所以微生物超标率不但没有下降，反而上升了。因此，这样的简单分层是有问题的。正确的方法应该是：①当采用美国浓缩果汁时，应推广采用操作者 B 的操作方法；②当采用日本浓缩果汁时，应推广采用操作者 A 的操作方法。这时它们的平均微生物超标率为 0。因此运用分层法时，不应简单地按单一因素分层，必须考虑各因素的综合影响效果。

5.3.7　控制图

5.3.7.1　控制图的定义

通过图表来显示生产随时间变化的过程中质量波动的情况，它有助于分析和判断是偶然性原因还是系统性原因所造成的波动。

控制图根据收集数据的类型分为计量值控制图和计数值控制图。计量值控制图如 $\overline{X}-R$ 控制图（平均值和极差控制图）、$\overline{X}-S$ 控制图（平均值与标准差控制图）；计数值控制图如 P 控制图（不合格品率控制图）、C 控制图（缺陷数控制图）。

5.3.7.2　控制图的作法

本节以常用的 $\overline{X}-R$ 控制图为例进行说明。

① 搜集数据　在工序中随机抽取 K 组（一般为 20～25 组）大小为 n（一般为 4～6，常取 5）的样组。抽取样组时，尽可能减少组内差异，增大组间差异。为此，数据应来自最近的、生产稳定的工序。

② 填写表格　将数据填入便于计算的 $\overline{X}$ 和 R 的数据表中。如腌制品中盐分含量（%）记录表（表 5-10）。

③ 计算 $\overline{X}$ 和 R

$$\overline{X} = \sum_{i=1}^{n} X_i / n$$

$$R = X_{max} - X_{min}$$

④ 计算界限　中心线 $CL = \overline{X} = \sum_{i=1}^{n} X_i / n$

表 5-10　腌制品中盐分含量记录　　　　　　　　　　　　　单位：%

组号	X_1	X_2	X_3	X_4	X_5	$\overline{X_i}$	R_i
			数　据				
1	14.0	12.6	13.2	13.1	12.1	13.00	1.9
2	13.2	13.3	12.7	13.4	12.1	12.94	1.3
3	13.5	12.8	13.0	12.8	12.4	12.90	1.1
4	13.9	12.4	13.3	13.1	13.2	13.18	1.5
5	13.0	13.0	12.1	12.2	13.3	12.72	1.2
6	13.7	12.0	12.5	12.4	12.4	12.60	1.7
7	13.9	12.1	12.7	13.4	13.0	13.02	1.8
8	13.4	13.6	13.0	12.4	13.5	13.18	1.2
9	14.4	12.4	12.2	12.4	12.5	12.78	2.2
10	13.3	12.4	12.6	12.9	12.8	12.80	0.9
11	13.3	12.8	13.0	13.0	13.1	13.04	0.5
12	13.6	12.5	13.3	13.5	12.8	13.14	1.1
13	13.4	13.3	12.0	13.0	13.1	12.96	1.4
14	13.9	13.1	13.5	12.6	12.8	13.18	1.3
15	14.2	12.7	12.9	12.9	12.5	13.04	1.7
16	13.6	12.6	12.4	12.5	12.2	12.66	1.4
17	14.0	13.2	12.4	13.0	13.0	13.12	1.6
18	13.1	12.9	13.5	12.3	12.8	12.92	1.2
19	14.6	13.7	13.4	12.2	12.5	13.28	2.4
20	13.9	13.0	13.0	13.2	12.6	13.14	1.3
21	13.3	12.7	12.6	12.8	12.7	12.82	0.7
22	13.9	12.4	12.7	12.4	12.8	12.84	1.5
23	13.2	12.3	12.6	13.1	12.7	12.78	0.9
24	13.2	12.8	12.8	12.3	12.6	12.74	0.9
25	13.3	12.8	12.2	12.3	13.0	12.72	1.1
	综　　　　　　合					323.50	33.8

上控制界限 $UCL = CL + A_2 \times \overline{R}$

下控制界限 $LCL = CL - A_2 \times \overline{R}$

A_2 是一个随样本大小 n 而变化的系数，可由"控制图系数选用表"查得（表 5-11）。

表 5-11　控制图系数选用表

系数 n	A_2	D_3	D_4	d_2
2	1.880	—	3.267	1.128
3	1.023	—	2.575	1.693
4	0.729	—	2.282	2.059
5	0.577	—	2.115	2.004
6	0.483	—	2.326	2.543

本例的 $\overline{R}=33.8/25=1.35$，查表得 $n=5$ 时，$A_2=0.577$

所以得到：$CL=\overline{R}$

$$UCL=D_4\overline{R} \qquad LCL=D_3\overline{R}$$

本例因 $n=5$，查表得到 $D_4=2.115$，D_3 无值，当 $n\leqslant6$ 时，$LCL=0$。对 R 下限做出控制是为了避免浪费精度，故：$CL=1.35$，$UCL=2.115\times1.35=2.86$。

⑤ 打点校核　将各 $\overline{X}$ 和 R 值以点的形式标入图 5-13 中，对于出界的点，则用符号 ⊙ 表示。

⑥ 记录事项　当所有的点均在界线内且排列无缺陷时，则经过校核后的控制图即可作工序控制用。这时将样组的大小、质量特性、收集时间、测量单位、作图人员、公差标准和抽样方法等情况一并记入控制图的有关部位。

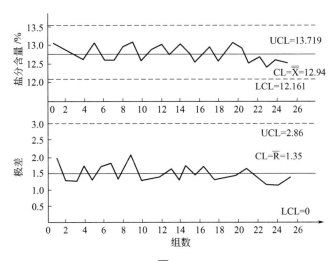

图 5-13　$\overline{X}-R$ 控制图

5.3.7.3　控制图的观察分析

控制图做完后要进行分析，从中提取有关工序状态的情报。一旦生产过程处于异常状态，能够尽快地查明原因，采取有效措施，让生产过程迅速恢复到控制状态。

（1）工序处于控制状态的条件

工序处于稳定状态时，控制图上的点随机分散在中心线的两侧附近，离开中心线接近上、下控制界限的点少。当控制图同时满足下列两个条件时，就可以认为生产过程基本上处于控制状态。

① 没有超出控制界线的点或连续 35 个点中仅有一个点出界，或连续 100 个点中不多于 2 点出界；

② 界线内点的排列是完全随机的、没有规律的，也是没有排列缺陷的。

（2）工序发生异常的信号

只要出现以下两条之一就可判定工序发生某种异常，这时应尽快查明原因，并采取必要措施。

① 连续若干点超出控制界限；

② 界限内的点呈缺陷性排列，缺陷性排列主要有呈"链状"、形成"趋势"、有"周期性"和"靠近控制线"等几种。

GB/T 4091—2001《常规控制图》规定了八个判异准则：

a. 一个点落在 A 区以外。如图 5-14 所示。

b. 连续 9 点落在中心线一侧。如图 5-15 所示。

c. 连续 6 点递增或递减。如图 5-16 所示。

d. 连续 14 点交互着一升一降。如图 5-17 所示。

e. 连续 3 点有 2 点落在中心线同一侧的 B 区以外。如图 5-18 所示。

f. 连续 5 点有 4 点落在中心线同一侧的 C 区以外。如图 5-19 所示。

g. 连续 15 点落在中心线两侧的 C 区之内。如图 5-20 所示。

h. 连续 8 点落在中心线两侧，但无一点在 C 区中。如图 5-21 所示。

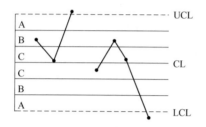

图 5-14　一个点落在 A 区以外

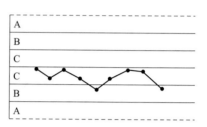

图 5-15　连续 9 点落在中心线一侧

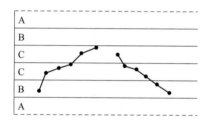

图 5-16　连续 6 点递增或递减

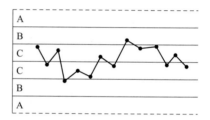

图 5-17　连续 14 点交互着一升一降

图 5-18　连续 3 点有 2 点落在中心
线同一侧的 B 区以外

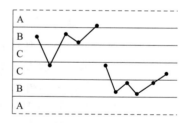

图 5-19　连续 5 点有 4 点落在中心
线同一侧的 C 区以外

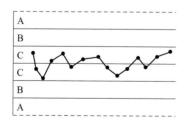

图 5-20　连续 15 点落在中心
线两侧的 C 区之内

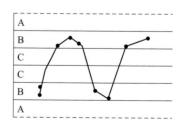

图 5-21　连续 8 点无一点在 C 区内

5.4 质量控制工具（二） QC 新七法

新的质量控制方法和工具主要有亲和图法、关联图法、系统图法、矩阵图法、矩阵数据分析法、过程决策程序法和箭头图法。

质量管理新七种工具不能代替质量控制老七种工具，更不是对立的，而是相辅相成的，相互补充功能上的不足。这七种方法是思考型的全面质量管理，属于创造型领域，主要用文字、语言分析，确定方针，提高质量。

5.4.1 亲和图

5.4.1.1 亲和图的定义

亲和图是由日本川喜田二郎（Kawakida Jiro）在探险尼泊尔时将野外的调查结果资料进行整理研究开发出来的，所以又叫 KJ 法。

亲和图就是对未来的问题、未知的问题、无经验领域的问题的有关事实、意见、构思等语言资料收集起来，按相互接近的要求进行统一，从复杂的现象中整理出思路，以便抓住实质，找出解决问题途径的一种方法。具体讲，就是把杂乱无章的语言资料，依据相互间的亲和性（相近的程度、亲感性、相似性）进行统一综合，对于将来的、未知的、没有经验的问题，通过构思以语言的形式收集起来，按它们之间的亲和性加以归纳，分析整理，绘成亲和图，以期明确怎样解决问题。

5.4.1.2 亲和图的类型

根据参与制作亲和图的人数可以分为个人亲和图和团队亲和图。个人亲和图主要是由一人来进行，工作的重点应该放在资料的组织上。团队亲和图是以数人为一组进行，重点放在策略方针的制定上。

5.4.1.3 亲和图的制作

① 确定主题 主题的确定可以是对杂乱无章的事物进行控制；归纳整理杂乱的思想和方法；打破原有的旧观念，提出新观念等。

② 针对主题，收集语言资料 收集的方法包括亲自观察法、头脑风暴法、回忆法、调查文献法、面谈法等。

③ 语言资料卡片化 将收集到的信息记录在语言资料卡片上，语言文字尽可能简单、精练、明了。

④ 汇集卡片 将卡片汇合在一起，把内容相近的归在一类，并按顺序排列，进行编号。

⑤ 制作亲和卡 同一类卡片放在一起，经编号后集中，并将该类的本质内容用简单的语言归纳出来，记录在一张卡片上，叫亲和卡。

⑥ 制作亲和图 将亲和卡与资料卡之间的相互关系，用框线连接起来。

5.4.1.4 案例分析

大学刚毕业的王明和赵刚两人合伙开一家快餐店，由于没有经验，再加上现在市场上的快餐店比较多，竞争也非常激烈，所以生意一直不是很好。于是他们开始考虑如何才能让快餐店生意红火起来呢？

在这里主题已经确定，就是如何开一家受欢迎的快餐店。根据这个主题两人采用头脑风暴法收集语言资料信息，并把它们分别记录在卡片上，将所有的卡片汇总、分类整理，最终做出如图 5-22 所示的亲和图。

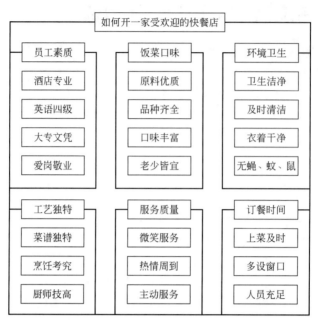

图 5-22　亲和图

5.4.2　关联图

5.4.2.1　关联图的定义

关联图就是把现象与问题有关系的各种因素串联起来的图形。通过关联图可以找出与此问题有关系的一切要因，从而进一步抓住重点问题并寻求解决对策。

关联图的箭头，只反映逻辑关系，不是工作顺序，一般是从原因指向结果，手段指向目的。

5.4.2.2　关联图的类型

① 中央集中型关联图（单一目的），即把应解决的问题或重要的项目安排在中央位置，从和它们最近的因素开始，把有关系的各因素排列在它的周围，并逐层展开（图 5-23）。

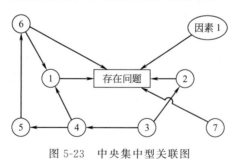

图 5-23　中央集中型关联图

② 单向汇集型关联图（单一目的），即把需要解决的问题或重要项目安排在右（或左）侧，与其相关联的各因素，按主要因果关系和层次顺序从右（或左）侧向左（或右）侧排列（图 5-24）。

③ 关系表示型关联图（多目的），主要用来表示各因素间的因果关系，因此在排列上比

较自由灵活（图 5-25）。

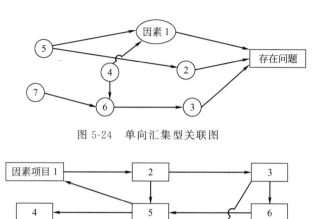

图 5-24　单向汇集型关联图

图 5-25　关系表示型关联图

5.4.2.3　关联图制作

① 确定主题；

② 根据主题，列出全部的影响因素；

③ 用简明语言表达或示意各因素；

④ 用箭头指明各因素间的因果关系；

⑤ 绘制全图，找出重点因素。

⑥ 写出结论、作总结。

5.4.2.4　案例分析

　　某公司生产的果汁在一段时间内经常出现在保质期内变质的现象。公司派人对果汁的变质原因进行调查，并用关联图法寻找导致果汁变质的主要原因（图 5-26），最终确定导致果汁在保质期内变质的原因是杀菌不彻底，残留细菌大量繁殖。

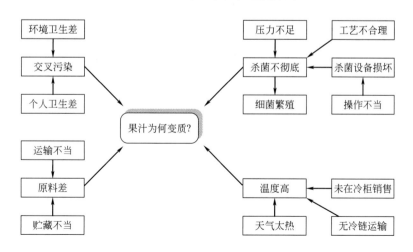

图 5-26　果汁变质原因的关联图

5.4.3 系统图

5.4.3.1 系统图的定义

系统图就是把要实现的目的与需要采取的措施或手段系统地展开，并绘制成图，以明确问题的重点，寻求最佳手段或措施。

当某一目的较难达成，一时又想不出较好的方法，或当某一结果令人失望，却又找不到根本原因，在这种情况下，可以使用系统图。

5.4.3.2 系统图的类型

系统图一般可分为两种：一种是对策型系统图，另一种是原因型系统图。

① 对策型系统图——以［目的—方法］方式展开（图 5-27）。

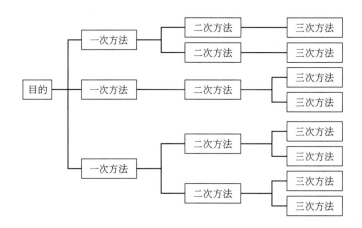

图 5-27　对策型系统图

② 原因型系统图——以［结果—原因］方式展开（图 5-28）。

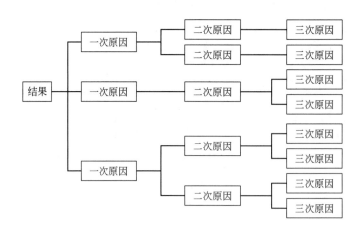

图 5-28　原因型系统图

5.4.3.3 系统图的制作

吃罐头发生食物中毒的原因分析以及对策（图 5-29）。

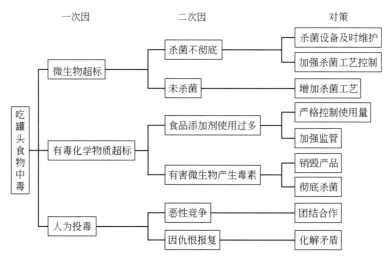

一次因　　　　　二次因　　　　　对策

图 5-29　吃罐头发生食物中毒的原因分析以及对策

5.4.4　PDPC 图

5.4.4.1　PDPC 图的定义

PDPC 图（process decision program chart，简称 PDPC），即过程决策程序图。PDPC 法是为了实现研究开发目标，在制订计划或进行系统设计时，预测事先可以考虑到的不理想事态或结果，把过程的特性尽可能引向理想方向的方法。

一般情况下 PDPC 法可分为两种制作方法：

① 依次展开型　即一边进行问题解决作业，一边收集信息，一旦遇上新情况或新作业，即刻标示于图表上。

② 强制联结型　即在进行作业前，为达成目标，在所有过程中被认为有阻碍的因素事先提出，并且制订出对策或回避对策，将它标示于图表上。

5.4.4.2　PDPC 图的制作步骤

① 首先确定课题，然后召集有关人员进行讨论存在的问题；

② 从讨论中提出实施过程中各种可能出现的问题，并一一记录下来；

③ 确定每一个问题的对策或具体方案；

④ 把方案按照其紧迫程度、难易情况、可能性、工时、费用等分类，确定各方案的优先程序及有关途径，用箭头向理想状态连接；

⑤ 在实施过程中，根据情况研究修正路线；

⑥ 决定承担者；

⑦ 确定日期；

⑧ 在实施过程中收集信息，随时修正。

5.4.4.3　案例分析

利用 PDPC 法确定赴宴过程（图 5-30）。

5.4.5　矩阵图

5.4.5.1　矩阵图的定义

从问题事项中，找出成对的因素群，分别排列成行和列，找出其间行与列的相关性或相

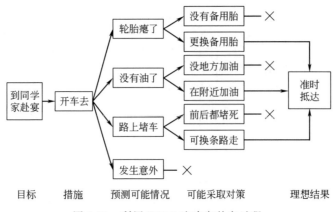

图 5-30　利用 PDPC 法确定赴宴过程

关程度大小的一种方法。

5.4.5.2　矩阵图的类型

矩阵图类型包括 L 型矩阵、T 型矩阵、Y 型矩阵、X 型矩阵、C 型矩阵五大类。其中前四种比较常见，C 型矩阵很少见。具体见图 5-31。

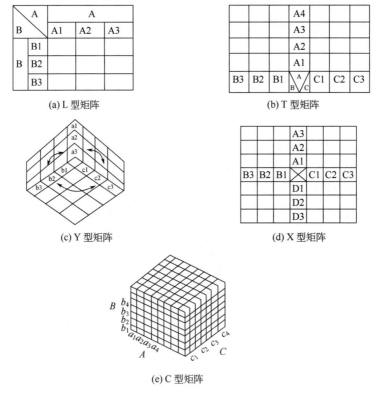

图 5-31　五种类型的矩阵图

5.4.5.3　矩阵图的制作步骤

① 确定事项。首先确定需组合哪些事项，解决什么问题。

② 选择对应的因素群。找出与问题有关的属于同一水平的对应因素，这是绘制矩阵图的关键。

③ 选择适用的矩阵图类型。

④ 根据经验、集思广益、征求意见、展开讨论，用理性分析和经验分析的方法，用符号在对应的因素群交点上做出相应关联程度的标志。

⑤ 在列或行的终端，对有关系或有强烈关系、密切关系的符号做出数据统计，以明确解决问题的着眼点和重点。

5.4.5.4 案例分析

某西式快餐店想改进汉堡，于是通过矩阵图来寻找影响汉堡质量的各因素之间的相关性（图 5-32）。

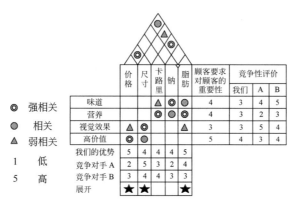

图 5-32　汉堡质量改进的功能展开图

5.4.6　箭形图

5.4.6.1　箭形图的定义

箭形图（网络图）法就是把一项任务的工作过程，作为一个系统加以处理，将组成系统的各项任务，细分为不同层次和不同阶段，按照任务的相互关联和先后顺序，用图或网络的方式表达出来，形成工程问题或管理问题的一种确切的数学模型，用以求解系统中各种实际问题（图 5-33）。

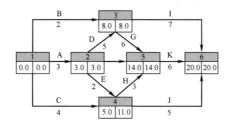

图 5-33　箭形图（网络图）结构

5.4.6.2　箭形图（网络图）的制作

① 调查工作项目，按先后顺序、逻辑关系排列序号；

② 按箭形图（网络图）的绘图要求，画出箭形图（网络图）；

③ 估计各工序或作业的时间；

④ 计算结点和作业的时间参数，如最早开工时间，最迟必须完成时间等；

⑤ 计算寻找关键路径，进行网络系统优化；

⑥ 计算成本、估算完工概率、绘制人员配备图。最终达到缩短工时、降低成本、合理利用人力资源的目的，绘制实施箭形图。

5.4.6.3 案例分析

一项工程由 11 道工序（A、B、C、D、E、F、G、H、I、J、K）组成，它们之间的关系是：

A 完工后，B、C、G 可以同时开工；

B 完工后，E、D 可以同时开工；

C、D 完工后，H 可以开工；

G、H 完工后，F、J 才可以开工；

F、E 完工后，I 才可以开工；

I、J 完工后，K 才可以开工。

图 5-34 是按工序间关系排列的箭形图。如果再把相邻工序交接处画一圆圈，表示两个工序的分界点，每一圆圈再编上顺序号，箭尾表示工序的开始，箭头表示工序的完成。最后再将完成每道工序所需时间标在相应的箭杆上，则画出一张网络图，也称工序流程图、箭形（头）图、统筹图（图 5-35）。

箭形图（网络图）由工序、事项和路线三部分组成。

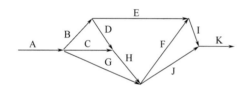

图 5-34 按工序间关系排列箭形图

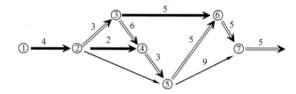

图 5-35 箭形图

5.4.7 矩阵数据解析法

5.4.7.1 矩阵数据解析法的定义

矩阵数据解析法是将已知的庞大资料，经过整理、计算、判断、解析得出结果，以决定新产品开发或体质改善重点的一种方法。

矩阵数据分析是多变量质量分析的一种方法。矩阵数据分析法与矩阵图有些类似，其主要区别是：不是在矩阵图上填符号，而是填数据，形成一个数据分析的矩阵。

5.4.7.2 矩阵数据解析图的制作步骤

① 整理资料成矩阵。

② 计算行间或列间的相关系数。

③ 计算定出特征值、贡献率、累积贡献率。

④ 决定主成分。

⑤ 对应主成分，算出固有向量、因子负荷量。

⑥ 依各个主成分，算出主成分得分。

⑦ 制作图表。

5.4.7.3 案例分析

为了了解人们对 60 种食品的嗜好程度进行调查，评分标准为 1～9 分，即最喜欢的评 9 分，最不喜欢的评 1 分。将调查人群分为 10 组，每组 50 人，经过统计平均得出局部数据资料如表 5-12 所示。

表 5-12　局部数据资料统计表

评价分组	食品 1,(X_{1j})	食品 2,(X_{2j})	食品 i,(X_{ij})	食品 60,(X_{60j})
X_1(男 10 岁以下)	6.7	4.3	…	3.4
X_2(男 11~20 岁)	5.4	5.1	…·	2.6
X_3(男 21~30 岁)	3.2	4.7	…	5.1
X_4(男 31~40 岁)	4.3	2.3	…	7.6
X_5(男 40 岁以上)	3.1	7.1	…	8.8
X_6(女 10 岁以下)	8.3	8.3	…	7.6
X_7(女 11~20 岁)	6.5	4.5	…	1.5
X_8(女 21~30 岁)	7.0	6.2	…	3.4
X_9(女 31~40 岁)	6.6	6.3	…	6.8
X_{10}(女 40 岁以上)	1.8	9.0	…	4.4

所研究的问题是男女及各种年龄对食品的嗜好有无差异。若有差异，则应估计出每个年龄组喜欢什么样的食品。而从上面的数据并不能反映出来，因为数据的相关因素太多，并没有达到调查的目的。对上述数据进行处理，得相关矩阵（即，协方差矩阵）$R = [r_{ij}]$（下面的公式只是计算过程公式，仅让学生知道怎么得到的结果。具体计算过程非常复杂，需要借助计算机统计软件获得）。

$$\text{计算均值：} \overline{X}_j = \frac{1}{60}\sum_{i=1}^{60} X_{ij}\ (j=1,2,\cdots,10)$$

$$\text{计算方差：} S_j^2 = \frac{1}{60-1}\sum_{i=1}^{60}(X_{ij}-\overline{X}_j)^2\ (j=1,2,\cdots,10)$$

$$\text{计算相关系数：} Y_{ij} = \frac{X_{ij}-\overline{X}_j}{S_j}\ (i=1,2,\cdots,10,j=1,2,\cdots,10)$$

$$r_{ij} = \frac{\sum_{k=1}^{60} Y_{ki}\times Y_{kj}}{\sqrt{\sum_{k=1}^{60} Y_{ki}^2 \times \sum_{k=1}^{60} Y_{kj}^2}}\ (i=1,2\cdots,60,j=1,2,\cdots,10)$$

$$R = \begin{bmatrix} 1 & 0.870 & 0.615 & 0.432 & 0.172 & 0.903 & 0.811 & 0.154 & 0.742 & 0.330 \\ & 1 & 0.698 & 0.640 & 0.402 & 0.815 & 0.678 & 0.657 & 0.666 & 0.330 \\ & & 1 & 0.524 & 0.726 & 0.517 & 0.838 & 0.687 & 0.687 & 0.558 \\ & & & 1 & 0.208 & 0.314 & 0.658 & 0.624 & 0.735 & 0.457 \\ & & & & 1 & 0.213 & 0.345 & 0.542 & 0.710 & 0.634 \\ & & & & & 1 & 0.889 & 0.746 & 0.624 & 0.745 \\ & & & & & & 1 & 0.897 & 0.768 & 0.486 \\ & & & & & & & 1 & 0.546 & 0.773 \\ & & & & & & & & 1 & 0.901 \\ & & & & & & & & & 1 \end{bmatrix}$$

该协方差矩阵实际上是通过对原始数据进行标准化处理后，利用标准化后的样本估计，相对 10 组获得一个对称的协方差矩阵，从而可以通过计算得到反映系统特性的特征根。用计算机求解矩阵 R，得到特征根 λ_i 和相应的特征向量 $[a_i]$，由于在所有的特征根 λ_i 中由小到大排列的特征根前三个的累计贡献率 $\left(\sum_{i=1}^{3}\lambda \bigg/ \sum_{i=1}^{n}\lambda\right)$ 为 90.1%，所以取其前三位作为主成分来综合描述原来 10 项分组指标，更能反映人群对食品系列的嗜好程度。计算结果如表 5-13 所示。

表 5-13   对食品的嗜好程度的计算结果

特征向量 评价分组	a_1（第一主成分）	a_2（第二主成分）	a_3（第三主成分）
X_1	0.264	0.371	0.194
X_2	0.331	0.245	0.336
X_3	0.323	-0.166	0.442
X_4	0.239	-0.359	0.375
X_5	0.245	-0.544	0.128
X_6	0.254	0.408	-0.284
X_7	0.344	0.235	-0.127
X_8	0.348	0.032	-0.290
X_9	0.303	-0.164	-0.189
X_{10}	0.411	-0.267	-0.256
特征根 λ_i	6.45	1.64	0.92
贡献率 $\lambda_i/10$	0.645	0.164	0.092
累计贡献率	0.645	0.809	0.901

表 5-13 中的数据可以反映的是各主成分的系数，三个主成分的意义可用特征矢量来表示。第一主成分下有 10 个数值，此即特征向量。各数值表示各观测组同该嗜好类型（主成分）的关系。

第一主成分下的数值大体相近，而且符号相同，表示不论哪一个年龄组均共同喜欢它。因此，称这个新的综合指标为一般嗜好指标。

第二主成分的特征值从第一组到第五组变小，第六组到第十组变小，表示男女各年龄组对嗜好喜欢程度随年龄增长而下降。因此，称这个新的综合指标为年龄影响嗜好指标。

第三主成分中，男性的特征向量为正值，女性为负值。由此看出男女之间的嗜好差别。因此，称该指标为性别影响嗜好指标。

由以上分析可以看出，关于食品的嗜好调查分析可以用三个综合指标来描述。它们的影响率分别是 64.5%、16.4% 和 9.2%，累计贡献率为 90.1%。

更进一步分析，对食品按各种嗜好类型来排列一下。为此，用计算机求得主成分得分：

$$Z_{mj} = \sum_{i=1}^{10} a_{mi} y_{ij}$$

其中，a_{mi} 为第 m 个主成分的第 i 个观测组所对应的特征向量值，具体数值表示在表 5-12 中。就 $m=1, 2, 3$ 的各主成分，求得各食品的 $j=1, 2, \cdots, 60$ 时的主成分得分，且将第一主成分与第二主成分的得分分别表示在横、纵坐标轴上，横轴正方向表示一般喜欢的食品、负方向表示不太喜欢的食品。纵轴向上表示年轻人喜好的食品、向下表示不太喜欢的食品。若就第一主成分与第二主成分的得分描在图中，可以得到一般嗜好和老少嗜好值相区别的情况。同理，也可以分析第三主成分的信息。

矩阵数据分析法就是利用主成分分析法来整理矩阵数据，并借助计算机可从原始数据中获得许多有益的情报。

第6章
食品质量改进

在现代企业经营中，企业的竞争呈现出日益加剧的趋势，顾客的需要和期望也在持续的变化中。在此情况下，持续不断的质量改进工作已经成为企业在激烈的竞争中生存和发展的关键。企业必须将质量改进工作确定为长期的、持续的过程。

6.1 质量改进的概念

质量改进（quality improvement）为向本组织及其顾客提供增值效益，在整个组织范围内所采取的提高活动和过程的效果与效率的措施。

要弄清质量改进的概念，可以从了解质量改进与质量控制之间的关系入手。质量控制与质量改进是不同的，之间虽存在一定的关系，但并不等同，两者之间主要有以下区别和联系。

① 定义的区别　GB/T 19000—2016标准对质量改进与质量控制的定义分别为：

质量控制是质量管理的一部分，致力于满足质量要求。

质量改进是质量管理的一部分，致力于增强满足质量要求的能力。

质量控制是消除偶发性问题，使产品质量保持在规定的水平，即质量维持；而质量改进是消除系统性的问题，对现有的质量水平在控制的基础上加以提高，使质量达到一个新水平、新高度。

② 实现手段的区别　当产品或服务质量不能满足规定的质量要求时，质量改进可以提高质量水平，满足质量要求；当产品质量已满足规定要求时，质量改进的作用是致力于满足比规定要求更高的要求，从而不断提高顾客的满意程度。

质量改进是通过不断采取纠正和预防措施来增强企业的质量管理水平，使产品的质量不断提高；而质量控制主要是通过日常的检验、试验调整和配备必要的资源，使产品质量维持在一定的水平。

③ 两者的联系　质量控制与质量改进是互相联系的。质量控制的重点是防止差错或问题的发生，充分发挥现有的能力；而质量改进的重点是提高质量保证能力。首先要搞好质量控制，充分发挥现有控制系统的能力，使全过程处于受控状态。然后在控制的基础上进行质量改进，使产品从设计、制造、服务到最终满足顾客要求，达到一个新水平。没有稳定的质

量控制，质量改进的效果也无法保持。

著名质量专家朱兰的三部曲（质量策划、质量控制和质量改进）表现了质量控制与质量改进的关系（图 6-1）。

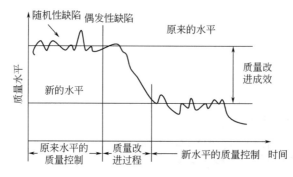

图 6-1　质量改进与质量控制的关系

6.2 质量改进的必要性和重要性

6.2.1 改进的必要性

目前，我国企业更迫切需要开展质量改进，以提高产品的质量水平，提高顾客的满意程度，不断降低成本，增强市场竞争力。单从技术的角度看，质量改进的必要性体现在以下几个方面。

① 在我们使用的现有技术中，需要改进的地方很多，如：新技术、新工艺、新材料的发展，对原有的技术提出了改进要求。不同技术与不同企业的各种资源之间的最佳匹配问题，也要求技术必须不断改进。

② 优秀的工程技术人员仍需要不断学习新知识，增加对过程中一系列因果关系的了解。

③ 技术再先进，方法不当、程序不对也无法实现预期目的。在重要的地方，即使一次质量改进的效果很不起眼，但是日积月累，也将会取得意想不到的效果。

如果从生产设备、工艺装备、检测装置、人力资源等不同角度考察，再加上顾客质量要求的变化，同样会发现质量改进的必要性。

6.2.2 改进的重要性

质量改进是质量管理的重要内容，其重要性体现在以下几方面。

① 质量改进具有很高的投资收益率。俗话说"质量损失是一座没有被挖掘的金矿"，而质量改进正是要通过各种方法把这个金矿挖掘出来。因此，有些管理人员甚至认为："最赚钱的行业莫过于质量改进"。

② 可以促进新产品开发，改进产品性能，延长产品的寿命周期。

③ 通过对产品设计和生产工艺的改进，更加合理、有效地使用资金和技术力量，充分挖掘企业的潜力。

④ 提高产品的制造质量，减少不合格品的产生，实现增产增效的目的。

⑤ 通过提高产品的适用性，从而提高企业产品的市场竞争力。

⑥ 有利于发挥企业各部门的质量职能，提高工作质量，为产品质量提供强有力的保证。

6.3 质量改进的组织

质量改进的组织分为两个层次：一是从整体的角度为改进项目配备资源，这是管理层，即质量委员会；一是为了具体实施改进项目，这是实施层，即质量改进团队，或称质量改进小组（QC小组）。

6.3.1 质量委员会

质量改进组织工作的第一步是成立公司的质量委员会（或其他类似机构），委员会的基本职责是推动、协调质量改进工作并使其制度化。质量委员会通常是由高级管理层的部分成员组成，上层管理者亲自担任高层质量委员会的领导和成员时，委员会的工作最有效。在较大的公司中，除了公司一级的质量委员会外，分公司设质量委员会也很普遍。当公司设有多个委员会时，各委员会之间一般是相互关联的，通常上一级委员会的成员担任下一级委员会的领导。

质量委员会的主要职责为：①制定质量改进方针；②参与质量改进；③为质量改进团队配备资源；④对主要的质量改进成绩进行评估并给予公开认可。

6.3.2 质量改进团队

质量改进团队不在公司的组织结构图中，是一个临时性组织，团队没有固定的领导。尽管质量改进团队在世界各国有各种名称，例如QC小组、质量改进小组、提案活动小组等，但基本组织结构和活动方式大致相同，通常包括组长和成员。

（1）组长职责

组长通常由质量委员会或其他监督小组指定，或者经批准由团队自己选举。

组长的职责包括：①与其他成员一起完成质量改进任务；②保证会议准时开始、结束；③做好会议日程、备忘录、报告等准备工作和公布；④与质量委员会保持联系；⑤编写质量改进成果报告。

（2）成员的职责

成员的职责包括：①分析问题原因并提出纠正措施；②对其他团队成员提出的原因和纠正措施提出建设性建议；③防止质量问题发生，提出预防措施；④将纠正和预防措施标准化；⑤准时参加各种活动。

6.4 质量改进过程

6.4.1 产品质量改进对象

质量改进活动涉及质量管理的全过程，改进的对象既包括产品（或服务）的质量，也包括各部门的工作质量。改进项目的选择重点，应是长期性的缺陷。

产品质量改进是指改进产品自身的缺陷，或是改进与之密切相关事项的工作缺陷的过程。一般来说，应把影响企业质量方针目标实现的主要问题，作为质量改进的选择对象。同时还应对以下情况给予优先考虑。

① 市场上质量竞争最敏感的项目　企业应了解用户对产品众多的质量项目中最关切的

是哪一项，因为它往往会决定产品在市场竞争中的成败。例如：消费者对功能食品的选择，主要是关注功能成分含量和安全性，而对其包装往往考虑甚少，所以功能食品质量改进项目主要是提高它功效成分和安全性上。

② 产品质量指标达不到规定"标准"的项目　所谓规定"标准"是指在产品销售过程中，合同或销售文件中所提出的标准。在国内市场，一般采用国标或部颁标准；在国际市场，一般采用国际标准，或者选用某一个先进工业国的标准。产品质量指标达不到这种标准，产品就难以在市场上立足。

③ 产品质量低于行业先进水平的项目　颁布的各项标准只是产品质量要求的一般水准，有竞争力的企业都执行内部控制的标准，内部标准的质量指标高于公开颁布标准的指标。因此选择改进项目应在立足于与先进企业产品质量对比的基础上，将本企业产品质量项目低于行业先进水平者，均应列入计划，订出改进措施，否则难以占领国内外市场。

④ 寿命处于成熟期至衰退期产品的关键项目　产品处于成熟期后，市场已处于饱和状态，需求量由停滞转向下滑，用户对老产品感到不足，并不断提出新的需求项目。在这一阶段必须对产品质量进行改进，以此推迟衰退期的到来，此类质量改进活动常与产品更新换代工作密切配合。

⑤ 其他　如质量成本高的项目、用户意见集中的项目、索赔与诉讼项目、影响产品信誉的项目等。

6.4.2　质量改进项目的选择方法

质量改进项目的选定应该根据项目本身的重要程度、缺陷的严重程度、企业的技术能力和经济能力等方面的资料，综合分析后来决定。常见的选择方法包括统计分析法、对比评分法、技术分析法和质量改进经济分析法等。

① 统计分析法　该方法首先运用数理统计方法对产品缺陷进行统计，得出清晰的数量报表；然后利用这些资料进行分析；最后根据分析的结果，选定改进项目。常用的方法有：缺陷的关联图分析和缺陷的矩阵分析等。该方法的特点是重点关注企业内部，积极搜寻改进目标。

② 对比评分法　该方法是运用调查、对比、评价等手段将本厂产品质量与市场上主要畅销的同类产品的质量进行对比评分，从而找出本企业产品质量改进的重点。该方法的特点是，放眼四方，达到知己知彼的境地，从而制定出最有利的改进项目。

③ 技术分析法　该方法首先收集科学技术情报，了解产品发展趋势，了解新技术在产品上应用的可能性，了解新工艺及其使用的效果等；然后通过科技情报的调查与分析，寻求质量改进的项目和途径。该种方法的特点是，运用"硬技术"，抢先一步使产品获得高科技水平，从而占领市场。

④ 质量改进经济分析法　该方法首先运用质量经济学的观点，来选择改进项目并确定这些项目的改进顺序；然后运用"用户评价值"的概念，计算出成本效益率；最后以成本效益率数值来选择质量改进项目。其中的"用户评价值"是指：当该项质量特性改进后，用户愿意支付的追加款额。成本效益率就是"用户评价值"与"质量改进支出"的比值，该值大者优先进行质量改进，该值小于 1 者，无改进价值。该种方法的特点是以企业收益值作为标准来进行质量改进项目选择。

6.4.3　质量改进策略

目前世界各国均非常重视质量改进的实施策略，方法各不相同。美国麻省理工学院

Robert Hayes 教授将其归纳为两种类型：一种称为"递增型"策略；另一种称为"跳跃型"策略。它们的区别在于：质量改进阶段的划分以及改进的目标效益值的确定两个方面有所不同。

递增型质量改进的特点是：改进步伐小，改进频繁。这种策略认为，最重要的是每天每月都要改进各方面的工作，即使改进的步子很微小，但可以保证无止境地改进。递增型质量改进的优点是：将质量改进列入日常的工作计划中去，保证改进工作不间断地进行。由于改进的目标不高，课题不受限制，所以具有广泛的群众基础；它的缺点是：缺乏计划性，力量分散，所以不适用于重大的质量改进项目。

跳跃型质量改进的特点是：两次质量改进的时间间隔较长，改进的目标值较高，而且每次改进均须投入较大的力量。这种策略认为，当客观要求需要进行质量改进时，公司或企业的领导者就要做出重要的决定，集中最佳的人力、物力和时间来从事这一工作。该策略的优点是能够迈出相当大的步子，成效较大，但不具有"经常性"的特征，难以养成在日常工作中"不断改进"的观念。

质量改进的项目是广泛的，改进的目标值的要求相差又是很悬殊的，所以很难对上述两种策略进行绝对的评价。企业要在全体人员中树立"不断改进"的思想，使质量改进具有持久的群众性，可采取递增式策略。而对于某些具有竞争性的重大质量项目，可采取跳跃式策略。

6.4.4 质量改进实施

(1) 质量改进实施基础

质量改进的对象一般是长期性缺陷，所以难度大，需要很多人参加并要制定周密的计划以后才能得到实效。因此必须有一个坚实的基础。该基础包括以下两个方面。

① 统一认识 首先，要统一对质量危机的认识。由于影响市场占有率的主导因素是质量，质量竞争在市场经济中是一个长期的客观规律，即有市场经济就必存在着质量竞争现象。企业要在竞争中取胜，必须重视质量改进工作。其次，要充分认识到质量改进工作的长期性，即是"永不停顿"的工作。因此质量改进工作不是"临时措施"，而是"日常工作"。朱兰将质量管理工作归纳为三个基本的相关过程：质量策划、质量控制、质量改进，并称之为"质量三部曲"。

② 领导重视 搞好产品质量的改进，提高企业工作质量的关键在于领导，尤其是上层领导。没有上层领导的支持与指导，质量改进工作就不可能取得决定性的胜利。这是因为在质量改进工作的实施中，如果上层领导者认为不用做的事，那么下级人员就不会去做。

(2) 克服质量改进的阻力

在进行质量改进前，首先要了解一下开展质量改进活动主要会有哪些障碍。

① 文化方面的阻力 进行质量改进会对企业文化产生深远的影响，远不止表面上所发生的变化。例如会增添新的工种，岗位责任中会增添新的内容；企业管理中会增添团队精神这一概念；质量的重要性得到承认，而其他工作的重要性相对降低；公司会要求为实施上述改变而进行培训等。总的来说，它是一种巨变，打破了企业原有的平静。

质量改进是保持竞争力的关键所在，但会威胁到部分员工的工作或地位。

如果不前进，所有的人都保不住饭碗。因此，企业应该进行改进，只是在改进的同时，要考虑到员工的顾虑，需要和他们进行沟通，解释为什么要进行改进。

② 技术方面的阻力 质量改进工作主要涉及新技术、新材料、新工艺以及新原理的应用。掌握并应用这些"硬技术"是一个艰巨的过程，其阻力是客观存在的。为克服技术上的

阻力，应将技术人员、技术情报人员、实验试制人员、生产管理人员组织成一个有机整体，其整体的目标一致性和行动协调性是攻克技术阻力的基础。经验告诉人们：单兵作战，对于质量改进的成效是微弱的，必须组成兵团作战才能有效地克服技术方面的阻力。

③ 对质量水平的错误认识　有些企业，尤其是质量管理搞得较好的企业，往往认为自己的产品质量已经不错了，在国内已经名列前茅，产品质量没有什么可改进的地方了。即使有，其投入产出比也太小，没有进行质量改进的必要。但实际情况是，它们与世界上质量管理搞得好的企业无论是实物水平还是质量管理水平都有很大差距。这种错误认识，成了质量改进的最大障碍。

④ 对失败缺乏正确的认识　有些人认为质量改进活动的某些内在因素决定了改进注定会失败，这一结论忽视了那些成功的企业所取得的成果。此外，成功的企业还展示了如何取得这些成果的过程，这就为其他企业提供了可吸取的经验和教训。

⑤ "高质量意味着高成本"的错误认识　有些管理人员认为："提高质量要以增加成本为代价"。这种人一方面认为提高质量只能靠增强检验，或只能使用价格更昂贵的原材料，或只能购进精度更高的设备；另一方面被"质量"一词所具有的双重含义而误导。如果质量的提高是基于产品特性的改进（通过产品开发），从这一点上讲，质量的提高可能会造成成本的增加，因为改进产品特性通常是需要投入资本的。但如果质量的提高是基于长期浪费的减少，成本通常会降低。

⑥ 对权力下放的错误理解　任何一个企业管理者都知道"一个好的管理者应该懂得如何放权"这个简单的道理。但是在质量改进上，部分企业管理者却做得不够好，这些企业的管理者试图将自己的这份权力全部交给下属来做，使自己能有更多的时间来处理其他的工作；或者他们对下级或基层员工的能力信任度不够，从而在改进的支持和资源保障方面缺乏力度，使质量改进活动难以正常进行。但成功的企业却不这样做，每一个管理者都负责改进的决策工作，并亲自担负某些不能下放的职责。

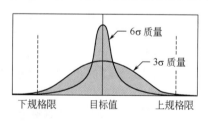

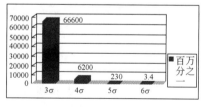

图6-2　6σ水平

6.4.5　质量改进工具

常用的质量改进工具包括戴明循环、QC七法，这些改进工具在本书前面第3、4章已经阐述，在本部分不再详细展开。本部分引入一个新的质量改进工具——六西格玛（six sigma，6σ）管理。

(1) 6σ 管理方法介绍

σ是一个希腊字母，在统计学里代表标准差，用来描述正态数据的离散程度（图6-2）。目前，在质量管理领域，用来表示质量控制水平，若控制在3σ水平，表示产品合格率不低于99.73%；若控制在6σ水平，表示产品不合格率不超过0.002×10^{-6}，也就是每生产100万个产品，不合格品不超过0.002个，考虑1.5倍漂移，不合格率也只有3.4×10^{-6}，接近于零缺陷水平。

目前所讲的六西格玛管理方法已进化为一种基于统计技术的过程和产品质量改进方法，进化为组织追求精细管理的理念。六西格玛管理的基本内涵是提高顾客满意度和降低组织的生产成本，强调从组织整个经营的角度出发，而不只是强调单一产品、服务或过程的质量，强调组织要站在顾客的立场上考虑质量问题，采用科学的方法，在经营的所有领域追求"零缺陷"的质量，以大大减少组织经营成本，提高组织的竞争力。组织实施它的目的是消除无附加值活动，缩短生产周期，增强顾客满意度，从而增加利润。六西格玛管理将组织的注意力同时集中在顾客和组织两个方面，无疑会给组织带来诸如顾客满意度提高、市场占有率增加、缺陷率降低、成本降低、生产周期缩短、投资回报率提高等绩效。

（2）6σ 管理工作流程

6σ 管理工作流程可描述为 DMAIC：界定（define）、度量（measure）、分析（analysis）、改进（improve）和控制（control）。

① 界定（define） 确定顾客对于质量认知的首要因素及自身所包括的核心商业过程。确认谁是顾客？顾客对产品的要求是什么？顾客的期望是什么？界定项目范围、起始和终点，定义使用绘制地图和流程图来改进流程。

② 度量（measure） 测量自身所含核心业务流程运作的有效性。开发流程数据收集计划，通过大量资源数据的收集确定缺陷和度量的类型，比较顾客调查结果发现不足。

③ 分析（analysis） 为改进分析收集数据和流程图，决定造成缺陷的根本原因。确认目前运作水准与目标水平的差距，改进机会优先原则，确认资源的变化。

④ 改进（improve） 通过设计处理和预防问题的创新解决方案改进过程。使用技术和培训创新改革方案，开发和展开执行计划。

⑤ 控制（control） 控制改进，保持新的水准。预防重走"老路"。监视计划的开发、执行和文件化。通过系统和组织的修正（参谋、培训、激励）使改进制度化。

（3）6σ 管理应用——膨化食品质量改进

例如，某企业生产的膨化食品的组织结构不稳定，以致口感差、外观变化大、形状不规则等质量缺陷，不能满足顾客的需求，所以，改善膨化食品质量十分必要也十分迫切。但是，对引起该质量问题的原因尚不清楚。在这种情况下，选择采用 6σ 管理法改进问题的流程来对该问题立项研究。

① 界定阶段 膨化食品的生产设备为双螺杆挤压机，生产原料以商品玉米面为主，配以糯米粉、马铃薯粉等。由于玉米具有较好的膨化性，色泽好，营养价值高，因此玉米类膨化食品具有广阔的开发前景。加工工艺流程为：原料混合——调湿——喂料——挤压熟化——旋切成型——整形切断——烘干——喷油——调香——包装——成品。由于膨化度决定着食品的形态、质地、口感等指标，因此将膨化度作为目标参数。

项目选题：例如某食品企业生产的膨化食品组织结构坚硬或松软，不膨松，以致口感差、外观变化大、形状不规则、颜色发暗，需改进。改进机会：拟通过及时调整生产设备以及物料配方，提高产品的稳定性和顾客对口感、风味的满意度。

项目目标：提高食品膨化度，达到 4.5σ 水平。

② 测量阶段 测量阶段通过专家评分方法，对膨化食品的口感、风味、色泽、外观形状等指标进行综合评价，找出影响食品质量的工艺过程，综合评价结果如表 6-1 所示。从表 6-1 可以得出影响膨化度的工艺过程主要有原料混合、调湿、喂料和挤压熟化。

表 6-1　综合评价

过程名称	过程输入	评价指标(括号内数字为权重)				
		色(0.1)	香(0.2)	味(0.3)	口感(0.4)	总计
原料混合	物料配比	0	9	0	9	5.4
调湿	加水量	7	7	9	9	8.4
调湿	物料配比	0	9	0	9	5.4
喂料	进料速度	9	4	9	9	8.0
喂料	加水量	7	7	9	9	8.4

过程名称	过程输入	评价指标(括号内数字为权重)				
		色(0.1)	香(0.2)	味(0.3)	口感(0.4)	总计
喂料	物料配比	0	9	0	9	5.4
挤压熟化	螺杆转速	9	9	9	9	9.0
挤压熟化	机筒温度	9	9	9	9	9.0
挤压熟化	模口温度	2	0	4	5	3.4
挤压熟化	模口尺寸	0	0	1	1	0.7
挤压熟化	进料速度	9	4	9	9	8.0
挤压熟化	加水量	7	7	9	9	8.4
挤压熟化	物料配比	0	9	0	9	5.4

再通过头脑风暴法寻找问题根源，尽可能找出所有影响因素，绘制因果图。从因果图中找出影响食品膨化度的因素：物料成分的配比、加水量、双螺杆挤压机的喂料速度、螺杆转速、机筒温度等。

利用过程能力分析，分析出生产加工流程的现有能力、潜在能力和当前的西格玛水平，

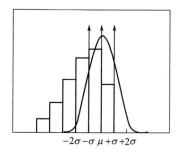

图 6-3　过程能力分析

过程能力分析如图 6-3 所示。从图中看出，产品的膨化度严重超出控制界限，且均值偏离规格中心，现有的生产流程仅有 2.1σ 水平，距离改进目标 4.5σ 有很大差距。因此，要提高质量，就必须找出影响膨化度的主要因素。

③ 分析阶段　分析阶段主要通过假设检验、方差分析、回归分析等统计方法找出影响食品膨化度的关键因素，进一步建立膨化度与影响因素的函数关系。下面分别对加水量、螺杆转速、机筒温度、物料成分的配比、喂料速度以及模口温度进行分析。

a. 对加水量分析：收集膨化车间某日产品抽样检验数据 30 组，进行相关分析与回归分析，判断加水量与膨化度的相关性。结果显示加水量对膨化度影响高度显著。

b. 对螺杆转速分析：确定不同的螺杆转速，然后研究不同的螺杆转速对膨化度是否产生影响，对其进行单因素方差分析。结果显示螺杆转速的变化对膨化度影响高度显著。

c. 对机筒温度和模口温度分析：根据实际情况，设置不同的机筒温度和模口温度，然后对机筒温度和模口温度进行无重复试验双因素方差分析。结果是机筒温度和模口温度的变化都对膨化度影响显著。

同理，对物料配比和进料速度进行无重复试验双因素方差分析，根据顾客需求和实践经验，物料配比和进料速度的各水平之间差距不大，得出不同的物料配比和进料速度对膨化度影响都不显著。

通过采用回归分析、方差分析等统计工具，对膨化度的影响因子进行逐一分析，得出加水量、螺杆转速和机筒温度是影响膨化度的关键因素，模口温度是一般影响因素，而物料配比和进料速度对膨化度影响都不显著，将其剔除掉。计算出各因素对膨化食品形态、质地、口感风味变化的贡献率，进行排列图分析，找出改进的先后顺序，为改进阶段提供了方向和思路。

由排列图分析得出，因素的改进顺序为：加水量、螺杆转速、机筒温度、模口温度、物料成分配比、喂料速度、模口尺寸。

④ 改进阶段　改进阶段是识别影响膨化度的关键因素和它们的相互关系，确定改进目

标，通过试验设计或者模拟等方法制定改进策略，再以改进策略为核心设计新的流程和实施方案，并对实施的结果进行评价，使改进方案达到最好的效果。

用试验设计的方法对生产流程进行参数优化，将加水量、螺杆转速、机筒温度和模口温度作为自变量，将膨化度作为目标函数，采用正交试验设计的方法选取最优方案。

根据正交试验结果确定最佳生产条件。如在本例中得出玉米膨化食品的最佳生产条件为：原料含水量 8％，螺杆转速 150r/min，机筒温度 160℃，模口温度 130℃，可以达到较高的膨化度，产品色泽明亮，成型好，改进策略即是在该条件下生产。以改进策略为依据，通过简单设计和详细设计方法，设计新的生产工艺流程图。收集新方案实施效果的数据，进行改进前后的比较，并对实施的结果进行评价，验证改进方案是否可行有效。

⑤ 控制阶段　采用 $\overline{X}-R$ 控制图方法对膨化度进行监控，可以较容易地发现异常波动，一旦控制点超出警戒线，就要检查原因并及时改进差错，使控制点回到警戒线以内，起到预防产生不合格品的作用。

利用过程能力分析方法对改进后的生产流程进行分析，结果显示改进后得到的食品膨化度的数据呈现正态分布，且集中处于规格界限之内，样本均值也处于规格中心附近，生产流程由 2.1σ 水平提高到 4.6σ 水平，超过了预期目标。

6.5 持续质量改进

改进过程不是一次性工作，持续开展质量改进活动是非常重要的。古语云，"滴水穿石"，公司要获得成功就要持续进行质量改进，这也是 ISO 9000：2015 所强调的质量管理七大原则之一。而持续改进必须做好以下几方面的工作。

（1）质量改进制度化

要使公司的质量改进活动制度化，应做到：

① 公司年度计划应包括质量改进目标，使质量改进成为员工岗位职责的一部分；

② 实施上层管理者审核制度，即 ISO 9001 质量体系中要求的管理评审，使质量改进进度和效果成为审核内容之一；

③ 修改技术评定和工资、奖励制度，使其与质量改进的成绩挂钩。

（2）检查

上层管理者按计划、定期对质量改进的成果进行检查是持续进行年度质量改进的一个重要内容。不这样做，质量改进活动与那些受到检查的活动相比，就无法获得同样程度的重视。

① 检查结果　根据不同的结果，应该安排不同的检查方式，有些项目非常重要，就要查得仔细些，其余的项目可查得粗些。

② 检查的内容　进度检查的大部分数据来自质量改进团队的报告，通常要求质量改进成果报告明确下列内容：

一是改进前的废品或其他如时间、效率的损失总量；二是如果项目成功，预计可取得的成果；三是实际取得的成果；四是资本投入及利润；五是其他方面的收获（如：学习成果、团队凝聚力、工作满意度等）。

③ 成绩评定　检查的目的之一是对成绩进行评定，这种评定除针对项目外，还包括个人，而在组织的较高层次，评定范围扩大到主管和经理，此时评定必须将多个项目的成果考虑进来。

（3）表彰

通过表彰，使被表彰的员工了解自己的努力得到了承认和赞赏，并使他们以此为荣，获得别人的尊重。

（4）报酬

报酬在以往主要取决于一些传统指标的实现：如成本、生产率、计划和质量等。而为了体现质量改进是岗位职责的一部分，评定中必须增加持续质量改进指标。否则，员工工作表现的评定将仍根据其对传统目标的贡献，而使持续质量改进得不到足够的重视而受挫。

（5）培训

培训的需求非常广泛，因为质量改进是公司质量管理的一项重要职能，为所有的人提出了新的任务，要承担这些新的任务，就需要大量的知识和技能培训。

第7章
食品质量保证

随着社会的发展，科学技术的进步，全球贸易竞争的加剧，用户对质量提出了越来越严格的要求。企业管理者已清醒地认识到，低价格不再是用户购买商品的唯一因素，高质量的产品和服务才是用户购买的真正原因。用户为了得到高质量的产品或服务，企业为了扩大和占领产品市场，以期获得更大的利润，都要求建立健全质量保证体系，不断改进产品和服务质量，使用户、企业、社会各方面都得到益处。

7.1 质量保证

7.1.1 质量保证的概念

美国著名的质量管理专家朱兰博士认为："质量保证是为了使顾客确信产品质量能够满足要求所需有关证据的活动。"日本专家石川馨认为："质量保证是保证消费者能够安心地购买商品，在使用商品时也感觉满意，并且商品能够持久耐用。"在 ISO 9000：2015 中，对质量保证定义为："致力于提供质量要求会得到满足的信任。"

中国质量协会的定义：质量保证是企业对用户在产品质量方面提供的担保，保证用户购得的产品在寿命期内质量可靠，使用放心。美国质协（ASQC）的定义：质量保证是以保证各项管理工作实践有效地达到质量目标为目的的活动体系。日本工业标准（JIS）的定义：质量保证就是保证质量达到规定标准。

综上可知，质量保证包含两方面的内容：一要加强工厂内部各环节的质量管理，以保证最终出厂的产品质量；二要在产品出厂进入流通领域和使用过程之后，加强售后服务，保证用户正常使用，对用户负责到底。质量保证是质量管理的延伸和继续。

7.1.2 质量保证观念的演进

① 注重检验的质量保证阶段　在质量管理的早期阶段，质量检验是保证产品质量的主要手段，统计质量管理和全面质量管理都是在质量检验的基础上发展起来的。在工业生产的早期，生产和检验本是合二为一的，生产者也就是检验者。后来由于生产的发展，劳动专业分工的细化，检验才从生产加工中分离出来，成为一个独立的工种，但检验仍然是加工制造

的补充。

　　② 注重过程控制的质量保证阶段　SPC（statistical process control，简称 SPC）即统计过程控制，是一种借助数理统计方法的过程控制工具。自从 20 世纪 20 年代美国的休哈特提出过程控制的概念和监控过程的工具——控制图，迄今已有近百年的历史。

　　SPC 是小概率事件原理的应用，对观测值落入控制线内的判断是依据连续假设检验理论。SPC 为使过程稳定化所采用的策略是：将生产流程和原材料标准化，主要应用控制图理论来对生产过程进行实时监控，区分止常波动和异常波动，并能对异常波动预警，以便采取措施，消除异常波动，恢复过程的稳定，从而达到提高和控制质量的目的。

　　③ 注重以顾客为导向的新产品开发的质量保证阶段　所谓顾客导向，是指企业以满足顾客需求、增加顾客价值为企业经营出发点，在产品设计过程中，特别注意顾客的消费需求、消费偏好以及消费行为的调查分析，重视新产品开发和营销手段的创新，以动态地适应顾客需求。它强调的是要避免脱离顾客实际需求的产品生产或对市场的主观臆断。

　　④ 注重产品责任的质量保证阶段　产品责任是指由于产品有缺陷，造成了产品的消费者、使用者或其他第三者的人身伤害或财产损失，依法应由生产者或销售者分别或共同负责赔偿的一种法律责任。质量保证观念的演进见表 7-1。

表 7-1　质量保证观念的演进

质量演进	质量观念	质量制度
操作工的质量控制	质量是"检验"出来的	品检（QI）
领班的质量控制	质量是"检验"出来的	品检（QI）
检验员的质量控制	质量是"检验"出来的	品检（QI）
统计过程控制	质量是"生产"出来的	品管（QC）
质量保证	质量是"设计"出来的	品保
全面质量管理	质量是"管理"出来的	全面品管（TQM）
全面质量保证	质量是"习惯"出来的	全面品保（ISO 9001）

　　案例分析：

　　某粮油集团管理层深知食品安全责任比天大、比山重。作为食品企业不能只讲盈利不讲责任，面对百姓，保障食品安全，为社会尽责，是企业的天职。在这种经营理念引领下，该粮油集团创建推行了诚信生产"质量安全三级检验检测控制法"和诚信生产"六把关"措施，即：一把原料选用关；二把生产工艺关；三把品质检验关；四把成品出厂复验关；五把运输卫生关；六把产品销售关。做到了从每个环节上来保证公司产品的质量与安全。同时，创新构建了动态监控与静态监管"双线"食品安全管控体系。在管理上，以工序流程为重点，制定实施了质量卫生标准、原料选用标准、工艺流程标准、员工操作标准和卫生行为规范等，全面推行标准化管理。在生产上，新建的主食厨房生产车间实行全封闭，所需面粉原料全部采用自产专用粉，并通过密闭管道输送到主食车间，彻底避免了原料污染。车间内分别设有独立的消费者参观通道和员工进入通道，职工进入生产作业区要经过风淋室和两道消毒杀菌环节。馒头生产全部采用国内最先进的"醒蒸"自动化生产线和成品包装生产线，实现了全自动化控制，同时配置了空气净化过滤系统和冷暖设备，车间内空气净化达到十万级洁净标准，确保产品出厂合格率 100%。

7.2 食品质量保证体系

7.2.1　食品原料质量保证体系

　　"好的产品必须有好的原料"，因此，要生产出质量好的食品，必须要有质量好的原料。

农产品质量安全认证就是确保原料质量的有效手段。目前，我国的农产品质量安全认证包括良好农业规范（GAP）认证、无公害食品认证、绿色食品认证和有机食品认证。

7.2.1.1 GAP

"GAP"是 good agricultural practices 的缩写，即良好农业规范的简称。从广义上讲，良好农业规范作为一种适用方法和体系，通过经济的、环境的和社会的可持续发展措施，来保障食品的质量和安全。国内外已通过病虫害综合防治、养分综合管理和保护性农业等可持续农作方法来应用 GAP 规范。这些方法应用于一系列的耕作制度和不同规模的生产单位，包括对粮食安全的贡献，并得到辅助性政府政策和计划的促进。

1997 年欧洲零售商农产品工作组（EUREP）在零售商的倡导下提出了"良好农业规范"，即 EUREPGAP。EUREPGAP 作为一种评价用的标准体系，目前涉及水果蔬菜、观赏植物、水产养殖、咖啡生产和综合农场保证体系（IFA）。

受国家标准委委托，国家认监委于 2004 年起，组织质检、农业、认证认可行业专家，开展制定中国良好农业规范国家标准研究工作。2005 年 11 月 12~13 日，国家标准委召开良好农业规范系列国家标准审定会，通过专家审定。GB/T 20014.1-11 良好农业规范系列国家标准于 2005 年 12 月 31 日发布，2006 年 5 月 1 日正式实施。

良好农业规范系列国家标准包括 11 部分：GB/T 20014.1 术语；GB/T 20014.2 农场基础控制点与符合性规范；GB/T 20014.3 作物基础控制点与符合性规范；GB/T 20014.4 大田作物控制点与符合性规范；GB/T 20014.5 果蔬控制点与符合性规范；GB/T 20014.6 畜禽基础控制点与符合性规范；GB/T 20014.7 牛羊控制点与符合性规范；GB/T 20014.8 奶牛控制点与符合性规范；GB/T 20014.9 生猪控制点与符合性规范；GB/T 20014.10 家禽控制点与符合性规范；GB/T 20014.11 畜禽公路运输控制点与符合性规范（图 7-1）。

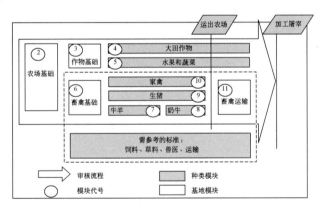

图 7-1 中国 GAP 标准体系框架

（1）中国 GAP 的基本内容

① 食品安全危害的管理要求 采用危害分析与关键控制点（hazard analysis and critical control point，简称 HACCP）方法识别、评价和控制食品安全危害。在种植业生产过程中，针对不同作物生产特点，对作物管理、土壤肥力保持、田间操作、植物保护组织管理等提出了要求；在畜禽养殖过程中，针对不同畜禽的生产方式和特点，对养殖场选址、畜禽品种、饲料和饮水的供应、场内的设施设备、畜禽的健康、药物的合理使用、畜禽的养殖方式、畜禽的公路运输、废弃物的无害化处理、养殖生产过程中的记录、追溯以及对员工的培训等提出了要求。

② 农业可持续发展的环境保护要求 提出了环境保护的要求，通过要求生产者遵守环境保护的法规和标准，营造农产品生产过程的良性生态环境，协调农产品生产和环境保护的

关系。

③ 员工的职业健康、安全和福利要求。

④ 动物福利的要求。

良好农业规范系列标准从可追溯性、食品安全、动物福利、环境保护，以及工人健康、安全和福利等方面，在控制食品安全危害的同时，兼顾了可持续发展的要求以及我国法律法规的要求，并以第三方认证的方式来推广实施。

（2）实施 GAP 的要点

第一，生产用水与农业用水的良好规范。在农作物生产中使用大量的水灌溉，水对农产品的污染程度取决于水的质量、用水时间和方式、农作物特性和生长条件、收割与处理时间以及收割后的操作，因此，应采用不同方式、针对不同用途选择生产用水，保证水质，降低风险。有效的灌溉技术和管理将有效减少浪费，避免过度淋洗和盐渍化。农业负有对水资源进行数量和质量管理的高度责任。

与水有关的良好规范包括：尽量增加小流域地表水渗透率和减少无效外流；适当利用并避免排水来管理地下水和土壤水分；改善土壤结构，增加土壤有机质含量；利用避免水资源污染的方法如使用生产投入物，包括有机、无机和人造废物或循环产品；采用监测作物和土壤水分状况的方法精确地安排灌溉，通过采用节水措施或进行水再循环来防止土壤盐渍化；通过建立永久性植被或需要时保持或恢复湿地来加强水文循环的功能；管理水位以防止抽水或积水过多，以及为牲畜提供充足、安全、清洁的饮水点。

第二，肥料使用的良好规范。土壤的物理和化学特性及功能、有机质及有益生物活动，是维持农业生产的根本，其综合作用是提高土壤肥力和生产率。

与肥料有关的良好规范包括：利用适当的作物轮作、施用肥料、牧草管理和其他土地利用方法以及合理的机械、保护性耕作方法，通过利用调整碳氮比的方法，保持或增加土壤有机质；保持土层以便为土壤生物提供有利的生存环境，尽量减少因风或水造成的土壤侵蚀流失；使有机肥和矿物肥料以及其他农用化学物的施用量、时间和方法适合农学、环境和人体健康的需要。

合理处理的农家肥是有效和安全的，未经处理或不正确处理的再污染农家肥，可能携带影响公共健康的病原菌，并导致农产品污染。因此，生产者应根据农作物特点、农时、收割时间间隔、气候特点，制订适合自己操作的处理、保管、运输和使用农家肥的规范，尽可能减少粪肥与农产品的直接或间接接触，以降低微生物危害。

第三，农药使用的良好操作规范。按照病虫害综合防治的原则，利用对病害和有害生物具有抗性的作物，进行作物和牧草轮作，预防疾病暴发，谨慎使用防治杂草、有害生物和疾病的农用化学品，制定长期的风险管理战略。任何作物保护措施，尤其是采用对人体或环境有害物质的措施，必须考虑到潜在的不利影响，并掌握、配备充分的技术支持和适当的设备。

与作物保护有关的良好规范包括：采用具有抗性的栽培品种、作物种植顺序和栽培方法，加强对有害生物和疾病进行生物防治；对有害生物和疾病与所有受益作物之间的平衡状况定期进行定量评价；适时适地采用有机防治方法；可能时使用有害生物和疾病预报方法；在考虑到所有可能的方法及其对农场生产率的短期和长期影响以及环境影响之后，再确定其处理策略，以便尽量减少农用化学物使用量，特别是促进病虫害综合防治；按照法规要求储存农用化学物并按照用量和时间以及收获前的停用期规定使用农用化学物；使用者须受过专门训练并掌握有关知识；确保使用设备符合确定的安全和保养标准；对农用化学物的使用保持准确的记录。

在采用化学防治措施防治作物病虫害时，正确选择合适的农药品种是非常重要的关键控制点。一是必须选择国家正式注册的农药，不得使用国家有关规定禁止使用的农药；二是尽可能地选用那些专门作用于目标害虫和病原体、对有益生物种群影响最小、对环境没有破坏作用的农药；三是在植物保护预测预报技术的支撑下，在最佳防治时期用药，提高防治效果；四是在重复使用某种农药时，必须考虑避免目标害虫和病原体产生抗药性。

在使用农药时，生产人员必须按照标签或使用说明书规定的条件和方法，用合适的器械施药。

第四，作物和饲料生产的良好规范。作物和饲料生产涉及一年生和多年生作物、不同栽培的品种等，应充分考虑作物和品种对当地条件的适应性，因管理土壤肥力和病虫害防治而进行的轮作。

与作物和饲料生产有关的良好规范包括：根据对栽培品种的特性安排生产，这些特性包括对播种和栽种时间的反应、生产率、质量、市场可接受性和营养价值、疾病及抗逆性、土壤和气候适应性，以及对化肥和农用化学物的反应等；设计作物种植制度以优化劳力和设备的使用，利用机械、生物和除草剂备选办法、提供非寄主作物以尽量减少疾病，如利用豆类作物进行生物固氮等。利用适当的方法和设备，按照适当的时间间隔，平衡施用有机和无机肥料，以补充收获所提取的或生产过程中失去的养分；利用作物和其他有机残茬的循环维持土壤养分的稳定存在和提高；将畜禽养殖纳入农业种养计划，利用放牧或家养牲畜提供的养分循环提高整个农场的生产率；轮换牲畜牧场以便牧草健康再生，坚持安全条例，遵守作物、饲料生产设备和机械使用安全标准。

第五，畜禽生产良好规范。畜禽需要足够的空间、饲料和水才能保证其健康和生产率。放养方式必须调整，除放牧的草场或牧场之外根据需要提供补充饲料。畜禽饲料应避免化学和生物污染物，保持畜禽健康，防止其进入食物链。

与畜禽生产有关的良好规范包括：牲畜、禽饲养选址适当，以避免对环境和畜禽健康的不利影响；避免对牧草、饲料、水和大气的生物、化学和物理污染；经常监测牲畜、禽的状况并相应调整放养率、喂养方式和供水；设计、建造、挑选、使用和保养设备、结构以及处理设施；防止兽药和饲料添加剂的残留物进入食物链；尽量减少抗生素的非治疗使用；实现畜、禽养殖业和农业相结合，通过养分的有效循环避免废物残留、养分流失和温室气体释放等问题；坚持安全条例，遵守为畜禽设置的装置、设备和机械确定的安全操作标准；保持牲畜、禽购买、育种、损失以及销售记录，实施饲养计划、饲料采购和销售等记录。

畜禽生产需要合理管理和配备畜、禽舍、接种疫苗等预防处理，定期检查、识别和治疗疾病，以及需要时利用兽医服务来保持畜禽健康。

第六，收获、加工及储存良好规范。农产品的质量也取决于实施适当的农产品收获和储存方式，包括加工方式。收获必须符合与农用化学物停用期和兽药停药期有关的规定。产品储存在所设计的适宜温度和湿度条件下专用的空间中。涉及动物的操作活动如剪毛和屠宰必须坚持畜禽健康和福利标准。

与收获、加工及储存有关的良好规范包括：按照有关的收获前停用期和停药期收获产品；为产品的加工规定清洁安全处理方式。清洗使用清洁剂和清洁水；在卫生和适宜的环境条件下储存产品；使用清洁和适宜的容器包装产品以便运出农场；使用人道和适当的屠宰前处理和屠宰方法；重视监督、人员培训和设备的正常保养。

第七，工人健康和卫生良好规范。确保所有人员，包括非直接参与操作的人员，如设备操作工、潜在的买主和害虫控制作业人员符合卫生规范。生产者应建立培训计划以使所有相关人员遵守良好卫生规范，了解良好卫生控制的重要性和技巧，以及使用厕所设施的重要性等相关的清洁卫生方面的知识。

第八，卫生设施的操作规范。人类活动和其他废弃物的处理或包装设施操作管理不善，会增加污染农产品的风险。要求厕所、洗手设施的位置应适当、配备应齐全、应保持清洁，并应易于使用和方便使用。

第九，田地卫生良好规范。田地内人类活动和其他废弃物的不良管理能显著增加农产品污染的风险，采收应使用清洁的采收储藏设备，保持装运储存设备卫生，放弃那些无法清洁的容器以尽可能地减少新鲜农产品被微生物污染。在农产品被运离田地之前应尽可能地去除农产品表面的泥土，建立设备的维修保养制度，指派专人负责设备的管理，适当使用设备并尽可能地保持清洁，防止农产品的交叉污染。

第十，包装设备卫生良好规范。保持包装区域的厂房、设备和其他设施以及地面等处于良好状态，以减少微生物污染农产品的可能。制订包装工人的良好卫生操作程序以维持对包装操作过程的控制。在包装设施或包装区域外应尽可能地去除农产品泥土，修补或弃用损坏的包装容器，用于运输农产品的器具使用前必须清洗，在储存中防止未使用的干净的和新的包装容器被污染。包装和储存设施应保持清洁状态，用于存放、分级和包装新鲜农产品的设备必须用易于清洗材料制成，设备的设计、建造、使用和一般清洁能降低产品交叉污染的风险。

第十一，运输良好规范。应制订运输规范，以确保在运输的每个环节，包括从田地到冷却器、包装设备、分发至批发市场或零售中心的运输卫生，操作者和其他与农产品运输相关的员工应细心操作。无论在什么情况下运输和处理农产品，都应进行卫生状态的评估。运输者应把农产品与其他的食品或非食品的病原菌源相隔离，以防止运输操作对农产品的污染。

第十二，溯源良好规范。要求生产者建立有效的溯源系统，相关的种植者、运输者和其他人员应提供资料，建立产品的采收时间、农场、从种植者到接收者的档案和标识等，追踪从农场到包装者、配送者和零售商等所有环节，以便识别和减少危害，防止食品安全事故发生。一个有效的追踪系统至少应包括能说明产品来源的文件记录、标识和鉴别产品的机制（表 7-2）。

表 7-2　中国 GAP 标准控制点数

中国 GAP 标准控制点数	1 级	2 级	3 级	条款级别划分原则
农场基础控制点与符合性规范	9	26	21	1 级：基于危害分析与关键控制点和与食品安全直接相关的动物福利的所有食品安全要求
作物基础控制点与符合性规范	41	70	12	
大田作物控制点与符合性规范	7	10	3	
果蔬控制点与符合性规范	15	21	32	2 级：基于 1 级条款的环境保护、员工福利、动物福利的基本要求
畜禽基础控制点与符合性规范	76	15	13	
牛羊控制点与符合性规范	31	35	8	3 级：基于 1 级和 2 级条款要求的环境保护、员工福利、动物福利的持续改善措施基本要求
奶牛控制点与符合性规范	36	21	10	
生猪控制点与符合性规范	51	25	17	
家禽控制点与符合性规范	75	70	25	

(3) 中国 GAP 认证流程

中国 GAP 划分为一级认证和二级认证两个级别，一级认证要求必须 100％符合所有适用的一级控制点要求，所有模块的所有适用的二级控制点至少 90％符合要求（果蔬类所适用的二级控制点必须至少 95％符合），不设定三级控制点最小符合百分比；二级认证要求所有适用的一级控制点必须 95％符合（果蔬类所适用的一级控制点必须 100％符合），不设定二级、三级控制点最小符合百分比。其认证标志见图 7-2。

| 一级认证 | 二级认证 |

图 7-2 中国 GAP 认证标志

下面以国内某认证机构为例介绍 GAP 认证程序（图 7-3）。

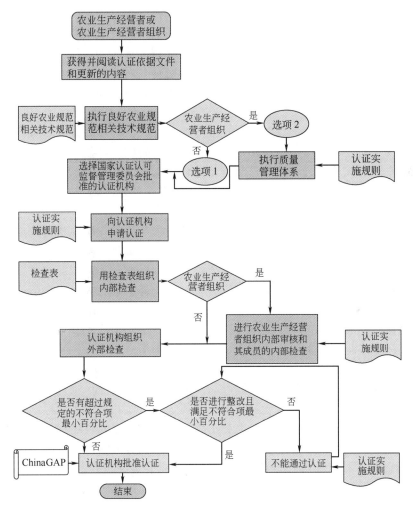

图 7-3 中国 GAP 认证流程图

申请者向授权的认证机构提出申请意向，并索取相关的申请书以及公开文件；认证机构向申请者提供 GAP 认证申请书、调查表、标准手册、认证流程图、申诉或投诉处理程序、合同样本和认证费用清单；申请者将填写完毕的申请书、GAP 认证调查表以及认证要求文件等寄回认证机构。认证机构负责文件审核、合同评审并签署认证协议；申请者根据协议将相关费用汇至认证机构；认证机构派遣检查组，检查组负责审核文件的完整性和符合性，如有需要请申请者修改或补充，并编制检查计划；根据检查计划实施现场检查，收集相关检查证据；根据现场检查情况编写检查报告，依据标准和适用的法律法规对受检查方的符合性和持续有效性做出评价。检查报告需得到受检查方的书面确认；检查员递交检查报告，颁证委员会根据检查报告和收集的资料进行合格评定，做出认证决议，并及时通知认证申请人。认证认可部根据颁证委员会的决定，打印、寄发证书和认证信函；建立认证信息数据库，卷宗归档。

认证机构和申请人在认证前应该签署认证合同，认证合同期限最长为 3 年，到期后可续签或延长 3 年。认证证书由认证机构颁发，有效期为 1 年。在首次颁发证书之前，认证机构应对申请人内部的质量管理体系进行一次审核，以后每年复审一次，符合要求的予以换证。

7.2.1.2　绿色食品

（1）绿色食品产生的背景

随着农业现代化的发展，农用化学物质源源不断地、大量地向农田中输入，造成有害化学物质通过土壤和水体在生物体内富集，进而通过食物链进入到农作物和畜禽体内，导致食物污染，最终损害人体健康。可见，过度依赖化学肥料和农药的农业，会对环境、资源以及人体健康造成危害，并且这种危害具有隐蔽性、累积性和长期性的特点。

自 1992 年联合国在巴西里约热内卢召开环境与发展大会后，许多国家从农业着手，积极探索农业可持续发展的模式，以减缓常规农业生产方式给环境和资源造成的严重压力。欧美等发达国家和一些发展中国家纷纷加快了生态农业的研究。在这种国际背景下，我国决定开发无污染、安全、优质的营养食品，并且将它们定名为"绿色食品"，也就是按特定生产方式生产，并经国家有关的专门机构认定，准许使用绿色食品标志的无污染、无公害、安全、优质、营养型的食品。

绿色食品标准规定，绿色食品必须具备的条件：①产品或产品原料的产地必须符合绿色食品的生态环境标准；②农作物种植、畜禽饲养、水产养殖及食品加工必须符合绿色食品的生产操作规程；③产品必须符合绿色食品的质量和卫生标准；④产品的包装、贮运必须符合绿色食品包装贮运标准，产品的标签必须符合中国农业部制定的《绿色食品标志设计标准手册》中的有关规定。

（2）绿色食品标准

绿色食品标准以全程质量控制为核心，由以下 6 个部分构成。

① 绿色食品产地环境质量标准　制定这项标准的目的，一是强调绿色食品必须产自良好的生态环境地域，以保证绿色食品最终产品的无污染、安全性；二是促进对绿色食品产地环境的保护和改善。绿色食品产地环境质量标准规定了产地的空气质量标准、农田灌溉水质标准、渔业水质标准、畜禽养殖用水标准和土壤环境质量标准的各项指标以及浓度限值、监测和评价方法，提出了绿色食品产地土壤肥力分级和土壤质量综合评价方法。

② 绿色食品生产技术标准　绿色食品生产技术标准是绿色食品标准体系的核心，它包括绿色食品生产资料使用准则和绿色食品生产技术操作规程两个部分。绿色食品生产资料使用准则是对生产绿色食品过程中物质投入的一个原则性规定，它包括生产绿色食品的农药、肥料、食品添加剂、饲料添加剂、兽药和水产养殖药的使用准则，对允许、限制和禁止使用的生产资料及其使用方法、使用剂量等做出了明确规定。绿色食品生产技术操作规程是以上述准则为依据，按作物种类、畜牧种类和不同农业区域的生产特性分别制定的，用于指导绿色食品生产活动，规范绿色食品生产技术的技术规定，包括农产品种植、畜禽饲养、水产养殖等技术操作规程。

③ 绿色食品产品标准　该标准是衡量绿色食品最终产品质量的指标尺度。其卫生品质要求高于国家现行标准，主要表现在对农药残留和重金属的检测项目种类多、指标严。而且，使用的主要原料必须是来自绿色食品产地的、按绿色食品生产技术操作规程生产出来的

产品。

④ 绿色食品包装标签标准　该标准规定了进行绿色食品产品包装时应遵循的原则，包装材料选用的范围、种类，包装上的标识内容等。要求产品包装从原料、产品制造、使用、回收和废弃的整个过程都应有利于食品安全和环境保护，包括包装材料的安全、牢固性，节省资源、能源，减少或避免废弃物产生，易回收循环利用，可降解等具体要求和内容。绿色食品产品标签，除要求符合国家《食品标签通用标准》外，还要求符合《中国绿色食品商标标志设计使用规范手册》规定。

⑤ 绿色食品贮藏、运输标准　该标准对绿色食品贮运的条件、方法、时间做出规定。以保证绿色食品在贮运过程中不遭受污染、不改变品质，并有利于环保、节能。

⑥ 绿色食品其他相关标准　包括"绿色食品生产资料"认定标准、"绿色食品生产基地"认定标准等。

（3）绿色食品等级及标志

绿色食品标准分为两个技术等级，即 AA 级绿色食品标准和 A 级绿色食品标准。

AA 级绿色食品标准要求：生产地的环境质量符合《绿色食品产地环境质量标准》，生产过程中不使用化学合成的农药、肥料、食品添加剂、饲料添加剂、兽药及有害于环境和人体健康的生产资料，而是通过使用有机肥、种植绿肥、作物轮作、生物或物理方法等技术，培肥土壤、控制病虫草害、保护或提高产品品质，从而保证产品质量符合绿色食品产品标准要求。

A 级绿色食品标准要求：生产地的环境质量符合《绿色食品产地环境质量标准》，生产过程中严格按绿色食品生产资料使用准则和生产操作规程要求，限量使用限定的化学合成生产资料，并积极采用生物学技术和物理方法，保证产品质量符合绿色食品产品标准要求。

绿色食品标志（图 7-4）是由绿色食品发展中心在国家工商行政管理总局商标局正式注册的质量证明标志。它由三部分构成，即上方的太阳、下方的叶片和中心的蓓蕾，象征自然生态；颜色为绿色，象征着生命、农业、环保；图形为正圆形，意为保护。AA 级绿色食品标志与字体为绿色，底色为白色。A 级绿色食品标志与字体为白色，底色为绿色。整个图形描绘了一幅明媚阳光照耀下的和谐生机，告诉人们绿色食品是出自纯净、良好生态环境的安全、无污染食品，能给人们带来蓬勃的生命力。

A 级绿色食品

AA 级绿色食品

图 7-4　绿色食品标志

中国绿色食品发展中心对许可使用绿色食品标志的产品进行统一编号，并颁发绿色食品标志使用证书。编号形式为：LB－XX－XXXXXXXXXX。"LB"是绿色食品标志（简称"绿标"）的汉语拼音首字母的缩写组合，后面为 13 位阿拉伯数字，其中 1～2 位为产品分类代码，3～6 位为产品获证的年份及月份，7～8 位为地区代码（按行政区划编制到省级），9～13 位为产品当年获证序号，A 为获证产品级别。从序号中能够辨别出此产品相关信息，同时鉴别出"绿标"是否已过使用期。同时获证单位得到企业信息码，其编码形式为GFXXXXXXXXXXXX。GF 是绿色食品英文"GREEN FOOD"第一个字母的缩写组合，后面为 12 位阿拉伯数字，其中 1～6 位为地区代码（按行政区划编制到县级），7～8 位为企业获证年份，9～12 位为当年获证企业序号。

绿色食品标志管理，即依据绿色食品标志证明商标特定的法律属性，通过该标志商标的使用许可，衡量企业的生产过程及其产品的质量是否符合特定的绿色食品标准，并监督符合标准的企业严格执行绿色食品生产操作规程、正确使用绿色食品标志的过程。

通过绿色食品认证的产品可以使用统一格式的绿色食品标志，有效期为3年，时间从通过认证获得证书当日算起，期满后，生产企业必须重新提出认证申请，获得通过才可以继续使用该标志，同时更改标志上的编号。从重新申请到获得认证为半年，这半年中，允许生产企业继续使用绿色食品标志。如果重新申请没能通过认证，企业必须立即停止使用标志。另外，在3年有效期内，中国绿色食品发展中心每年还要对产品按照绿色食品的环境、生产及质量标准进行检查，如不符合规定，中心会取消该产品使用标志。

（4）绿色食品认证程序

绿色食品认证程序（图7-5）如下。

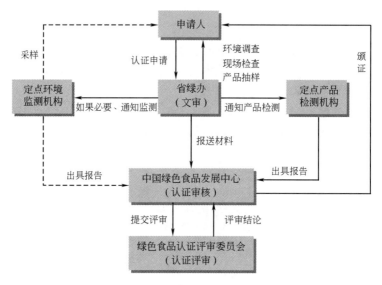

图7-5　绿色食品认证程序

① 申请人填写《绿色食品标志使用申请书》，一式两份（含附报材料），报所在省（自治区、直辖市、计划单列市）绿色食品管理部门。

② 省绿色食品管理部门委托通过省级以上计量认证的环境保护监测机构，对该项产品或产品原料的产地进行环境评价。

③ 省绿色食品管理部门对申请材料进行初审，并将初审合格的材料报中国绿色食品发展中心。

④ 中国绿色食品发展中心会同权威的环境保护机构，对上述材料进行审核。合格的，由中国绿色食品发展中心指定的食品监测机构对其申报产品进行抽样，并依据绿色食品质量和卫生标准进行检测；对不合格的，当年不再受理其申请。

⑤ 中国绿色食品发展中心对质量和卫生检测合格的产品进行综合审查（含实地核查），并与符合条件的申请人签订"绿色食品标志使用协议"；由农业部颁发绿色食品标志使用证书及编号；报国家工商行政管理局商标局备案，同时公告于众。

7. 2. 1. 3　有机食品

（1）有机食品的由来和标志

有机食品（organic food）也叫生态或生物食品等。有机食品是目前国际上对无污染天然食品比较统一的提法。有机食品通常来自于有机农业生产体系，根据国际有机农业生产要

图 7-6　有机产品标志

求和相应的标准生产加工。

有机食品在不同的语言中有不同的名称，国外最普遍的叫法是 ORGACIC FOOD，在其他语种中也有称生态食品、自然食品等。食品法典委员会（Codex Alimentarius Commission，简称 CAC）将这类称谓各异但内涵实质基本相同的食品统称为"ORGANIC FOOD"，中文译为"有机食品"。

我国有机食品的标志见图 7-6。该标志主要由三部分组成，既外围的圆形、中间的种子图形及其周围的环形线条。

标志外围的圆形形似地球，象征和谐、安全，圆形中的"中国有机产品"字样为中英文结合方式，既表示中国有机产品与世界同行，也有利于国内外消费者识别。

标志中间类似于种子的图形代表生命萌发之际的勃勃生机，象征了有机产品是从种子开始的全过程认证，同时昭示出有机产品就如同刚刚萌发的种子，正在中国大地上茁壮成长。

种子图形周围圆润自如的线条象征环形道路，与种子图形合并构成汉字"中"，体现出有机产品植根中国，有机之路越走越宽广。同时，处于平面的环形又是英文字母"C"的变体，种子形状也是"O"的变形，意为"China organic"。

绿色代表环保、健康，表示有机产品给人类的生态环境带来完美与协调。橘红色代表旺盛的生命力，表示有机产品对可持续发展的作用。

（2）有机食品的要求及判断

① 有机食品生产的基本要求　生产基地在最近三年内未使用过农药、化肥等违禁物质；种子或种苗来自于自然界，未经基因工程技术改造过；生产单位需建立长期的土地培肥、植保、作物轮作和畜禽养殖计划；生产基地无水土流失及其他环境问题；作物在收获、清洁、干燥、贮存和运输过程中未受化学物质的污染；从常规种植向有机种植转换需两年以上转换期，新垦荒地例外；生产全过程必须有完整的记录档案。

② 有机食品加工的基本要求　原料必须是自己获得有机颁证的产品或野生无污染的天然产品；已获得有机认证的原料在终产品中所占的比例不得少于 95%；只使用天然的调料、色素和香料等辅助原料，不用人工合成的添加剂；有机食品在生产、加工、贮存和运输过程中应避免化学物质的污染；加工过程必须有完整的档案记录，包括相应的票据。

③ 有机食品的判断　原料来自于有机农业生产体系或野生天然产品；有机食品在生产和加工过程中必须严格遵循有机食品生产、采集、加工、包装、贮藏、运输标准，禁止使用化学合成的农药、化肥、激素、抗生素、食品添加剂等，禁止使用基因工程技术及该技术的产物及其衍生物；有机食品生产和加工过程中必须建立严格的质量管理体系、生产过程控制体系和追踪体系，因此一般需要有转换期；这个转换过程一般需要 2～3 年时间，才能够被批准为有机食品。有机食品必须通过合法的有机食品认证机构的认证，其认证程序与绿色食品相同。

7.2.2　食品生产过程中的质量保证体系

"食品质量是生产出来的"，该句话充分体现了生产过程在食品质量保证体系中的重要性。前面讲述了食品在设计过程、原料环节的质量保证，本部分主要讲述食品在加工环节的质量保证体系。食品加工环节的质量保证体系包括 HACCP、ISO 22000 食品安全控制体系和 ISO 9001 质量管理体系。本环节主要讲述 GMP、SSOP、HACCP 和 ISO 22000，ISO 9001 质量管理体系将在本书第 8 章详细陈述。

7.2.2.1 GMP

(1) GMP概述

"GMP"是英文good manufacturing practice的缩写，中文意思是"良好操作规范"，是一种特别注重在生产过程中实施对食品卫生安全的管理。简要地说，GMP要求食品生产企业应具备良好的生产设备，合理的生产过程，完善的质量管理体系和严格的检测系统，确保最终产品的质量（包括食品安全卫生）符合法规要求。

GMP所规定的内容，是食品加工企业必须达到的最基本的条件，也是实施HACCP体系的前提条件。

食品的良好操作规范是从药品生产的良好操作规范中发展而来的。最初药品的质量主要是通过放行前检测来保证，20世纪前六七十年频繁发生的重大药物灾难使人们逐渐认识到仅仅依靠检测不能完全确保产品的质量，还必须对生产的整个过程进行有效控制。

食品GMP诞生于美国，因为深受消费大众及食品企业的欢迎，于是很多工业先进国家也都引用食品GMP。目前除美国已立法强制实施食品GMP以外，其他如日本、加拿大、新加坡、德国、澳洲和中国台湾地区等均采取鼓励方式推动企业自动自发实施。

(2) 美国的GMP

美国良好操作规范（GMP-21CFR Part 110）适用于所有食品，作为食品的生产、包装、贮藏卫生质量管理体系的技术基础，具有法律上的强制性。

美国GMP共分A、B、C、D、E、F、G七部分，其中D和F部分预留作将来补充。其具体内容如下。

① A分部——总则　在总则中，110.3部分规定联邦食品、药物及化妆品条例第201节中术语的定义和解释适用于本部分的同类术语。同时也定义了一些术语如：酸性食品或酸化食品、关键控制点、食品、食品接触面、水分活度等。

利用现行的良好操作规范来确定某种食品是否为条例402（a）（3）节所讲的劣质食品，这种食品是在不适合生产食品的条件下加工的，或者是条例402（a）（1）节所讲即食品是在不卫生的条件下制作、包装或存放的。因而可能已经受到污染，或者已经变得对人体健康有害。

现行的良好操作规范也适用于确定某种食品是否违反了公共卫生服务条例（42U.S.C.264）的361节。受特殊的"现行良好操作规范"法规管理的食品也必须符合本法规的要求。

在110.10部分中对员工作了规定，要求员工定期体检，凡是患有或疑似患有疾病、创伤，包括疖、疮或感染性的创伤，或可成为食品、食品接触面或食品包装材料的微生物污染源的员工，直至上述病症消除之前，均不得参与食品生产加工，否则会造成污染。必须要求员工在发现上述疾病时向上级报告。

员工要注意个人卫生。凡是在工作中直接接触食品、食品接触面及食品包装材料的员工必须严格遵守卫生操作规范，使食品免受到污染。提出9项（但不仅限于9项）保持清洁的方法。

对员工要定期进行教育与培训，明确地指定由符合要求的监督人员监管全体员工。

② B分部——建筑物与设施　在110.20中对厂房和地面作了规定。食品生产加工企业的地面必须保持良好的状态，防止食品受污染。厂房建筑物的大小、结构与设计必须便于食品生产设备的维修和卫生操作。

生产加工企业的建筑物、固定装置及其他有形设施必须在卫生的条件下进行维护和保养，防止食品成为条例所指的劣质食品。对工器具和设备进行清洗和消毒时必须认真操作，防止食品、食品接触面或食品包装材料受到污染。

　　用于清洗和消毒的物质、有毒化合物必须在使用时绝对安全和有效。有毒的清洁剂、消毒剂及杀虫剂必须易于识别、妥善存放，防止食品、食品接触面或食品包装材料受其污染。必须遵守联邦、州及地方政府机构制定的关于使用或存放这些产品的一切有关法规。

　　食品生产加工企业的任何区域均不得存在害虫。看门或带路的狗可以养在生产加工企业的某些区域，但它们在这些区域不得构成对食品、食品接触面或食品包装材料的污染。必须采取有效措施在加工区域内除虫，以避免食品在上述区域内受害虫污染。只有认真谨慎且有限制地使用杀虫剂和灭鼠剂，才能避免其对食品、食品接触面及食品包装材料的污染。

　　所有食品接触面，包括工器具及设备的食品接触面，均必须尽可能经常地进行清洗，以免食品受到污染。

　　与食品接触面、已清洗干净并消毒的、可移动的设备以及工器具应以适当的方法存放在适当的场所，防止食品接触面受污染。

　　在110.37中要求每个生产加工企业都必须配备足够的卫生设施及用具，包括（但不仅限于）供水、输水设施，污水处理、卫生间设施，洗手设施、垃圾及废料，并确保这些卫生设施及用具受到控制。

　　③ C分部——设备　生产加工企业的所有设备和工器具，其设计、采用的材料和制作工艺，必须便于适当的清洗和维护，这些设备和工器具的设计、结构和使用，必须防止食品中润滑剂、燃料、金属碎片、污水或其他污染物的掺杂。在安装和维修所有设备时必须考虑到，应便于设备及其邻近位置的清洗。接触食品的表面必须耐腐蚀。设备和工器具必须采用无毒的材料制成，在设计上应能耐受加工环境、食品本身以及清洁剂、消毒剂（如果可以使用）的侵蚀作用。必须维护好食品接触面，防止食品受到任何有害物的污染，包括未按标准规定使用食品添加剂。

　　食品接触面的接缝必须平滑，而且维护良好，以尽量减少食品颗粒、异物及有机物的堆积，将微生物生长繁殖的机会降低到最低限度。

　　食品加工、处理区域内不与食品接触的设备必须安装在合理的位置，以便于卫生清洁的维护。

　　食品的存放、输送和加工系统，包括重量分析系统、气体流动系统、封闭系统及自动化系统等，其设计及结构必须能使其保持良好的卫生状态。

　　凡用于存放食品并可抑制微生物生长繁殖的冷藏库及冷冻库，必须安装准确显示库内温度的测量显示装置或温度记录装置，并且还须安装调节温度的自动控制装置或人工操作控制温度的自动报警系统。

　　用于测量、调节或记录控制或防止有害微生物在食品中生长繁殖的温度、pH值、酸度、水分活度或其他条件的仪表和控制装置，必须精确并维护良好，同时其计量范围必须与所指定的用途相匹配。

　　用以注入食品，或用来清洗食品接触面或设备的压缩空气及其他气体，必须经过严格的处理，防止食品受到气体中有害物质的污染。

　　④ D分部——预留作将来补充

　　⑤ E分部——生产加工控制

　　食品的进料、检查、运输、分选、预制、加工、包装及贮存等所有生产加工环节都必须严格按照卫生要求进行控制，必须采用合适的质量管理措施，确保食品适合人类食用，并确保包装材料安全无害。

　　原料和其他辅料必须经过检查、分选或用其他方法进行必要的处理，确保其干净卫生；

同时，必须将原料和其他辅料贮存在适当的条件下，使其免受污染并将腐败变质降低到最低程度，以确保适合食品的生产加工。原料和其他辅料中的微生物不得超标，避免使消费者发生食物中毒或患其他疾病。易受黄曲霉毒素或其他天然毒素污染的食品原料和其他辅料必须符合食品药物管理局关于各种有毒或有害物质的现行法规、指标和作用水平。容易受害虫、有害微生物或外来物质污染的原料、其他辅料及返工品必须符合食品药物管理局关于天然的或不可避免的缺陷的法规、指标和作用水平。原料、其他辅料及返工品必须散装存放，或盛入设计及结构能防止污染的容器中，并且以一定的方式存放在一定的温度和相对湿度下，以防止食品成为条例所讲的劣质制品。返工的原料必须有明确的标识。冷冻的原料及其他冷冻辅料必须保存在冷冻状态。散装购进和贮存的液体或固体原料及其他辅料必须注意存放，防止污染。

在生产加工过程中，设备、工器具及装载成品的容器，必须通过适当的清洗和消毒，使其保持良好的卫生状态。所有的食品加工，包括包装和贮存，都必须在必要的条件和控制下进行，尽量减少微生物生长繁殖的可能性，或尽量防止食品受污染。凡是利于有害微生物，特别是对公众健康有危害的微生物快速生长繁殖的食品必须注意存放方式，防止其成为条例所指的劣质食品。为消灭或防止有害微生物，尤其是对公众健康有害的微生物的生长繁殖而采取的各种措施，如消毒、辐射、巴氏杀菌、冷冻、冷藏、控制 pH 值或控制水分活度，必须确保符合加工、运输和销售的条件要求，以防止食品成为条例所指的劣质品。正在进行的操作必须认真仔细，防止污染。必须采取有效措施防止成品食品受到原料、其他辅料或废料的污染。当原料、其他辅料或废料未得到保护时，如果它们在收缴、装卸或运输、加工中会污染食品，那么必须加以防护。必须采取必要的措施防止用传送带输送的食品受污染。用来传送、放置或贮存原料、半成品、返工品或食品的设备、容器及工器具，在加工和贮藏中必须结构合理，便于操作，易于维护以防止污染。必须采取有效措施防止金属或其他外来物质掺入食品。进行清洗、剥皮、修边、切割、分选以及检验、捣碎、脱脂、成形等机械加工步骤时必须防止食品污染。制备食品需要热漂烫时，应该将食品加热到一定的温度，并在此温度下维持一定时间，然后或快速冷却或立即送往下一加工步骤。面糊、面包糖、调味汁、浇汁、调料及其他预制物必须以适当的方式处理和维护，防止污染。必须以适当的方式进行装填、配套、包装以及其他生产加工，防止食品受污染。干制食品必须加工至保持安全的水分含量。酸性及酸化食品必须监测 pH 值并使其保持在 4.6 或 4.6 以下。食品在生产、存放过程中需与冰接触时，制冰用水必须安全卫生，并且完全符合卫生质量标准。为保障供人类食用食品免受污染，不得使用供人类食用食品的加工区域和设备生产加工动物饲料或非食用性产品。

食品成品的储藏与运输必须有一定条件，避免食品受物理的、化学的与微生物的污染，同时避免食品变质和容器的再次污染。

⑥ F 分部——预留作将来补充

⑦ G 部分——缺陷水平（defect action level）

缺陷水平指的是供人食用的食品中对健康无危害的、天然的、不可避免的缺陷程度。

有些食品，即使按照现行良好操作规范生产，但也可能带有天然的或不可避免的缺陷，这些缺陷在低水平时对人体健康无害。美国食品和药物管理局（Food and Drug Administration，简称 FDA）为按照现行良好操作规范生产加工食品的缺陷制定了其上限标准，并用这些标准判断是否需要采取法律措施。在必要和理由充分时，FDA 将为食品制定缺陷行动水平。

虽然食品符合缺陷行动水平，但不能以此作为借口而违反相关的规定，使食品不得在卫生不良的条件下生产加工、包装或存放。不得将含有高于现行缺陷水平的食品与其他食品相混合。

（3）中国的 GMP

为保证出口食品的安全卫生质量，规范出口食品生产企业的安全卫生管理，我国于 2002 年 5 月发布实施了《出口食品生产企业卫生要求》。它是对 1994 年发布的《出口食品厂、库卫生要求》的修订。这一规定是我国对出口食品生产加工企业的官方要求，也是我国食品生产企业的良好操作规程。

申请卫生注册或者卫生登记的出口食品生产、加工、储存企业（以下简称出口食品生产企业）应当建立保证出口食品的卫生质量体系，并制订指导卫生质量体系运转的体系文件。《出口食品生产企业卫生要求》是出口食品生产企业建立卫生质量体系及体系文件的基本依据。出口食品生产企业的卫生质量体系应当包括下列基本内容。

① 卫生质量方针和目标　出口食品生产企业应当制定本企业的卫生质量方针、目标和责任制度，并贯彻执行。质量方针是"由组织的最高管理者正式发布的该组织的总的质量宗旨和方向"。

制订卫生质量方针必须遵循一定的程序：首先利用 SWOT（strengths、weaknesses、opportunities、threats，即优势、劣势、机会和威胁）法分析组织的内外部环境，接着理清组织的经营思想，然后起草、修改、形成质量方针，最后由最高管理者发布。

② 组织机构及其职责　出口食品生产企业应当建立与生产相适应的、能够保证其产品卫生质量的组织机构，并规定其职责和权限。例如某公司的组织结构图和管理者职责如图 7-7、表 7-3 所示。

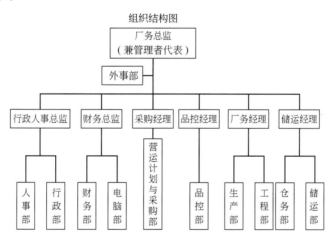

图 7-7　某公司的组织结构图

表 7-3　某公司的管理者职责

厂务总监职责	向总经理负责
	1. 负责订立公司的质量方针及确保有足够的资源去支持公司的质量体系的运作
	2. 领导管理层人员去执行公司订下的方针及措施，确保公司在各部门的工作达到高效益、低成本
	3. 负责公司总体营运，制定销售目标及相应的措施，从而达到总部订下的效益目标
行政人事总监职责	向厂务总监负责
	1. 制订及督促、执行员工守则、行政、人事管理制度
	2. 负责员工招聘、培训、考核及人力资源管理配置等工作
	3. 建立员工的薪酬系统、奖惩系统、为员工输入各项社会保险
	4. 负责厂区及宿舍区的保安工作、宿舍管理工作、员工食堂的管理及员工的膳食安排等工作
	5. 制订及落实员工福利政策，活跃企业文体生活
	6. 负责公司所有外事的事宜

	向厂务总监负责	
财务总监职责	1. 制订公司的财务守则 2. 负责结算公司每月的收支,以供管理层及总公司参考 3. 负责支付及收取公司之所有应付及该收的账务 4. 编制、提交财务报表,并加以阐释及汇报 5. 负责每年制订下一年的公司财政预算案 6. 妥善处理有关动作的事宜,例如增添及运用财政资源 7. 提高部门的工作效率,并鼓励诚信的工作态度 8. 运用税务、商业、财务统计学等知识进行财务监管工作	
	向厂务总监负责	
厂务经理职责	1. 协助质量管理代表监督质量体系的有效运转及持续改善 2. 产品、原辅材料的质量认可,负责处理食品法规及产品质量涉及本公司的事宜 3. 按公司的销售预算,制订生产计划以满足需求 4. 负责厂房及设备之维修及保养 5. 管理货仓及出货之事宜 6. 监督属下之部门以确保以最小的成本生产出符合质量要求的产品去满足客户的需求	
生产部职责	1. 合理制订生产计划,以满足销售需求 2. 加强生产管理,提高产品质量与生产效率 3. 控制生产成本,包括减少库存、加班及原料与包装材料的浪费 4. 制订生产表现评估系统及相关的政策与程序 5. 做好生产员工管理并与相关部门有效沟通及合作 6. 负责代加工产品合同的执行	
品控部职责	1. 原材料、包装材料的进厂检验 2. 生产中的品质控制 3. 对生产合格成品的放行及不合格品的处理 4. 测量仪器的校正 5. 水厂/污水厂的运作与控制 6. 制定虫鼠控制方案,保持工厂的良好生产环境 7. 协助处理客户投诉及供应商评估	
采购部职责	1. 负责生产物料的计划和采购,保证生产物料的及时供应 2. 负责物料供应商的开发、认可与评估,并进行有效管理 3. 负责代加工产品物料的订购	
仓务部职责	1. 监控成品和物料进、出仓库并管理库存成品和物料 2. 负责成品装库事宜	
工程部职责	1. 全厂的设备的保养与维修 2. 生产所需的水、电、蒸汽、压缩空气的供应 3. 编制零配件计划 4. 厂房及公共设施维护 5. 设备与设施的改造	

③ 生产、质量管理人员的要求 与食品生产有接触的人员经体检合格后方可上岗;生产、质量管理人员每年进行一次健康检查,必要时做临时健康检查;凡患有影响食品卫生的疾病者,必须调离食品生产岗位;保持个人清洁,不得将与生产无关的物品带入车间;工作时不得戴首饰、手表,不得化妆;进入车间时洗手、消毒并穿着工作服、帽、鞋,工作服、帽、鞋应当定期清洗消毒;生产、质量管理人员经过培训并考核合格后方可上岗;配备足够数量的、具备相应资格的专业人员从事卫生质量管理工作。

④ 环境卫生要求 出口食品生产企业不得建在有碍食品卫生的区域,厂区内不得兼营、生产、存放有碍食品卫生的其他产品;厂区路面平整、无积水,厂区无裸露地面;厂区卫生

间应当有冲水、洗手、防蝇、防虫、防鼠设施，墙裙以浅色、平滑、不透水、无毒、耐腐蚀的材料修建，并保持清洁；生产中产生的废水、废料的排放或者处理符合国家有关规定；厂区建有与生产能力相适应的符合卫生要求的原料、辅料、化学物品、包装物料储存等辅助设施和废物、垃圾暂存设施；生产区与生活区隔离。

⑤ 车间及设施卫生的要求　车间面积与生产能力相适应，布局合理，排水畅通；车间地面用防滑、坚固、不透水、耐腐蚀的无毒材料修建，平坦、无积水并保持清洁；车间出口及与外界相连的排水、通风处应当安装防鼠、防蝇、防虫等设施；车间内墙壁、屋顶或者天花板使用无毒、浅色、防水、防霉、不脱落、易于清洗的材料修建，墙角、地角、顶角具有弧度；车间窗户有内窗台的，内窗台下斜约 45°；车间门窗用浅色、平滑、易清洗、不透水、耐腐蚀的坚固材料制作，结构严密；车间内位于食品生产线上方的照明设施装有防护罩，工作场所以及检验台的照度符合生产、检验的要求，光线以不改变被加工物的本色为宜；有温度要求的工序和场所安装温度显示装置，车间温度按照产品工艺要求控制在规定的范围内，并保持良好通风；车间供电、供气、供水满足生产需要；在适当的地点设足够数量的洗手、清洁消毒、烘干手的设备或者用品，洗手水龙头为非手动开关；根据产品加工需要，车间入口处设有鞋、靴和车轮消毒设施；设有与车间相连接的更衣室，不同清洁程度要求的区域设有单独的更衣室，视需要设立与更衣室相连接的卫生间和淋浴室，更衣室、卫生间、淋浴室应当保持清洁卫生，其设施和布局不得对车间造成潜在的污染风险；车间内的设备、设施和工器具用无毒、耐腐蚀、不生锈、易清洗消毒、坚固的材料制作，其构造易于清洗消毒。

⑥ 原料、辅料卫生的要求　生产用原料、辅料应当符合安全卫生规定要求，避免来自空气、土壤、水、饲料、肥料中的农药、兽药或者其他有害物质的污染；作为生产原料的动物，应当来自于非疫区，并经检疫合格；生产用原料、辅料有检验、检疫合格证，经进厂验收合格后方准使用；超过保质期的原料、辅料不得用于食品生产；加工用水（冰）应当符合国家《生活饮用水卫生标准》等必要的标准，对水质的公共卫生、防疫卫生检测每年不得少于两次，自备水源应当具备有效的卫生保障设施。

⑦ 生产、加工卫生的要求　生产设备布局合理，并保持清洁和完好；生产设备、工具、容器、场地等严格执行清洗消毒制度，盛放食品的容器不得直接接触地面；班前班后进行卫生清洁工作，专人负责检查，并作检查记录；原料、辅料、半成品、成品以及生、熟品分别存放在不会受到污染的区域；按照生产工艺的先后次序和产品特点，将原料处理、半成品处理和加工、工器具的清洗消毒、成品内包装、成品外包装、成品检验和成品贮存等不同清洁卫生要求的区域分开设置，防止交叉污染；对加工过程中产生的不合格品、跌落地面的产品和废弃物，在固定地点用有明显标志的专用容器分别收集盛装，并在检验人员监督下及时处理，其容器和运输工具及时消毒；对不合格品产生的原因进行分析，并及时采取纠正措施。

⑧ 包装、储存、运输卫生的要求　用于包装食品的物料符合卫生标准并且保持清洁卫生，不得含有有毒有害物质，不易褪色；包装物料间干燥通风，内、外包装物料分别存放，不得有污染；运输工具符合卫生要求，并根据产品特点配备防雨、防尘、冷藏、保温等设施；冷包间和预冷库、速冻库、冷藏库等仓库的温度、湿度符合产品工艺要求，并配备温度显示装置，必要时配备湿度计；预冷库、速冻库、冷藏库要配备自动温度记录装置并定期校准，库内保持清洁，定期消毒，有防霉、防鼠、防虫设施，库内物品与墙壁、地面保持一定距离，库内不得存放有碍卫生的物品；同一库内不得存放可能造成相互污染的食品。

⑨ 有毒有害物品的控制　严格执行有毒有害物品的储存和使用管理规定，确保厂区、

车间和化验室使用的洗涤剂、消毒剂、杀虫剂、燃油、润滑油和化学试剂等有毒有害物品得到有效控制，避免对食品、食品接触表面和食品包装物料造成污染。

⑩ 检验的要求 企业有与生产能力相适应的内设检验机构和具备相应资格的检验人员；企业内设检验机构具备检验工作所需要的标准资料、检验设施和仪器设备，检验仪器按规定进行计量鉴定，检验要有检测记录；使用社会实验室承担企业卫生质量检验工作的，该实验室应当具有相应的资格，并签订合同。

⑪ 保证卫生质量体系有效运行的要求 制订并有效执行原料、辅料、半成品、成品及生产过程卫生控制程序，做好记录；建立并执行卫生标准操作程序并做好记录，确保加工用水（冰）、食品接触表面、有毒有害物质、虫害防治等处于受控状态；对影响食品卫生的关键工序，要制订明确的操作规程并得到连续的监控，同时必须有监控记录；制订并执行对不合格品的控制制度，包括不合格品的标识、记录、评价、隔离处置和可追溯性等内容；制订产品标识、质量追踪和产品召回制度，确保出厂产品在出现安全卫生质量问题时能够及时召回；制订并执行加工设备、设施的维护程序，保证加工设备、设施满足生产加工的需要；制订并实施职工培训计划并做好培训记录，保证不同岗位的人员熟练完成本职工作；建立内部审核制度，一般每半年进行一次内部审核，每年进行一次管理评审，并做好记录；对反映产品卫生质量情况的有关记录，应当制订并执行标记、收集、编目、归档、存储、保管和处理等管理规定。所有质量记录必须真实、准确、规范并具有卫生质量的可追溯性，保存期不少于2年。见表7-4、表7-5。

表7-4 每日卫生控制记录

公司名称：　　　　　　　　　　　　　　　日期：
地　　址：

控制内容		开工前	4小时后	8小时后	备注/纠正
一、加工用水的安全	水质余氯检测报告/微生物检测报告	＊＊			
	水龙头及其固定进水装置有防虹吸装置	＊＊			
二、食品接触面的状况	碱液浓度(%)/设备能达到清洁消毒的目的	＊＊			
	消毒液浓度(mg/kg)/工器具能达到清洁消毒的目的	＊＊	＊＊	＊＊	
	脱胶罐、批次罐清洁				
	消毒液浓度(mg/kg)/地面、墙壁能达到清洁消毒的目的	＊＊			
	接触食品的手套/工作服清洁卫生	＊＊			
三、预防交叉污染	工厂建筑物维修良好	＊＊			
	原料、辅料、半成品、成品严格分开	＊＊			
	工人的操作不能导致交叉污染（穿戴工作服、帽和鞋、使用手套、手的清洁，个人物品的存放、吃喝、串岗、鞋消毒、工作服的清洗消毒等）	＊＊	＊＊	＊＊	
	果渣、腐烂果及杂质的清除	＊＊			
	盛装容器的卫生	＊＊			
	厂区排污顺畅、无积水	＊＊			
	车间地面排水充分，无溢溅、无倒流	＊＊			
	各作业区工器具标识明显，无混用	＊＊			

控制内容		开工前	4 小时后	8 小时后	备注/纠正
四、手的清洗消毒和卫生间设施维护	卫生间设施卫生,状况良好	＊＊	＊＊	＊＊	
	洗手用消毒剂浓度(mg/kg)	＊＊	＊＊	＊＊	
	手清洗和消毒设施	＊＊	＊＊	＊＊	
五、防止污染物的危害	包装材料、清洁剂等的存放	＊＊			
	灌装间的冷凝物	＊＊			
	加工车间光照设备的安全	＊＊			
	设备状况良好,无松动、无破损	＊＊			
	冷藏库的温度/卫生状况	＊＊			
六、有毒化合物标记	有毒化合物的标签、存放	＊＊			
	分装容器标签和分装操作程序正确	＊＊			
七、员工健康	职工健康状况良好	＊＊			
	职工无受到感染的伤口	＊＊			
八、鼠虫的灭除	加工车间防虫设施良好	＊＊			
	工厂内无害虫	＊＊			
九、环境卫生	厂区应无污染源、杂物,地面平整不积水	＊＊			
	应保持车间、库房、果棚干净卫生	＊＊			
十、检验检测卫生	各生产工序的检查监督人员所使用的采样器具、检测用具应干净卫生。	＊＊			
	实验室应干净卫生,无污染源,不得存放与检验无关的物品	＊＊			

班次：　　　　　生产监督员：　　　　　审核：

注：＊＊表示必须进行操作

表 7-5　定期卫生控制记录

公司名称：　　　　　　　　　　日期：

地　　址：

项目		满意(S)	不满意(U)	备注/纠正
一、加工水的安全	城市水费单和/或水质检测报告(每年一次)			
	自备水源的水质检测报告(每年二次)			
	储水压力罐检查报告(每年二次)			
	供排水管道系统检查报告(安装、调整管道时)			
二、食品接触面的状况和清洁	车间生产设备、管道、工器具、地面、墙壁和果池内表面等食品接触面的状况(每周一次)			
三、防止交叉污染	卫生监督员、工人上岗前进行基本的卫生培训(雇佣时)			
四、防止污染物的危害	清洁剂、消毒剂、润滑剂需有质量合格证明方可接收(接收时)			
	包装材料需有质量合格证明方可接收(接收时)			
五、有害化合物的标记	有害化合物需有产品合格证明或其他必要的信息文件方可接收(接收时)			

	项目	满意(S)	不满意(U)	备注/纠正
六、员工健康	从事加工、检验和生产管理人员的健康检查(上岗前/每年一次)			
七、害虫去除	害虫检查和捕杀报告(每月一次)			
八、环境卫生	清理打扫厂区环境卫生和清除厂区杂草			

生产监督员：　　　　　　　　　　　　　　　审核：

7.2.2.2 SSOP

(1) SSOP 介绍

SSOP 是卫生标准操作程序（sanitation standard operation procedures）的简称，是食品加工厂为保证达到 GMP 所规定要求，确保加工过程中消除不良因素，使其加工的食品符合卫生要求而制定的，用于指导食品生产加工过程中如何实施清洗、消毒和卫生保持；也是食品企业为了满足食品安全的要求，在卫生环境和加工过程等方面所需实施的具体程序，是实施 HACCP 的前提条件。

(2) 实施 SSOP 的意义

SSOP 的正确制定和有效实施，可以减少 HACCP 计划中的关键控制点（critical control points，简称 CCP）数量，使 HACCP 体系将注意力集中在与食品或其生产过程中相关的危害控制上，而不是在生产卫生环节上。但这并不意味着生产卫生控制不重要，实际上，危害是通过 SSOP 和 HACCP 的 CCP 共同予以控制的，没有谁重谁轻之分。

例如：某次舟山冻虾仁被欧洲一些公司退货，是因为欧洲一些检验部门从部分舟山冻虾仁中查出了 $0.02\mu g/kg$ 的氯霉素。经调查发现，是一些员工在手工剥虾仁过程中，因为手痒，用含氯霉素的消毒水止痒，结果将氯霉素带入了冻虾仁。员工手的清洁和消毒方法、频率，应该在 SSOP 中予以明确的制定和控制。出现上述情况的原因，有可能是 SSOP 规定的不明确，或者员工没有严格按照 SSOP 的规定去做，此问题而没有被发现。因此说 SSOP 的失误，同样可以造成不可挽回的损失。

(3) SSOP 的基本内容

根据美国 FDA 的要求，SSOP 计划至少包括以下八个方面。

① 用于接触食品或食品接触面的水，或用于制冰的水的安全　在食品的加工过程中，水既是某些食品的组成成分，也是用于食品的清洗，设施、设备、工器具清洗和消毒所必需的。因此，水的作用是非常重要的，具有广泛的用途。生产用水（冰）的卫生质量是影响食品卫生的关键因素，对于任何食品的加工，首要的一点就是要保证水的安全。食品加工企业一个完整的 SSOP，首先要考虑与食品接触或与食品接触物表面接触用水（冰）的来源与处理应符合有关规定，应有充足的水源，并要考虑非生产用水及污水处理的交叉污染问题。

食品企业加工用水一般来自城市公共用水、自供水和海水。城市供水和自供水要符合《生活饮用水卫生标准》（GB 5749—2016）；海水要符合海水水质要求（GB 3097—1997）。

水的消毒方法有加氯处理、臭氧处理和紫外线消毒。目前，水的消毒主要是加氯处理。加氯处理至少 20min，余氯浓度为 $0.05\sim0.03mg/L$。

洗手消毒水龙头为非手动开关，加工案台等工具有将废水直接导入下水道装置，备有高压水枪，使用的软水管要求浅色且由不易发霉的材料制成；有蓄水池（塔）的工厂、水池要有完善的防尘、虫、鼠措施，并进行定期清洗消毒。

工厂保持详细供水网络图，以便日常对生产供水系统管理与维护。供水网络图是质量管理的基础资料。冷热水、饮用水和污水要用不同的颜色标识，水龙头要按照顺序进行编号。

直接与产品接触的冰必须采用符合饮用水标准的水制造，制冰设备和盛装冰块的器具，必须保持良好的清洁卫生状况，冰的存放、粉碎、运输、盛装贮存等都必须在卫生条件下进行，防止与地面接触造成污染。

② 与食品接触的表面（包括设备、手、工作服）的清洁　食品接触表面指的是与食品表面直接或间接接触的物体的表面，它包括在食品加工过程中所使用的所有设备、工器具和设施以及工作服、手、手套和包装材料等。

食品工器具、设备要用耐腐蚀、不生锈、表面光滑易清洗的无毒材料制造；不允许用木制品、纤维制品、含铁金属、镀锌金属、黄铜等；设计安装及维护方便，便于卫生处理；制作精细，无粗糙焊缝、凹陷、破裂等。

手套、围裙和工作服等应根据用途采用耐用材料合理设计和制造，不准使用线/布手套。

食品接触表面的清洁和消毒是控制微生物污染的基础。清洁就是去掉工器具和设备上残留的食品颗粒；消毒就是杀灭病原微生物。要注意在清洗消毒时，要先清洗后消毒。良好的清洗和消毒过程包括以下几个流程。

a. 清扫：用刷子、扫帚等清除设备、工器具表面的食品颗粒和污物；

b. 预冲洗：用洁净的水冲洗被清洗器具的表面，除去清扫后遗留的微小颗粒；

c. 用清洁剂：根据清洁对象的不同选择合适的清洁剂，主要清除设备表面的污物；

d. 再冲洗：用流动的水冲去食品接触表面上的清洁剂和污物；

e. 消毒：使用热水（>82℃）或消毒剂，杀死和清除接触表面上存在的病原微生物；

f. 最后清洗：消毒结束后，用符合卫生要求的水对消毒对象进行清洗，尽可能减少消毒剂的残留。

工作服和手套由专人进行集中清洗和消毒；不同清洁区域的工作服分别清洗消毒，清洁工作服与脏工作服分区域放置。存放工作服的房间设有臭氧、紫外线等设备，且干净、干燥和清洁。

对于大型设备，每班加工结束后，工器具每2～4h进行一次清洗消毒；加工设备、器具被污染之后要立即进行清洗消毒。手和手套的消毒在上班前和生产过程中每隔1～2h进行一次。

③ 防止交叉感染　交叉污染是通过生的食品、食品加工者或食品加工环境把生物的、化学的或物理的污染物转移到食品的过程。

交叉污染的来源包括：工厂选址、设计、车间工艺布局不合理；加工人员个人卫生不良；清洁消毒不当；卫生操作不当；生、熟产品未分开；原料和成品未隔离。

为了有效控制交叉污染，需要评估和监测各个加工环节和食品加工环境，从而确保产品在加工、贮藏和运输过程中不会污染熟的、即食的或需要进一步熟制的半成品。具体步骤包括：指定专人在加工前或交接班时进行检查，确保所有操作活动受到监控；生熟车间分开，如果员工加工完生的产品后从事熟产品加工，必须彻底清洗消毒后才能再工作；禁止员工在车间内随便走动，如果员工从一个区域到另一个区域，必须消毒靴子或进行其他控制措施；与生的产品接触后的设备在加工熟制品时要彻底清洗和消毒；卫生监督员定期检查员工的个人卫生，督促员工在规定的时间内进行清洗消毒。

④ 手的清洁与消毒，厕所设施的维护与卫生的保持　食品的加工很多是通过手工操作的，手不仅接触食品表面，而且还要处理垃圾、接触化学药品、吃饭、如厕等，在这些活动中，手会被病原微生物和有害物质污染。显而易见洗手对生产加工食品是很必要的。如果在处理食品前没有进行清洗和消毒，必然会导致食品的交叉污染。为了防止工厂内污物和致病菌的传播，厕所设施的维护也是非常重要的。

a. 洗手消毒设施：在车间入口处设有与车间内人员数量相当的洗手消毒设施，一般为每10个人设置1个洗手消毒的设备；洗手的水龙头应为非手动的（如感应式或脚采式水龙头），洗手处有皂液盒，在冬季有热水供应；干手用具必须是不能导致交叉污染的物品，如一次性的擦手纸、干手器等。必要时可以设置流动洗手消毒车。

b. 厕所设施：厕所的位置应设在卫生设施区域内并尽可能地远离加工车间，厕所的门、窗不能直接开向加工区，卫生间的地面、墙壁和门窗应该用浅色、易清洗消毒、耐腐蚀、不渗水的材料制造，手纸和纸篓保持清洁卫生，并配有洗手消毒设施，防蝇、蚊、鼠设施齐全，通风良好。厕所的数量与加工人员相适应，每15～20人设一个为宜。

手是接触食品最多的部位，是食品污染的重要途径。手部皮肤上存在的细菌无论从种类还是数量上都较身体其他部位要多，并以皮肤褶皱处及指尖为多。污染手指的细菌严重有碍食品卫生的主要是金黄色葡萄球菌和肠道致病菌。金黄色葡萄球菌在健康人的鼻腔内存在较多，当手接触鼻部或鼻涕时，手指被污染。另外，金黄色葡萄球菌在自然界广泛存在，手指在任何情况下都有被污染的可能。因此，员工在进入车间或如厕后必须严格按照程序进行洗手消毒。

良好的进车间洗手消毒程序为：工人更换工作服——换鞋——清水洗手——皂液洗手——清水冲洗——50mg/L的次氯酸钠溶液消毒30秒——清水冲洗——干手（干手器或一次性纸巾）——75％食用酒精消毒。

良好的如厕程序：工人更换工作服——换鞋——如厕——冲厕——皂液洗手——清水冲洗——干手——消毒——换工作服——换鞋——洗手消毒——入车间。

洗手消毒的时间：每次进入车间时；加工期间，每1～2h进行一次；手接触了污染物、废弃物后等。

员工进入车间、如厕后应设专人进行监督检查。车间内的操作人员应定时进行洗手消毒。生产区域、卫生间和洗手间的设备每日至少检查一次。消毒液的浓度每小时检测一次，上班高峰时每半小时检测一次。

对于厕所设施的检查，每天至少检查一次，保障厕所设施一直处于完好状态，并经常打扫保持清洁卫生，以免造成污染。

⑤ 防止食品被外部污物污染　在食品的加工过程中，食品、包装材料和食品接触面会被各种生物的、化学的、物理的物质污染，如消毒剂、清洁剂、润滑油、冷凝物等，这些物质称为外部污染物。

外部污染物的来源包括：被污染的冷凝水；不清洁水的飞溅；空气中的灰尘、颗粒；外来物质；地面污物；无保护装置的照明设备；润滑剂、清洁剂、杀虫剂等；化学药品的残留；不卫生的包装材料。

外部污染物的控制：对于冷凝物，车间要通风良好，进风量要大于排风量；减少温度波动，车间顶棚设置成圆弧形，及时清扫，将热源如蒸柜、漂烫、杀菌工艺单独设房间，集中排气等。对于包装材料，包装物料存放库要保持干燥清洁、通风、防霉，内外包装分别存放，上有盖布下有垫板，并设有防虫鼠设施。每批内包装进厂后要进行微生物检验，必要时进行消毒。车间对外要相对封闭，正压排气，加工过程要考虑人流、物流、水流和气流，设备布局和工艺布局要合理等。手、设备和工器具在清洗消毒时严格按照程序操作，安排专人进行监督和检查，防止清洁剂和消毒剂的残留。

任何可能污染食品或食品接触面的掺杂物，如潜在的有毒化合物、不卫生的水和不卫生的表面所形成的冷凝物，建议在生产开始时及工作时每4h检查一次。专人监管设备、工器具的清洗和消毒，专人负责设备的维护和保养，严格控制化学药品的使用。

⑥ 有毒化学物质的标记、贮存和使用　食品加工需要特定的有毒物质，这些有毒有害化合物主要包括洗涤剂、消毒剂（如次氯酸钠）、杀虫剂（如1605）、润滑剂、试验室用药品（如氰化钾）、食品添加剂（如硝酸钠）等。没有它们工厂设施无法运转，但使用时必须小心谨慎，按照产品说明书使用，做到正确标记、贮存和使用，否则会导致企业加工的食品被污染的风险。

所有这些物品需要适宜的标记并远离加工区域，应有主管部门批准生产、销售、使用的证明；主要成分、毒性、使用剂量和注意事项；用带锁的柜子储存；要有清楚的标识、有效期；严格的使用登记记录；要有经过培训的人员进行管理。

⑦ 雇员的健康与卫生控制　食品加工者（包括检验人员）是直接接触食品的人，其身体健康及卫生状况直接影响食品的卫生质量。根据食品卫生管理法规定，凡从事食品生产的人员必须经过体检合格，获有健康证者方能上岗。管理好患病或有外伤或其他身体不适的员工，他们可能成为食品的微生物污染源。对员工的健康要求一般包括：不得患有碍食品卫生的传染病（如肝炎、结核等）；不能有外伤；不得化妆、佩戴首饰和携带个人物品；必须具备工作服、帽、口罩、鞋等，并及时洗手消毒。生产人员要养成良好的个人卫生习惯，按照卫生规定从事食品加工，进入加工车间要更换清洁的工作服、帽、口罩、鞋等。

应持有效的健康证，制订体检计划并设有体检档案，包括所有和加工有关的人员及管理人员，应具备良好的个人卫生习惯和卫生操作习惯。涉及有疾病、伤口或其他可能成为污染源的人员要及时隔离。

⑧ 虫害的控制　虫害主要包括啮齿类动物、鸟和昆虫等。通过虫害传播的食源性疾病的数量巨大，因此虫害的防治对食品加工厂是至关重要的。虫害的灭除和控制包括加工厂（主要是生产区）全范围，甚至包括加工厂周围，重点是厕所、下脚料出口、垃圾箱周围、食堂、贮藏室等。食品和食品加工区域内保持卫生对控制害虫至关重要。

去除任何产生昆虫、害虫的滋生地，如废物、垃圾堆积场、不用的设备、产品废物和未除尽的植物等是减少吸引害虫的因素。安全有效的虫害控制必须由厂外开始。厂房的窗、门和其他开口，如天窗、排污口和水泵管道周围的裂缝等加强管理。采取的主要措施包括：清除滋生地和预防进入的风幕、纱窗、门帘，适宜的挡鼠板、翻水弯等；还包括产区用的杀虫剂、车间入口用的灭蝇灯、粘鼠胶、捕鼠笼等。但禁止用灭鼠药。

家养的动物，如用于防鼠的猫和用于护卫的狗或宠物不允许饲养在食品生产和贮存区域。由这些动物引起的食品污染同虫害引起的风险一样。

7.2.2.3　HACCP

HACCP是hazard analysis and critical control points的缩写，即危害分析和关键控制点，是目前控制食品安全危害最有效、最常用的一种管理体系。食品法典委员会（CAC）在《食品卫生通则》中对HACCP的定义是：鉴别、评价和控制涉及食品安全显著危害的一种体系。

HACCP是对可能存在于食品加工环节中的危害进行评估，进而采取控制的一种预防性的食品安全控制体系。有别于传统的质量控制方法，HACCP通过对原料、生产工序中影响产品安全的各种因素进行分析，确定加工过程中的关键环节，建立并完善监控程序和监控标准，采取有效的纠正措施，将危害预防、消除或降低到消费者可接受水平，以确保食品加工者能为消费者提供安全的食品。

（1）HACCP 原理

① 原理 1：进行危害分析与提出预防控制措施

食品中的危害主要包括生物性危害、化学性危害和物理性危害。其中以生物性危害（通常指食品被有害的细菌、病毒、寄生虫和真菌污染）引起食源性疾病的现象较为普遍，近些年化学性污染（如甲醇、甲醛、亚硝酸盐、重金属、有机磷农药、瘦肉精、化学防腐剂等）急剧增加，食物中毒事件时有发生。当人们拎着菜篮子走进家门的时候，菜篮子里的各种农副产品已经通过了生产（种植、养殖）、加工、物流（贮存、运输）、销售等多道环节。可以说，从农田到餐桌整个过程中的任何环节都有可能受到有害物质的污染。

从发生的食品案例来看，生物性危害是食品危害中发生频率最高、危害最大的一类因素，引起国内外广泛关注。食品生物性危害主要包括微生物（细菌、霉菌和病毒）、寄生虫和昆虫。食品中的微生物不仅降低食品卫生质量，引起食品腐败变质，而且对人体健康产生危害；病毒在食物内不生长繁殖，一旦食入含有病毒的食物，就可能导致食物中毒；寄生虫主要通过病人、病畜的粪便污染环境后间接污染食品，也有的可能直接污染食品。昆虫污染主要通过原料贮藏、加工过程以及成品贮藏等过程污染，主要的虫害包括老鼠、苍蝇、蟑螂、跳蚤等。

食品中化学危害分为三类：天然存在的化学物质，有意添加的化学物质以及无意或偶尔进入食品的化学物质。天然存在的化学物质如天然毒素、植物蛋白酶抑制剂、植物凝集素、棉酚等；有意添加的化学物质主要是食品添加剂；无意或偶尔进入的化学物质主要是农药、兽药残留，润滑剂、消毒剂、清洁剂残留，化学试剂污染等。

物理危害包括玻璃、沙子、木屑、毛发、金属等外部肉眼可见的污染物。这些物质可通过筛选、挑拣、磁选等方式从食物原料中除去。

危害分析（hazard analysis，简称 HA）是对于某一产品或某一加工过程，分析实际上存在哪些危害，是否是显著危害，同时制定出相应的预防措施，最后确定是否为关键控制点。在这里又引入了一个新的概念"显著危害"，所谓显著危害是指那些可能发生或一旦发生就会造成消费者不可接受的健康风险的危害。HACCP 应当把重点放在那些显著危害上，试图面面俱到只会导致看不到真正的危害。

危害分析有两个最基本的要素，第一，鉴别可能损害消费者健康的有害物质或引起产品腐败的致病菌或任何病源；第二，详细了解这些危害是如何产生的。因此，危害分析不仅需要全面的食品微生物学知识及流行病学专业与技术的资料，还需要微生物、毒理学、食品工程、环境化学等多方面的专业知识。危害分析是一个反复的过程，需要HACCP 小组（必要时请外部专家）广泛参与，以确保食品中所有潜在的危害都被识别并实施控制。

危害分析必须考虑所有的显著危害，从原料的接受到成品的包装贮运整个加工过程的每一步都要考虑到。为了保证分析时的清晰明了，危害分析时需要填写危害分析表（表 7-6）。危害分析表分为 6 栏，第 1 栏为加工步骤；第 2 栏为各加工步骤可能存在的潜在危害；第 3栏是对潜在危害是否显著的判断；第 4 栏对第 3 栏的进一步验证；对于显著危害必须制定相应的预防控制措施，将危害消除或降低到可接受水平。预防控制措施填写在危害分析表的第5 栏；第 6 栏判断是否是关键控制点。

表 7-6　危害分析表

(1) 配料/加工步骤	(2) 本步存在的潜在危害(引入、控制或增加)	(3) 潜在的食品安全危害是否显著?(是/否)	(4) 对 3 列作出判断的依据	(5) 用什么预防措施来预防显著危害?	(6) 这步是关键控制点吗?(是/否)

② 原理 2：确定关键控制点

关键控制点是食品安全危害能被有效控制的某个点、步骤或工序。这里有效控制指防止发生、消除危害或降低到可接受水平。

a. 防止发生：例如使食品的 pH 值降低到 4.6 以下，可以抑制致病性细菌的生长，或添加防腐剂、冷藏或冷冻等能防止致病菌生长。改进食品的原料配方，防止化学危害如食品添加剂的危害发生。

b. 消除危害：如加热，杀死所有的致病性细菌；冷冻，−38℃可以杀死寄生虫；金属检测器消除金属碎片的危害。

c. 降低到可接受水平：有时候有些危害不能完全防止或消除，只能减少或降低到一定水平。如对于生吃的或半生的贝类，其化学、生物学的危害只能从捕捞水域以及捕捞者进行控制，贝类管理机构的保证来控制，但这绝不能保证防止或消除危害的发生。

实际操作中，应根据所控制的危害的风险与严重性仔细地选定 CCP，且这个控制点必须是真正关键的。任何作业过程中都有多个控制点（control points，CP），某些控制点所涉及的危害风险低和不太严重，可以通过企业 GMP 和 SSOP 来加以控制，无需在 HACCP 中定为 CCP。事实上，区分控制点（CP）与关键控制点（CCP）是 HACCP 概念的一个独特见解，它优先考虑的是风险并注重尽最大可能实行控制。

可能作为 CCP 的有：原料接收、特定的加热或冷却过程、特别的卫生措施、调节食品pH 值或盐分含量到特定值、包装与再包装等工序。

确定某个加工步骤是否为 CCP 不是容易的事。CCP "判断树"（图 7-8）可帮助我们进行 CCP 的确定。

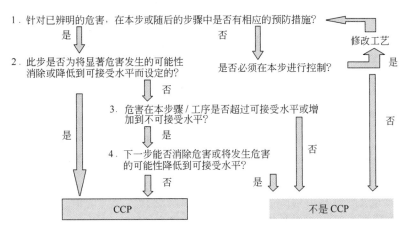

图 7-8　CCP "判断树" 法确定关键控制点

判断树通常由四个连续问题组成：

问题 1. 针对已辨明的显著危害，在本步骤或随后的步骤中是否有相应的预防措施？

如果回答"是"，则回答问题 2。如果回答"否"，则回答是否有必要在该步控制此危害。如果回答"否"，则不是 CCP。如果回答"是"，则说明现有步骤、工序不足以控制必须控制的显著危害，工厂必须重新调整加工方法或改进产品设计，使之包含对该显著危害的预防措施。

问题 2. 此步是否为将显著危害发生的可能性消除或降低到可接受水平而设定的？

如果回答"是"，还应考虑一下该步是否最佳？如果是，则是 CCP。如果回答"否"，则回答问题 3。

问题 3. 危害在本步骤/工序是否超过可接受水平或增加到不可接受水平？

如果回答"否"，则不是 CCP。如果回答"是"，继续回答问题 4。

问题 4. 下一步或后面的步骤能否消除危害或将发生危害的可能性降低到可接受水平？如回答"否"，这一步是 CCP。如回答"是"，这一步不是 CCP，而下道工序才是 CCP。

判断树的逻辑关系表明：如有显著危害，必须在整个加工过程中用适当 CCP 加以预防和控制；CCP 点须设置在最佳、最有效的控制点上，如 CCP 可设在后步骤/工序上，前面的步骤/工序不作为 CCP，但后步骤/工序如果没有 CCP，那么该前步骤/工序就必须确定为 CCP。显然，如果某个 CCP 上采用的预防措施有时对几种危害都有效，那么该 CCP 可用于控制多个危害，例如冷藏既可用于控制致病菌的生长，又能控制组胺的生成；但是，相反地，有时一个危害需要多个 CCP 来控制，例如烘制汉堡饼，既要控制汉堡饼坯厚度（CCP1），又要控制烘烤时间和温度（CCP2），这时就需要 2 个 CCP 来控制汉堡饼中的致病菌。

在危害分析表的第 6 栏内填入 CCP 判断结果，完成危害分析表。

③ 原理 3：建立关键限值 确定了关键控制点，我们知道了需要控制什么，但这还不够，还应明确将其控制到什么程度才能确保产品的安全，即针对每个关键控制点确立关键限值（critical limits，简称 CL）。关键限值指标为一个或多个必须有效的规定量，若这些关键限值中的任何一个失控，则 CCP 失控，并存在一个潜在（可能）的危害。

关键限值的选择必须具备科学性和可操作性。实际生产中常使用一些物理的（时间、温度、厚度、大小）、化学的（水活度、pH 值、食盐浓度、有效氯）指标，在某些情况下，还使用组织形态、气味、外观及其他感官性状指标。但是不宜使用一些费时费钱又需要大量样品而且结果不稳定的微生物学指标。此外，确立关键限值时通常应考虑包括被加工产品的内在因素和外部加工工序两方面的要求。例如，只对食品内部温度应达到某给定温度的表述是不充分的，必须确定使用有效的监控设备达到这一指标。所以，在鱼罐头或鱼糕这样的鱼糜制品的加热灭菌工序中，仅规定产品内部应达到的温度是不充分的，因为产品的内部温度在生产过程中不易监测，因此实际生产中我们可以通过确定灭菌设备须达到的温度以及这一温度维持的时间这两个关键限值指标来实现目标。

为了确定各关键控制点的关键限值，应从科学刊物、法律性标准、专家以及通过科学研究等方式全面地收集各种信息，从中确定操作过程中 CCP 的关键限值。在实际工作中，应制定出比关键限值更严格的标准即操作限值（operating limits，简称 OL），可以在出现偏离关键限值迹象，而又没有发生时，采取调整措施使关键控制点处于受控状态，而不需采取纠正措施。

④ 原理 4：关键控制点的监控 确立了关键控制点及其关键限值指标，随之而来的就是对其实施有效的监测，这是关键控制点控制成败的"关键"。

监控（monitoring，简称 M）：按照制定的计划进行观察或测量来判定一个 CCP 是否处于受控之下，并且准确真实地进行记录，用于以后的验证。因此，进行监控的目的是：记录追踪加工操作过程，使其在 CL 范围之内；确定 CCP 是否失控或是偏离 CL，进而采取纠正措施；通过监控记录证明产品是在符合 HACCP 计划要求下生产，同时，监控记录为将来的验证，特别是官方审核验证时提供必需的资料。

建立文件化的监控程序：监控对象、监控方法、监控频率以及监控人员构成了监控程序的内容。

监控对象就是监控什么，通过观测和测量产品或加工过程的特性，来评估一个 CCP 是否符合关键限值。

监测方法，即如何进行关键限值和预防措施的监控。监控必须提供快速的或即时的检测结果。微生物学检测既费时、费样品而且也不易掌握，因此很少用于 CCP 监控，物理和化学检测方法相对快速且可操作性更强，是比较理想的监控方法。常用的方法有：温度计（自动或人工）、钟表、pH 计、水活度计（A_w）、盐量计、传感器以及分析仪器。测量仪器的精度、相应的环境以及校验都必须符合相应的要求或被监控的要求。由测量仪器导致的误差，在制定关键限值时应加以充分考虑。

监控的频率：监控可以是连续的，也可以是非连续的。当然连续监控最好，如自动温度、时间记录仪、金属探测仪，因为这样一旦出现偏离或异常能立即做出反应，如果偏离操作限值就采取加工调整，如果偏离关键限值就采取纠正措施。但是，连续检测仪器的本身也应定期查看，并非设置了连续监控就万事大吉了，监控这些自动记录的周期愈短愈好，因为其影响返工产品的数量和经济上的损失。

制定 HACCP 记录时，明确监控责任是另一个需要考虑的重要因素。从事 CCP 监控的可以是生产线上的操作工、设备操作者、监督人员、质量控制保证人员或维修人员。作业的现场人员进行监控是比较合适的，因为这些人在连续观察产品的生产和设备的运转时，能容易发现异常情况的出现。但是，不论由谁进行监控，必须有责任心，且方便、有能力完成监控任务。

监控人员的作用是及时报告异常事件和关键限值偏离情况，以便采取加工过程调整或纠正措施，所有 CCP 的监控记录必须有监控人员签字。

⑤ 原理 5：纠偏行动　当监控结果显示一个关键控制点失控时，HACCP 系统必须立即采取纠偏行动，而且必须在偏离导致安全危害出现之前采取措施。

纠偏行动（corrective action，简称 CA）：也称纠正措施，当监控表明偏离关键限值或不符合关键限值时而采取的程序或行动。

如有可能纠偏行动一般应在 HACCP 计划中提前决定。纠偏行动一般包括两步，第一步纠正或消除发生偏离关键限值的原因，重新进行加工控制；第二步确定在偏离期间生产的产品并决定如何处理。必要时采取纠正措施后还应验证是否有效，如果连续出现偏离时，要重新验证 HACCP 计划。

纠偏行动的步骤如下。

第一步：纠正和消除产生偏离的原因，将 CCP 返回到受控状态之下。

一旦发生偏离关键限值，应立即报告，并立即采取纠正措施，所需时间愈短则能使加工偏离关键限值的时间就愈短，这样就能尽快恢复正常生产，重新使 CCP 处于受控之下，而且受到影响的不合格产品就愈少，经济损失就愈小。

纠正措施应尽量包括在 HACCP 计划中，而且使工厂的员工能正确地进行操作。如果偏离关键限值不在事先考虑的范围之内（也就是没有已制定好的纠正措施），一旦关键限值有可能再次发生类似偏离时，要进行调整加工过程，或者要重新评审 HACCP 计划。

第二步：隔离，评估和处理在偏离期间生产的产品。

对于加工出现偏差时所生产的产品必须进行确认和隔离，并确定对这些产品的处理方法。可以通过四个步骤对产品进行处置和用于制订相应的纠正措施计划：一是确定产品是否存在食品安全危害，根据专家或授权人员的评估或通过生物、物理或化学的测试；二是根据以上评估，如果产品不存在危害，可以解除隔离和扣留，放行出厂；三是根据以上评估，如果产品存在危害，则确定产品可否返工或改作他用；四是如不能按第三条处理，产品必须予以销毁。这是最后的选择，经济损失较大。

⑥ 原理6：建立验证程序 "验证才足以置信"，验证的目的是核查已建立的HACCP系统是否正常运行。验证程序的正确制定和执行是HACCP计划成功实施的保证。

验证（verification，简称V）：除了监控方法以外，用来确定HACCP体系是否按照HACCP计划运作，或者计划是否需要修改以及再被确认生效而使用的方法、程序、检测及审核手段。

在这里应该注意的是，验证方法、程序和活动不应与关键限值的监控活动相混淆。验证是通过检查和提供客观依据，确定HACCP体系的运行有效性的活动。

验证程序的要素包括：HACCP计划的确认，CCP的验证，对HACCP系统的验证，执法机构强制性验证。

⑦ 原理7：建立记录保持程序（R）

a. 记录的要求：企业在实行HACCP体系的全过程中需有大量的技术文件和日常的工作监测记录。监测等方面的记录表格应是全面和严谨的，美国食品和药物管理局（FDA）不主张加工企业使用统一和标准化的监控、纠偏、验证或者卫生记录格式，大企业可根据已有的记录模式自行记录，中小企业也可直接引用。但是无论如何，在进行记录时都应考虑到"5W"原则，即何时（when）、何地（where）、何物（what）、为何发生（why）、谁负责（who）。

建立科学完整的记录体系是HACCP成功的关键之一，记录不仅是重复的行为，记录也是提醒操作人员遵守规范、树立良好企业作风的必由之路。很难想象一个连记录都做不好的企业，其管理水平和职工素质会很高。我们应牢记"没有记录的事件等于没有发生"这句在审核质量体系时常用得近乎苛刻却又是基本原理的话。

b. 应该保存的记录：已批准的HACCP计划方案和有关记录应存档。HACCP各阶段上的程序都应形成可提供的文件，应当明确负责保存记录的各级责任人员，所有的文件和记录均应装订成册以便法定机构的检查。在HACCP体系中至少应保存以下四方面的记录：

一是HACCP计划以及支持性材料，HACCP计划（不必包括危害分析工作表，有最好）支持性材料（HACCP小组成员以及其责任，建立HACCP的基础工作，如有关科学研究、实验报告以及必要的先决程序如GMP、SSOP）；二是CCP监控记录；三是采取纠正措施的记录；四是验证记录，包括监控设备的检验记录、最终产品和中间产品的检验记录。

c. 记录审核：作为验证程序的一部分，在建立和实施HACCP时，加工企业应根据要求，经过培训合格的人员应对所有CCP监控记录、采取纠正措施记录、检验设备的校正记录、中间产品的检验记录和最终产品的检验记录，进行定期审核。

（2）HACCP在食品企业的建立与实施

一个完整的HACCP体系包括HACCP计划、GMP和SSOP三个方面。尽管HACCP原理的逻辑性强，极为简明易懂，但在实际应用中仍需踏实地解决若干问题，特别是大型食品加工企业。因此，宜采用符合逻辑的循序渐进的方式推广HACCP体系。图7-9为CAC推荐的HACCP体系的实施步骤。

図 7-9 CAC 推荐的 HACCP 体系实施步骤

我们以某烤鳗鱼加工厂为例阐述 HACCP 的建立和执行。

××烤鳗鱼加工厂是一个冷冻烤鳗加工企业，产品主要出口美国。为了达到美国水产品 HACCP 法规的要求，工厂在符合我国"出口水产品加工卫生规范"要求的基础上，完善和充实了 SSOP 的内容并制定了 HACCP 计划。整个过程和步骤如下。

① 成立 HACCP 小组　HACCP 小组负责制定企业 HACCP 计划，修改、验证 HACCP 计划，监督实施 HACCP 计划，编写 SSOP 和对全体人员的培训。因此，HACCP 小组应具备相应的产品专业知识和经验，最好是组成多学科小组来完成该项工作，以便于制定有效的 HACCP 计划。一般而言，食品企业的 HACCP 小组应包括企业具体管理 HACCP 计划实施的领导、生产技术人员、工程技术人员、质量管理人员以及其他必要人员。技术力量不足的部分小型企业可以外聘专家。HACCP 小组成立后，首先要回顾工厂原有的卫生操作规程和车间卫生设施，对照 SSOP 的 8 大方面看是否全面完善，然后加以整理和完善，使其成为本厂的 SSOP，以保证所有的操作和设施均符合强制性的良好操作规范（GMP）的要求。

② 产品描述　在建立了工厂的 SSOP 后，HACCP 工作的首要任务是对实施 HACCP 系统管理的产品进行全面描述，这包括相关的安全信息。描述的内容包括：产品名称（说明生产过程类型）；产品的原料和主要成分；产品的理化性质（包括水活度、pH 等）及杀菌处理（如热加工、冷冻、盐渍、熏制等）；包装方式；贮存条件；保质期限；销售方式；销售区域；必要时，有关食品安全的流行病学资料。

因此，在冷冻烤鳗鱼加工危害分析工作单（表 7-5）首页上部的"产品"后填上产品说明：以鳗鱼为原料，以烤鳗鱼专用酱油为辅料，采用液化气、炭火为热源烘烤，蒸汽蒸煮，速冻工艺制成的冷冻烤鳗鱼制成品。此外，还要说明产品的销售和储存方法，在危害分析工作单首页上部的"销售和储存方法"后填上：冷冻贮藏（−18℃以下），可保存 18 个月。

③ 识别和拟定用途　对于不同食用方法和不同消费者（如一般公众、婴儿、年长者、病患者），食品的安全保证程度不同。对即食食品在消费者食用后，某些病原体的存在可能

是显著危害，而对于使用前需加热的食品，这种病原体就不是显著危害。同样，对不同的消费者，对食品的安全要求也不一样，例如有的消费者对 SO_2 有过敏反应，如果食品中含有 SO_2，则要注明，以免有过敏反应的消费者误食。本例中，烤鳗鱼出口后，普通消费者均可以隔水蒸煮或微波炉加热后食用，因此，在危害分析工作单首页上部的"预期用途和消费者"后填上：可隔水蒸煮或微波炉加热后，一般公众食用。

④ 绘制和确认生产工艺流程图　加工流程图是对加工过程的一个既简单明了又非常全面的说明，包括所有的步骤，如原料、辅料验收和储存、运输等。

加工流程图是危害分析的关键，它必须完整、准确。因此，HACCP 工作小组应深入生产线，详细了解产品的生产加工过程，在此基础上绘制产品的生产工艺流程图，制作完成后需要到加工现场验证流程图。

本例中，HACCP 小组成员首先绘制了一张"烤鳗鱼加工流程草图"，然后到加工现场一一核实每一个加工工序，最终确定流程图（图 7-10）。

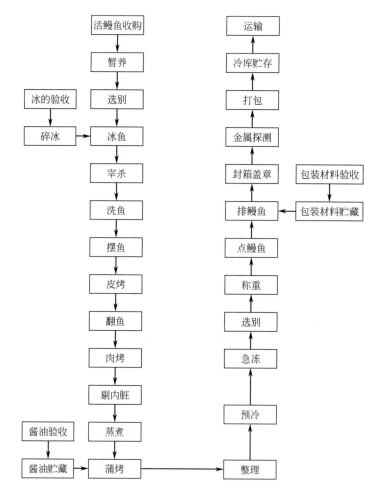

图 7-10　冷冻烤鳗鱼加工流程图

⑤ 进行危害分析与提出预防控制措施（原理 1）　有关危害分析要注意的具体事项前文已有描述，下面主要结合烤鳗鱼加工实例阐述危害分析的步骤和方法，完成危害分析工作单（表 7-7）。

表 7-7　冷冻烤鳗鱼加工危害分析工作单

企业名称：××烤鳗鱼加工厂

企业地址：××省××市××路××号

产品：以鳗鱼为原料，以烤鳗鱼专用酱油为辅料，采用液化气、炭火为热源烘烤，蒸汽蒸煮，速冻工艺制成的冷冻烤鳗鱼制成品。

销售和储存方法：-18℃以下冷冻贮藏发运，批发形式发售。

预期用途和消费者：可隔水蒸煮或微波炉加热后，一般公众食用。

（1）配料/加工步骤	（2）本步存在的潜在危害（引入、控制或增加）	（3）潜在的食品安全危害是否显著？（是/否）	（4）对第3列作出判断的依据	（5）用什么预防措施来预防显著危害？	（6）这步是关键控制点吗？（是/否）
（1）活鳗鱼验收	生物的危害 致病菌	是	养殖鳗鱼可能带有致病菌,如沙门氏菌	后续（13,15,17）步加热控制	否
	化学的危害 药残、重金属	是	鳗鱼养殖中用药不规范造成药物残留,抗生素和重金属超过限量对人体极其有害		是
	物理的危害 鱼钩	是	养殖过程可能有垂钓	后续金属探测（26）控制	否
（2）暂养	生物的危害 致病菌污染	否	暂养的时间较短;活体动物有抑制致病菌生长的自卫机制		
	化学的危害 化学污染	否			
	物理的危害 无				
（3）酱油验收	生物的危害 致病菌污染	是	不合格酱油有细菌及病原体	供应商卫生注册证明;每批原料有厂检证明;每批原料按原料标准验收;后续（13,15,17）步加热控制	否
	化学的危害 食品添加剂 重金属危害	是	食品添加剂超标,不合格的包装及重金属超标对人体有害	每月供应商提供一次重金属、黄曲霉素外检证书;提供每批酱油出厂证明;包装材料的卫生证明	否
	物理的危害 无				
（4）酱油贮藏	生物的危害 致病菌生长	否			
	化学的危害 无				
	物理的危害 无				
（5）包装材料验收	生物的危害 致病菌污染	是	包装材料在生产和运输过程有微生物污染	供应商卫生注册证明;每批原料有厂检证明;PE膜均需做微生物检查	否
	化学的危害 材料危害	是	包装材料不合格及重金属超标对人体有害	每年每个供应商提供一次材料卫生外检证书;包装材料的卫生证明	否
	物理的危害 外来物污染金属杂质	是	包装材料生产及运输过程中存在污染	通过SSOP控制;后续金属探测（26）控制	否

(1)	(2)	(3)	(4)	(5)	(6)
配料/加工步骤	本步存在的潜在危害(引入、控制或增加)	潜在的食品安全危害是否显著?(是/否)	对第3列作出判断的依据	用什么预防措施来预防显著危害?	这步是关键控制点吗?(是/否)
(6)包装材料贮藏	生物的危害 无	否			
	化学的危害 无	否			
	物理的危害 无	否			
(7)冰的验收碎冰	生物的危害 致病菌污染	是	不合格的制冰可能有致病菌残留	供应商卫生注册证明;每月制冰用水卫生证明;SSOP控制	否
	化学的危害 消毒剂残留	是	制冰过程可能有消毒剂残留	供应商卫生注册证明;每月制冰用水卫生证明;SSOP控制	否
	物理的危害 金属杂质	是	冰中可能存在铁等金属	后续金属控测(26)控制	否
(8)选别	生物的危害 微生物繁殖	否	SSOP控制		
	化学的危害 无				
	物理的危害 无				
(9)冰鱼	生物的危害 无		冰鳗鱼池水温度在4℃以下,绝大多数细菌被抑制		
	化学的危害 无				
	物理的危害 无				
(10)宰杀	生物的危害 微生物污染繁殖	否	通过SSOP控制,工序(13,15,17)加热可以控制。		
	化学的危害 无				
	物理的危害 有	是	宰杀过程可能导致刀片等金属残留	金属探测(26)控制	否
(11)洗鱼	生物的危害 致病菌污染	否	SSOP控制;工序(13,15,17)步加热可以控制		
	化学的危害 消毒剂残留	否	SSOP控制		
	物理的危害 无				
(12)摆鱼	生物的危害 致病菌污染	否	通过SSOP控制;工序(13,15,17)加热控制		
	化学的危害 无				
	物理的危害 无				

(1)	(2)	(3)	(4)	(5)	(6)
配料/加工步骤	本步存在的潜在危害(引入、控制或增加)	潜在的食品安全危害是否显著?(是/否)	对第3列作出判断的依据	用什么预防措施来预防显著危害?	这步是关键控制点吗?(是/否)
(13)皮烤	生物的危害 无				
	化学的危害 无				
	物理的危害 无				
(14)翻鱼	生物的危害 致病菌污染	否			
	化学的危害 无				
	物理的危害 无				
(15)肉烤	生物的危害 无				
	化学的危害 无				
	物理的危害 无				
(16)剔内脏及杂物	生物的危害 致病菌繁殖	是	有些内脏含有病原体	后续(17)加热控制	否
	化学的危害 无				
	物理的危害 无				
(17)蒸煮	生物的危害 微生物残留	是	时间和温度不适当导致致病菌存活	通过定时测量,确保适当蒸汽温度和生产速度	是
	化学的危害 无				
	物理的危害 无				
(18)蒲烤	生物的危害 致病菌污染	否	合格的酱油连续生产不会再污染;各段炉膛温度在200℃以上,不可能发生;通过SSOP控制		
	化学的危害 无				
	物理的危害 无				
(19)整理	生物的危害 微生物再污染	否	由于连续生产不可能发生;SSOP控制		
	化学的危害 无				
	物理的危害 无				

(1) 配料/加工步骤	(2) 本步存在的潜在危害(引入、控制或增加)	(3) 潜在的食品安全危害是否显著? (是/否)	(4) 对第3列作出判断的依据	(5) 用什么预防措施来预防显著危害?	(6) 这步是关键控制点吗? (是/否)
(20)预冷	生物的危害 微生物污染	否	SSOP 控制		
	化学的危害 无				
	物理的危害 无				
(21)IQF 急冻	生物的危害 微生物污染	否	温度在-20℃以下微生物不可能繁殖		
	化学的危害 无				
	物理的危害 无				
(22)成品选别	生物的危害 微生物污染	否	由于连续生产不可能发生;通过SSOP 控制		
	化学的危害 无				
	物理的危害 无				
(23)(24)(25)称重,点鳗鱼,排鳗鱼,封箱盖章	生物的危害 微生物污染	否	由于连续生产不可能发生;通过SSOP 控制		
	化学的危害 无				
	物理的危害 无				
(26)金属探测	生物的危害 无				
	化学的危害 无				
	物理的危害 金属	是	金属伤害人的口腔和食道	金属探测仪定时验证;金属探测仪每日检查其灵敏度;产品过机时,剔除有金属的产品	是 此步骤是对1、5、7、10步骤的监控
(27)摆垛	生物的危害 微生物生长	否	由于冷冻不可能发生		
	化学的危害 无				
	物理的危害 无				
(28)冷库贮存运输	生物的危害 微生物污染	否	由于冷藏不可能发生但冷库表温须校正记录		
	化学的危害 无				
	物理的危害 无				

按加工流程图的每一个加工步骤，填写危害分析工作单（表 7-5）的第 1 栏。从"活鳗鱼收购"到"运输"共 28 个工序或步骤。

在进行这一步时，小组成员首先选择的是查阅相关资料，并根据自己的经验，确定与活鳗鱼原料有关的潜在危害可能为化学危害、生物危害和物理危害，具体分析如下。

鳗鱼原料主要来自于人工养殖场饲养，如果鳗鱼养殖过程中化学药物使用不当，鳗鱼体内可能残留有药物或重金属，消费者长期食用被污染的鳗鱼就会损害自身的健康。鳗鱼的药物和重金属残留限量在出口国和我国均有规定。

鳗鱼原料主要来自于人工养殖场饲养，因此还需要考虑来自养殖场的致病菌的危害。小组成员根据自己的经验，认为鳗鱼原料中可能带有致病性弧菌、沙门菌或金黄色葡萄球菌等。

此外，养殖过程可能有垂钓，因此活鳗鱼验收时的金属危害也不容忽视。

因此，在填写分析工作单第 2 栏时，"活鳗鱼收购"的潜在危害为生物、化学和物理危害。

判定潜在危害是否显著：一是原料中的药物、重金属危害；某些养殖场在鳗鱼养殖过程中，使用超标准限量的药物、重金属的可能性是存在的。而且，一旦含有超标准限量药残和重金属的鳗鱼原料进入加工车间，所有工序无法将此危害加以消除或降低到可接受的水平。因此，HACCP 小组判定，鳗鱼原料的药残、重金属危害是显著危害。二是原料中的致病菌危害。小组成员确定鳗鱼原料可能带有致病菌，其存在能对消费者的安全带来危害，因此致病菌的危害是显著危害。三是原料中的金属危害。养殖过程可能有垂钓，活鳗鱼可能带有金属鱼钩对消费者健康造成威胁，因此原料的物理危害是显著危害。四是温度、时间控制不当造成的致病菌生长的危害。蒸煮的温度和时间对杀灭致病菌或将其降低到可接受水平是至关重要的。蒸煮温度和时间中的任何一项达不到要求均有可能造成致病菌的残留，因此蒸煮不足残存致病菌的危害是显著的。由于采用活鳗鱼作为原料，活体动物有抑制致病菌生长的自卫机制，因此在挑选和清洗中，时间、温度控制不当造成致病菌生长的危害不是显著的。而蒸煮以后的工序，加工时间很短且多为低温条件下操作，因此致病菌生长危害也是不显著的。五是烤鳗鱼的加工过程可能存在金属危害。小组成员经过分析，烤鳗鱼加工过程如碎冰、宰杀等步骤中也可能存在金属危害，且前面各步骤均没有相关的预防措施，因此金属杂质的危害应当为显著危害。六是烤鳗鱼加工主要的辅料为烤鳗鱼专用酱油，不合格酱油有病原体以及可能存在添加剂超标、不合格的包装及重金属超标等化学危害。此外，包装材料和冰也可能存在生物、化学和物理的危害，如果控制不当对消费者的危害可能是显著的。

填写危害分析工作单，列出所有的可能存在的危害。

⑥ 确定关键控制点（原理 2） 从上面的分析可以看出，原料验收工序中原料药残、重金属危害、致病菌和物理危害，蒸煮工序中致病菌残存危害，原料和加工过程的金属碎片等是显著危害。

小组成员应用 CCP 判断树对上述显著危害进行分析，确定关键控制点（CCP）。

a. 原料接收作为控制药残、重金属危害的关键控制点（CCP1）。理由是，假如该工序不控制此种显著危害，以后的工序均无法消除该危害或将其降低到可接受水平。

原料接收不作为控制原料所带致病菌危害的关键控制点。理由是，该工序后面还有蒸煮工序可将致病菌杀灭或降低到可接受水平。

原料接收不作为控制原料所带金属危害的关键控制点。理由是，该工序后面还有金属探测工序可去除金属。

b. 蒸煮工序作为致病菌残存危害的关键控制点（CCP2）。理由是，一旦蒸煮温度、时间控制不当而导致致病菌残存，蒸煮后的工序无法将此危害消除。

c. 金属探测作为控制鳗鱼原料带有的或加工过程中产生的金属碎片（CCP3）。理由是前面各步骤均没有相关的预防措施。

加工过程中使用了烤鳗鱼专用酱油作为主要辅料。但酱油由供应商提供质量保证书，证明其味素、色素及其他添加剂的用量不超过有关标准规定的限量，因此酱油验收不作为关键控制点。同理，包装材料和冰也由供应商提供相关质量保证书，可通过 SSOP 进行控制，因此包装材料和冰的验收也不是关键控制点。

⑦ 设定关键限值（原理 3） 完成 CCP 判定后，将 CCP 和对应的显著危害分别填写到 HACCP 计划表（表 7-8）的第（1）和第（2）栏。此后，要对每个 CCP 设定关键限值，并填写到 HACCP 计划表的第（3）栏。对每个 CCP 必须尽可能规定关键限值，并保证其有效性。以下是对本例的三个 CCP 设立的关键限值。

a. 鳗鱼原料的药物和重金属残留（CCP1）：药物残留和重金属的关键限值就是每批原料鳗鱼所附的用药记录，鳗鱼供方送省商检进行检验的检验结果报告。

b. 蒸煮不当造成致病菌残存（CCP2）：小组成员通过生产实践，确定蒸煮时杀灭致病菌的温度关键限值为不低于 95℃，生产速度不超过 3m/min。

c. 金属探测（CCP3）：金属探测器灵敏度应至少能检出直径为 1.5 mm 的铁。

⑧ 关键控制点的监控（原理 4） 监控是对关键控制点相关关键限值的测量或观察。监控方法必须能够检测 CCP 是否失控。此外，监控最好能够及时提供检测信息，以便做出调整，防止关键限值出现偏离。本例的监控程序如下。

a. 鳗鱼原料的药物残留和重金属：监测对象包括用药记录，药残检验结果报告，重金属检验结果报告；监测方法为审阅、检验；监测频率为收到的每批原料；监测者为原料验收员和检验员。

表 7-8 冷冻烤鳗鱼 HACCP 计划表

(1) 关键 控制点	(2) 危害描述	(3) 关键限值	监控				(8) 纠偏程序	(9) 验证程序	(10) HACCP 记录
			(4)什么	(5)怎样	(6)频率	(7)谁			
活鳗鱼 收购	药物残 留,重金属	用药记录; 鳗鱼供方 提供的检验 结果报告	用药记录; 供方提供的检验结果报告; 公司根据化验室的能力进行药残和重金属检验	审阅 检验	每一批 每一批	原料验收检验员 检验员	如偏离:拒收货物 重新进货时应有书面文件证明用药情况已达到关键限值要求	每周一次审核监测与纠正行动记录	原料验收记录 药残和重金属分析表
产品蒸煮	致病菌残存	生产速度不超过 3m/min; 蒸汽机机内温度不能低于 95℃	生产速率; 机载温度	观察 观察	每小时监控 每小时监控	生产班长; 品管员	如偏离:停止蒸煮,生产线降速及调整蒸汽温度到关键限值; 偏离期间生产的产品视微生物检测情况,如果不合格要重蒸,合格则放行	每日审核生产情况记录及纠正行动记录; 每季度校正机载温度表一次; 每天对成品微生物进行检测	蒸煮记录

(1)	(2)	(3)	监控				(8)	(9)	(10)
关键控制点	危害描述	关键限值	(4)什么	(5)怎样	(6)频率	(7)谁	纠偏程序	验证程序	HACCP记录
金属探测	金属碎片	金属探测器灵敏度应至少能检出直径1.5mm的铁	金属探测器的灵敏度	定时使用直径1.5mm铁片测试金属探测器的灵敏度	每天开机前检查；生产期间每半小时一次；每天生产结束后检查金属探测器；失灵时检查调试	生产班长；品管员	如偏离:停止探测,对金属探测器进行校准；对于因金属探测器工作不正常造成的产品应全部扣留,本机恢复正常后对该批产品予以重新检测	每天在生产前至少检查一次测铁情况。每周至少一次复查监控纠偏措施记录	金属探测记录

注：本章所列举数据仅为教学示例。

b. 蒸煮不当造成致病菌残活：监测对象为蒸煮温度和生产速度；监测方法为观察机载温度表，监控生产速率；监测频率为机载温度和生产速率每小时监控；监测者为蒸煮操作工。

c. 金属探测：监测对象为金属探测器灵敏度；监测方法为定时使用直径 1.5mm 的铁片测试金属探测器的灵敏度；监测频率为每天开机前检查，生产期间每半小时一次，每天生产结束后检查金属探测器；监测者为生产班长。

⑨ 纠偏行动（原理 5）　必须对 HACCP 体系中每个 CCP 制定特定的纠正措施，以便出现偏差时进行处理。纠正措施首先必须纠偏，保证 CCP 重新处于控制状态，同时还要对受影响的产品进行合理处置。偏差和产品的处置方法必须进行记录。本例的纠偏行动如下。

原料鳗鱼药物和重金属残留的关键限值发生偏离时（即发现原料鳗鱼药残或重金属超标时），其纠偏行动为原料验收检验员拒收这批原料。重新进货时应有书面文件证明养殖户用药情况已达到关键限值要求。

蒸煮工序的关键限值发生偏离时，其纠正活动程序包括两个方面：第一，停止蒸煮，加大蒸气，提高蒸煮温度至不低于关键限值；生产线降速到关键限值；第二，偏离期间生产的产品视微生物检测情况，如果不合格要重新蒸煮，合格则放行。

金属探测的关键限值发生偏离时，其纠正活动程序包括两个方面：一是金属探测器的校准；二是对于因金属探测器工作不正常造成的产品应全部扣留，本机恢复正常后对该批产品予以重新检测。

⑩ 建立验证程序（原理 6）　建立验证审核程序的目的是为了充分确保 HACCP 计划始终被执行。所有的验证活动都必须记录下来，审核人员需在审核后签署姓名及审核时间。

鳗鱼原料验收 CCP 的验证程序为：每周一次审核监控与纠正行动记录。

蒸煮 CCP 的验证审核程序为：每日审核生产情况记录及纠正行动记录；每季度校正机载温度表一次；每天对烤鳗鱼成品进行微生物检测。

金属探测 CCP 的验证审核程序为：每天生产前至少检查一次测铁情况；每周至少一次复查监控纠偏措施记录。

⑪ 建立记录保存体系（原理 7）　应用 HACCP 体系必须有效、准确地记录。HACCP工作小组在考虑记录表的格式时，既要考虑监控数据的客观性和完整性，又要考虑记录表格

的现场可操作性。

至此，HACCP 计划表已填写完成（表 7-6）。HACCP 工作小组完成 HACCP 计划的制订后，要对全厂的管理人员和操作人员进行 HACCP 相关知识的培训；对卫生监控人员、CCP 监控人员进行监控方法、频率、纠正活动和记录等方面的培训。

7.2.2.4 ISO 22000

随着经济全球化的发展和社会文明程度的提高，人们越来越关注食品的安全问题；消费者要求生产、操作和供应食品的组织，证明自己有能力控制食品安全危害和那些影响食品安全的因素。顾客的期望、社会的责任，使食品生产、操作和供应的组织逐渐认识到，应当有标准来指导操作、保障、评价食品安全管理，这种对标准的呼唤，促使 ISO22000 食品安全管理体系要求标准的产生。

下面就 ISO 22000 标准进行介绍。

（1）引言

为了确保整个食品链直至最终消费的食品安全，本标准规定了食品安全管理体系的要求，该要求结合了四个公认的关键要素，即相互沟通、体系管理、前提方案和 HACCP 原理。

食品链（food chain）指的是从初级生产直至消费的各环节和操作的顺序，涉及食品及其辅料的生产、加工、分销、贮存和处理。

① 相互沟通　为了确保食品链每个环节所有相关的食品危害均得到识别和充分控制，整个食品链中各组织的沟通必不可少。因此，组织与其在食品链中的上游和下游组织间均需要沟通。尤其对于已确定的危害和采取的控制措施，就与顾客和供方进行沟通，这将有助于明确顾客和供方的要求（如在可行性、需求和对终产品的影响方面）。

为了确保整个食品链中的组织进行有效的相互沟通，向最终消费者提供安全的食品，图 7-11 给出了食品链中相关方之间沟通渠道的示例。

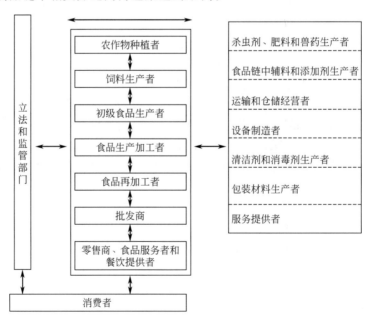

图 7-11　食品链沟通模式图

对所有从事食品生产、加工、储运或供应食品的食品链中所有组织而言，食品安全应放在首要位置。

② 体系管理　在已构建的管理体系框架内，建立、运行和更新最有效的食品安全体系，并将其纳入组织的整体管理活动，将为组织和相关方带来最大利益。本标准与 ISO9001：2015 相协调，以加强两者的兼容性。

本标准可以独立于其他管理体系标准单独使用，其实施可结合或整合组织已有的相关管理体系要求，同时组织也可利用现有的管理体系建立一个符合本标准要求的食品安全管理体系。

本标准整合了国际食品法典委员会（CAC）制定的 HACCP 的实施步骤；基于审核的需要，本标准将 HACCP 计划与前提方案结合。由于危害分析有助于建立有效的控制措施组合，所以它是有效的食品安全管理体系的关键。本标准要求对食品链内合理预期发生的所有危害，包括与各种过程和所用设施有关的危害，进行识别和评价，因此，对已确定的危害是否需要组织控制，本标准提供了确定并形成文件的方法。

③ 前提方案　前提方案（prerequisite program，简称 PRP）指的是在整个食品链和组织内必要的基本条件和活动，以维护食品安全。前提方案决定于组织在食品链中的位置及类型，等同术语例如：良好农业操作规范（GAP）、良好兽医操作规范（GVP）、良好操作规范（GMP）、良好卫生操作规范（GHP）、良好生产操作规范（GPP）、良好分销操作规范（GDP）、良好贸易操作规范（GTP）。

操作性前提方案（operational prerequisite program，简称 OPRP）指用于预防或降低显著食品安全危害到可接受水平的控制措施或控制措施组合，其行动准则和测量或观察能够有效控制过程和（或）产品。

在危害分析中，组织通过前提方案（PRP）、操作性前提方案（OPRP）和 HACCP 计划的组合，确定采用的策略，以确保危害得到控制。

④ HACCP 原理

原理一：进行危害分析，确定预防措施。

原理二：确定关键控制点。

原理三：设定关键限值。

原理四：建立监控程序。

原理五：建立纠偏措施。

原理六：建立验证程序。

原理七：建立记录保持程序。

（2）范围

本标准适用于食品链中各种类型、规模和提供各种产品，并证实组织有能力控制食品安全危害；为消费者提供安全的终产品；增强顾客满意。

本标准规定的内容，使组织能达到：策划、设计、实施、运行、保持和更新食品安全管理体系；与相关方有效沟通，提供安全的终产品；符合适用的法律、法规要求，食品安全方针的承诺和相关方的要求；寻求认证或注册。

组织获得食品安全管理体系认证，并不表明其产品也被认证为"安全"产品。

（3）规范性引用文件

下列文件中的条款通过本标准的引用而成为本标准的条款。凡是注日期的引用文件，其随后所有的修改单（不包括勘误的内容）或修订版均不适用于本标准。凡是不注日期的引用文件，其最新版本适用于本标准。

本标准引用了 GB/T 19000—2016 质量管理体系——基础和术语（idt ISO 9000:2015）。

(4) 术语和定义

本标准采用 GB/T 19000—2016 中的术语和定义，并补充了 18 个术语和定义。纠正、纠正措施、验证、确认四个术语引自《质量管理体系——基础和术语》GB/T 19000—2016 标准；控制措施、关键控制点、关键限值、食品安全、食品安全危害五个术语引自联合国粮农组织和世界卫生组织于 1997 年在罗马出版的《Codex Alimentarius Food Hygiene Basic Texts》。终产品、流程图、食品链、食品安全方针、监视、操作性前提方案、前提方案、更新、风险等九个术语是本标准的特有术语。

食品安全（food safety）指食品在按照预期用途进行制备和（或）食用时，不会对消费者造成伤害。食品安全与食品安全危害的发生有关，但不包括其他与人类健康相关的方面，如营养不良。

食品安全危害（food safety hazard）指食品中所含有的对健康有潜在不良影响的生物、化学或物理因素或食品存在状况。"危害"不应和"风险"混淆，对食品安全而言，"风险"是食品暴露于特定危害时对健康产生不良影响的概率（如生病）与影响的严重程度（死亡、住院、缺勤等）之间形成的函数。

食品安全方针（food safety policy）指由组织的最高管理者正式发布的该组织总的食品安全宗旨和方向。

终产品（end product）指组织不再进一步加工或转化的产品。需要注意的是，终产品是相对的，食品链中的每个组织都有自己的终产品；该组织的终产品可能是食品链中下游组织的生产原料或辅料；终产品有时是整个食品链的成品。

流程图（flow diagram）指以图解的方式系统地表达各环节之间的顺序及相互作用。流程图的目的是为危害分析做准备，可包括工艺流程图、人流和物流图、水流和气流图以及设备布置图等，它是以图解方式直观地展现各个步骤之间的关系。

控制措施（control measure）指能够用于防止或消除食品安全危害或将其降低到可接受水平的行动或活动。防止食品安全危害是指在食品生产过程中避免产生危害；消除食品安全危害是指在食品生产过程中通过采取措施去除已经存在的食品安全危害；降低食品安全危害到可接受的水平，是指在食品中的有害因素不能防止或完全消除时，通过采取措施减少有害因素的不良影响。

更新（updating）指为确保应用最新信息而进行的即时和（或）有计划的活动。本标准"更新"是指预备信息、前提方案和 HACCP 的更新；更新应考虑策划和（或）临时发生的情况，以便将获得的最新信息应用到食品安全管理体系的相关方面。

风险（risk）指不确定性的影响。影响是指偏离预期，可以是正面的或负面的。

(5) 组织的环境

① 理解组织及其环境　组织应确定与其目的相关的外部和内部问题，并具有影响实现其食品安全管理体系预期结果的能力。组织应识别、审查和更新与这些外部和内部问题相关的信息。

② 理解相关方的需求和期望　为确保组织能够始终如一地提供符合食品安全相关法律、法规和客户要求的产品和服务，组织应确定与食品安全管理体系相关的利益相关方，并确定食品安全管理体系相关方的相关要求。组织应识别、审查和更新与利益相关方及其要求相关的信息。

③ 确定食品安全管理体系的范围　组织应确定食品安全管理体系的边界和适用性，以确定其范围。范围应规定食品安全管理体系中包含的产品和服务、流程和生产现场。范围应包括可能对其最终产品的食品安全产生影响的活动、过程、产品或服务。

④ 食品安全管理体系　组织应根据本文件的要求建立、实施、维护、更新和持续改进食品安全管理体系，包括所需的过程及其相互作用。

（6）领导的作用

① 领导作用与承诺　最高管理者应通过以下方式证明对食品安全管理体系的领导和承诺。

a. 确保建立食品安全方针和食品安全管理体系的目标，并确保其与组织的战略方向保持一致；b. 确保将食品安全管理体系要求融入组织的业务流程；c. 确保可获得食品安全管理体系所需的资源；d. 沟通有效食品安全管理的重要性，并遵守食品安全管理体系要求、适用的法律法规要求以及与食品安全相关的共同商定的客户要求；e. 对食品安全管理体系进行评估和维护以实现其预期结果；f. 指导和支持人员为食品安全管理体系的有效性做出贡献；g. 促进持续改进；h. 支持其他相关管理人员在其职责范围内证实其领导作用。

② 方针　最高管理者应制定、实施和保持质量方针，质量方针应：适合于组织的宗旨和所处的环境；为食品安全管理体系目标提供设定和审查的框架；承诺满足适用的食品安全要求，包括法定和监管要求以及与食品安全相关的共同商定的客户要求；处置内部和外部交流；包括对持续改进食品安全管理体系的承诺；解决确保与食品安全相关的能力的需要。

③ 组织的岗位、职责和权限　最高管理者应确保在组织内分配、传达和理解相关角色的职责和权限。最高管理者应分配以下责任和权限：确保食品安全管理体系符合本标准的要求；向最高管理层报告食品安全管理体系的绩效；任命食品安全小组和食品安全小组组长；指定具有明确责任和权限的人员发起和记录行动。

食品安全小组组长应负责：确保建立、实施、维护和更新食品安全管理体系；管理和组织食品安全小组的工作；确保食品安全小组的相关培训和能力；向最高管理层报告食品安全管理体系的有效性和适用性。

所有人员均有责任向被确认的人员报告有关食品安全管理体系的问题。

（7）策划

① 应对风险和机遇的措施　在策划食品安全管理体系时，组织应考虑组织及其环境中的问题和相关方的需求和期望，确定食品安全管理体系范围中提到的要求，并确定需要解决的风险和机遇；保证食品安全管理体系能够实现预期的结果；增强有利影响；预防或减少不利影响；实现持续改进。

组织应计划：应对这些风险和机遇的措施；如何在食品安全管理体系过程中整合并实施这些措施；如何评价这些措施的有效性。

组织为应对风险和机遇而采取的行动时应考虑：对食品安全要求的影响；食品和服务与客户的一致性；食物链中相关方的要求。

② 食品安全管理体系的目标及其实现的策划　组织应在相关职能和层次上建立食品安全管理体系的目标。食品安全管理体系目标应：符合食品安全方针；可衡量（如果可行）；考虑适用的食品安全要求，包括法定、监管和客户要求；进行监督和核实；沟通；适时维护和更新。组织应保留有关食品安全管理体系目标的书面信息。

在规划如何实现食品安全管理体系的目标时，组织应确定：要做什么，需要什么资源，由谁负责，何时完成，如何评价结果。

③ 变更的策划　当组织确定需要对食品安全管理体系进行更改（包括人员更改）时，应有计划地更改并沟通。组织应考虑：变更的目的及其潜在后果，食品安全管理体系的持续完整性，资源的可获得性，职责和权限的分配或再分配。

(8) 支持

① 资源 组织应确定并提供食品安全管理体系的建立、实施、维护、更新和持续改进所需的资源。

组织应考虑：现有内部资源的能力和任何限制；需要从外部供方获得的资源。

组织应确保操作和维护有效食品安全管理体系所需的人员。

当需要外部专家帮助建立、实施、运行或评价食品安全管理体系时，应在签订的协议或合同中对这些专家的职责和权限予以规定，并保留相关记录。

组织应提供资源，用于确定、建立和保持符合食品安全管理体系要求所需的基础设施。基础设施可包括：土地、船只、建筑物和相关设施；设备包括硬件和软件；运输资源；信息和通信技术。

组织应确定、提供和维护用于建立、管理、实现符合食品安全管理体系要求所必需的工作环境。注意合适的环境可以是人为因素和物理因素的组合，例如：社交因素、心理因素、物理因素。这些因素可能因所提供的产品和服务而有很大差异。

当组织通过使用食品安全管理体系的外部开发元素（包括 PRP，危害分析和危害控制计划）建立、维护、更新和持续改进其食品安全管理体系时，组织应确保所提供的措施为：按照本标准的要求开发；适用于组织的场地、过程和产品；由食品安全小组确认适合组织的工艺和产品；按照本标准的要求实施、维护和更新；保留记录信息。

在外部提供的过程、产品或服务的控制方面组织应：确定并实施外部供方的评价、选择、绩效监视以及再评价的准则；确保与外部供应商充分沟通需求，确保外部提供的过程、产品或服务不会对组织持续满足食品安全管理体系要求的能力产生不利影响，保留这些活动以及评估和重新评估后的任何必要行动的记录信息。

② 能力 组织应：确定人员（包括外部提供者）在其控制下从事影响其食品安全绩效和食品安全管理体系有效性的工作的必要能力；确保这些人员，包括食品安全小组和负责实施危害控制计划的人员，在适当的教育、培训和（或）经验的基础上胜任；确保食品安全小组在开发和实施食品安全管理体系方面拥有多学科知识和经验（包括但不限于食品安全管理体系范围内的组织产品、工艺、设备和食品安全危害）；在适用的情况下，采取行动以获得必要的能力，并评估所采取行动的有效性；保留适当的文件信息作为能力的证据。适用的行动可包括对当前就业人员的培训、指导或重新分配；或雇用或聘用胜任的人员。

③ 意识 组织应确保在其控制下的人员知晓：食品安全方针；食品安全管理体系与其工作相关的目标；他们对食品安全管理体系有效性的个人贡献，包括改善食品安全绩效的益处；不符合食品安全管理体系要求的后果。

④ 沟通 组织应确定与食品安全管理体系相关的内部和外部沟通，包括：沟通什么，何时沟通，与谁沟通，如何沟通，谁来沟通。组织应确保所有对食品安全产生影响的活动的人员理解有效沟通的要求。

组织应确保在外部传达足够的信息，并为食品链的相关方提供。组织应建立、实施和保持与外部供应商和承包商、客户和（或）消费者、法定和监管机构以及对食品安全管理体系的有效性或更新产生影响或将受其影响的其他组织有效的沟通。

组织应建立、实施和保持有效的内部沟通，以传达对食品安全有影响的事项。为了保持食品安全管理体系的有效性，组织应确保食品安全小组及时了解以下变化：

a. 产品或新产品；b. 原材料、配料和服务；c. 生产系统和设备；d. 生产场所、设备位置和周围环境；e. 清洁和消毒程序；f. 包装、储存和分销系统；g. 人员能力和（或）职责和权限的分配；h. 适用的法律法规要求；i. 有关食品安全危害和控制措施的知识；j. 组织遵守的顾客、行业和其他要求；k. 外部相关方的有关问询；l. 投诉和警报，表明与最终产品有关的食品安全危害；m. 对食品安全有影响的其他条件。

⑤ 成文信息　组织的食品安全管理体系应包括：本标准要求的文件化信息；组织确定的有关食品安全管理体系有效性所必需的文件信息；法定机构、监管机构和客户要求的书面信息和食品安全要求。

在创建和更新成文信息时，组织应确保适当的：标识和说明（如标题、日期、作者、索引编号）；格式（如语言、软件版本、图示）和媒介（如纸质的、电子的）；评审和批准，以保持适宜性和充分性。

应控制质量管理体系和本标准所要求的成文信息，以确保：在需要的场合和时机，均可获得并适用；予以妥善保护（如防止泄密、不当适用或缺失）。

为控制成文信息，组织应进行下列活动：分发、访问、检索和使用；存储和防护，包括保持可读性；更改控制（如版本控制）；保留和处置。对于组织确定的策划和运行食品安全管理体系所必需的来自外部的成文信息，组织应进行适当的识别，予以控制。对于保留的、作为符合性证据的成文信息应予以保护，防止非预期的更改。

(9) 运行

① 运行的策划和控制　组织应计划、实施、控制、维护和更新满足安全产品实现要求所需的过程，并通过以下方式实施应对风险和机遇的措施中确定的行动：建立过程标准；按照标准实施过程控制；在必要的范围内保存文件化信息，以便有信心证明这些过程已按计划进行。组织应控制计划的变更并审查意外变更的后果，并在必要时采取措施减轻任何不利影响。

② 前提方案（PRPs）　组织应建立、实施、维护和更新 PRP，以促进产品、产品加工和工作环境中污染物（包括食品安全危害）的预防和（或）减少。

PRP 应为：适合组织及其在食品安全方面的需求；适合于操作的大小和类型以及正在制造和（或）处理的产品的性质；在整个生产系统中实施，既可作为一般适用的程序，也可作为适用于特定产品或过程的程序；获得食品安全小组批准。

③ 可追溯性系统　组织应建立且实施可追溯性系统，以确保能够识别产品批次及其与原料批次、生产和交付记录的关系。在建立和实施溯源体系时，应考虑：a. 直接供方的进料、原料、中间产品与最终产品之间的关系；b. 原料/产品的返工；c. 最终产品的分销途径。组织应确保符合适用的法律、法规和客户要求。在规定的期限保留可追溯的成文信息，以便对追溯系统的有效性进行验证和测试。规定的期限不应少于产品的保质期。

④ 应急准备和响应　最高管理者应确保制定程序，以应对可能对食品安全产生影响的潜在紧急情况或事件，这些事件与组织在食物链中的作用相关。应建立和维护文件化信息，以管理这些情况和事件。

⑤ 危害控制

A. 实施危害分析的预备步骤　为进行危害分析，食品安全小组应收集、保持和更新实施危害分析所需的成文信息。这些信息包括但不限于：a. 适用的法律、法规及客户要求；b. 组织的产品、工艺和设备；c. 与食品安全管理体系相关的食品安全风险。

B. 原辅料及产品接触材料的特点　组织应对所有进行危害分析范围内的原材料、辅料和产品接触材料的特性予以描述，保持成文信息，并确定其适用的食品安全法律法规和监管要求。描述的内容包括：a. 生物、化学和物理特性；b. 配方成分的组成，包括添加剂和加工助剂；c. 来源（如动物、矿物或蔬菜）；d. 原产地；e. 生产方法；f. 包装和交付方式；g. 贮藏条件和保质期；h. 使用或加工前的准备；i. 与采购原辅料预期用途相适应的食品安全采购标准或规范。

C. 终产品的特点　组织应对所有生产的终产品的特性予以描述，并确定其适用的食品安全法律法规和监管要求，以进行危害分析，并保持成文信息。描述的内容应包括：a. 产品名称或类似标识；b. 组成成分；c. 与食品安全有关的生物、化学及物理特性；d. 预期的保质期和贮存条件；e. 包装；f. 有关食品安全的标识或处理、制备及预期用途的说明书；g）分销和交付的方法。

D. 预期用途　组织应考虑最终产品合理的预期用途，以及非预期的但可能发生的错误处置和误用，并保持成文信息，其详略程度应足以实施危害分析。组织应识别每种产品的适用群体，使用时应识别其消费群体，并考虑对特定食品安全危害易感的消费群体。

E. 流程图和过程描述　食品安全小组应绘制食品安全管理体系所覆盖产品或产品类别的流程图，流程图是评价可能出现、增加或引入食品安全危害的基础。流程图可用图形的形式表示工艺过程，并保持和更新成文信息。流程图应清晰、准确、足够详细，以便进行危害分析。适宜的流程图应包括：a. 操作中所有步骤的顺序和相互关系；b. 源于外部的过程和分工过程；c. 原辅料、加工助剂、包装材料、基础设施和中间产品投入点；d. 返工点和循环点；e. 终产品、中间产品和副产品放行点及废弃物的排放点。食品安全小组应在现场确认流程图的准确性，适时更新流程图，并保留成文信息。

食品安全小组应在进行危害分析的范围内描述过程步骤和过程环境，包括：a. 处所的布局，包括食品及非食品处理区；b. 加工设备和接触材料，加工助剂和材料的流动；c. 现有的 PRPs、过程参数、控制措施/或其实施的严格程度，或影响食品安全的程序；d. 影响控制措施选择和严格程度的外部要求。组织应考虑预期的季节性变化或换班模式所造成的变化。上述描述应作为成文信息加以保持更新。

F. 危害分析　食品安全小组应实施危害分析，以确定需要控制的危害。为确保食品安全所要求的控制程度，及时确定所要求的控制措施组合。

G. 控制措施和控制措施组合的确认　食品安全小组应确保所选择的控制措施能使其针对的重大食品安全危害实施预期控制。纳入危害控制计划的控制措施在实施前以及变更后应进行确认。当确认结果表明控制措施不能满足预期控制要求时，食品安全小组应修改和重新评估控制措施或控制措施组合。控制措施组合的确认方法和证据，应作为成文信息予以保持。

H. 危害控制计划　组织应当建立、实施和保持危害控制计划，危害控制计划应保持成文信息。针对每个关键控制点或操作性前提方案，控制措施的信息应包括：a. 食品安全危害由 CCP 或 OPRP 控制；b. CCP 的关键限值或 OPRP 的操作标准；c. 监视程序；d. 当超出关键限值或操作标准时，应采取纠正措施；e. 职责和权限；f. 监视的记录。

⑥ 更新指定 PRP 和危害控制计划的信息　在制定危害控制计划后，组织应在必要时更新以下信息：原材料、配料和产品，接触材料的特性，最终产品的特性、预期用途、流程图、过程步骤和过程环境的描述。组织应确保危害控制计划/PRPs 是最新的。

⑦ 监控和测量控制　组织应提供证据证明使用的特定监测和测量方法和设备足以用于与 PRP 和危害控制计划有关的监测和测量活动。当发现设备或过程环境不符合要求时，组织应评估先前测量结果的有效性。组织应对设备或过程环境以及受不合格影响的任何产品采取适当的措施。

⑧ 与 PRP 和危害控制计划有关的验证　组织应建立、实施和维护验证活动。验证计划应规定验证活动的目的、方法、频率和责任，对验证结果进行分析，该分析应作为食品安全管理体系性能评估的输入。

⑨ 不合格控制　当CCPs超出关键限值或OPRPs不符合操作标准时，组织应确保根据产品的预期用途和放行要求，指定有能力的人员进行评估，并采取纠正措施。

（10）绩效评估

① 监测、测量、分析和评估　组织应确定：a. 需要监测和测量的内容；b. 适用的监测、测量、分析和评估方法，以确保有效的结果；c. 何时实施监视和测量；d. 何时对监测和测量结果进行分析和评价；e. 谁应分析和评估监测和测量的结果。组织应保留适当的成文信息作为结果的证据，并评估食品安全管理体系的绩效和有效性。

② 内部审核　组织应按计划的时间间隔进行内部审核，以提供有关食品安全管理体系是否符合组织对其食品安全管理体系的要求和本标准的要求；是否有效实施和维护。

③ 管理评审　最高管理者应按计划的时间间隔审查组织的食品安全管理体系，以确保其持续的适宜性、充分性和有效性。

管理评审应考虑：以往管理评审的行动状况；与食品安全管理体系相关的外部和内部问题的变化，包括组织及其背景的变化；有关食品安全管理体系的性能和有效性的信息；资源充足；发生的任何紧急情况、事故或撤回/召回；通过外部和内部通信获得的相关信息，包括有关各方的请求和投诉；持续改进的机会。

管理评审的结果应包括：与持续改进机会有关的决定和行动；对食品安全管理体系的更新和变更的任何需求，包括资源需求和食品安全政策的修订以及食品安全管理体系的目标。

（11）改进

① 不合格和纠正措施　发生不符合时，组织应：对不合格做出反应，在适用的情况下采取行动控制并纠正它，处理后果；通过审查不合格，确定不合格的原因，确定是否存在类似的不合格或可能发生的评估是否需要采取行动消除不合格的原因，以使其不再发生；实施所需的任何行动；审查采取的任何纠正措施的有效性；必要时对食品安全管理体系进行更改。

② 持续改进　最高管理者应确保组织通过使用通信，管理评审，内部审计，验证活动结果分析，不断提高食品安全管理体系的有效性。控制措施和组合的验证、纠正措施和食品安全管理体系更新。

③ 食品安全管理体系的更新　最高管理者应确保食品安全管理体系不断更新。为实现这一目标，食品安全小组应按计划的时间间隔对食品安全管理体系进行评估。小组应考虑是否有必要审查危害分析，既定的危害控制计划和既定的PRP。

7.2.3　食品流通过程中的质量保证体系

7.2.3.1　食品供应链管理

公众的信心对一个国家的食品体系来说是一个重要因素。为了打造这份信心，加强"供应链管理"堪称重中之重。这种被称作是"从农田到餐桌"的一条龙式的流程管理，覆盖了从原料产地到加工厂、从物流到销售的全部过程，其核心要求是，过程中的每个环节都能得到准确的监控，从而帮助监管者和消费者追根溯源。

（1）食品供应链

ISO 22000中对食品供应链的定义为从初级生产直至消费的各环节和操作的顺序，涉及食品及其辅料的生产、加工、分销、贮存和处理。食品供应链一般包括生鲜食品的初级采集过程、加工过程、运输储存过程以及销售过程。

目前，在发达国家已经形成了稳定的食品供应链模式：产前种子、饲料等生产资料的供应环节（种子、饲料供应商）──→产中种养业生产环节（农户或生产企业）──→产后分级、包装、加工、储藏、销售环节（加工厂、批发商、零售商）──→消费者。

食品供应链的形成是与其物流系统的内容不断变化密切相关的,特别是食品和农产品生产物流系统的不断演变,为人们创建高效率的食品供应链管理方式提供了基础。根据食品和农产品物流的发展阶段,典型的食品供应链可划分为哑铃型、T型、对称型和混合型四种类型(图7-12)。

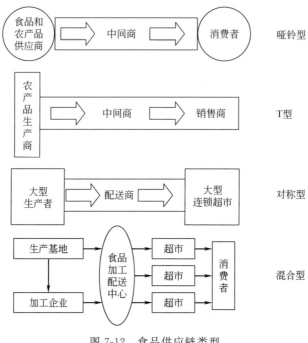

图 7-12 食品供应链类型

① 哑铃型食品供应链 此类食品供应链较短,两端主体多,连接两个主体之间的环节少。这种类型的食品供应链多以农产品为主,供应者可以将农产品直接卖给消费者,减少了中间环节。由于上游生产者拥有的技术条件较差、产量低和品种少,故上游聚集了为数众多的农产品生产者。在发展中国家,特别是靠近城镇地区的蔬菜供应,一般都采用这种类型的供应链。

② T型食品供应链 此类食品供应链适用于食品产地和市场距离远的情况。这种类型的食品供应链主要是农产品,例如我国的西部地区由于交通等原因,虽有好的农产品,但却无法进入流通渠道,致使产品与市场脱节。由于农产品易腐烂,农产品生产者不可能直接销售自己的产品,需要通过必要的中间商提供服务,如第三方物流、农产品深加工商和批发商等所提供的相应服务。这种类型的供应链,上游聚集了较多的农产品生产者,而在中游环节对产地生产情况比较了解,又在销售地占有一定渠道优势的销售商却较少。因此,T型食品供应链的上游种植业者众多,而中下游中间商和销售商较少且集中,供应链的形状呈现为T型。与哑铃型食品供应链相比,它的链条较长,食品和农产品的销售表现为间接性和增值服务性。这种类型的食品供应链在我国较为普遍。

③ 对称型食品供应链 专业化食品卖场的不断发展及壮大,食品销售趋于集中化趋势,而目前大多超市及连锁店主要采取直接采购的方式进行进货,尤其是农超对接的发展,保证了供应食品的安全性,在这种形式下,供应商数量的减少及超市等卖场的增加,使供应商与销售商在数量上趋于平衡。

④ 混合型食品供应链 此类食品供应链是一种综合、品种多、批量大的混合型供应链体系。这种食品供应链更加注重消费者满意度。

一般而言，食品及农产品中很大一部分属于快速消费品，这使得食品供应链与其他行业供应链差别迥异，有其自身的独特性，具体表现在以下几个方面。

① 供应链管理过程中外包比例较大。因为食品及农产品，尤其是属于快消性质的产品往往产品单值低，厂商为降低物流成本，一般会外包相关业务而不会自建系统提高成本。

② 供应链上食品从生产到消费周转时间短但环节多。食品及农产品（尤其是属于快速消费品部分）从生产、加工、销售到最后的消费为保证新鲜度抢占市场，在时间上要求非常高，但同时又需要经过多环节操作。在多个环节中，每个环节都必须仔细谨慎才能做到最后消费产品的质量安全，这就要求食品供应链设计运作时必须力求高效，同时各个环节都必须有效保证食品质量安全。

③ 供应链产品消费周期短，对于库存配置、产品运输及渠道管理要求极高，因此对于信息技术的依赖性极大。渠道能力是一种持久的、不可购买的、不可转移的、与消费市场现状密切相关的能力，渠道管理往往是食品企业的核心竞争力所在。通过完善的信息技术，企业能实现与渠道伙伴的及时沟通、有效设置渠道库存，最终实现供应链成本节约下的产品供给。

④ 对冷链技术依赖性较强。食品冷链以保证易腐品品质为目的，以保持低温环境为核心，不仅有对冷链运输系统的技术要求，还有对冷库等储存场所的冷控技术要求，从而才能最终确保消费食品的产品品质与质量安全。

⑤ 供应链横向之间竞争对手较多，消费者对于产品的忠诚度不高。这要求食品供应链管理在保证质量安全的同时还必须考虑各种促销手段和广告对于消费者的影响，从而最大限度地增加供应链价值。

（2）食品供应链管理

① 生产环节的质量管理　技术进步迎合了生产过程中经济效益增长的需求。随着社会的不断发展，人口的增加、人们食物消费结构的变化与营养意识的优化，都直接或间接地对食品数量、质量的需求产生着影响。在人类还无法大规模合成食物的时代，只能依靠生产更多的粮食、蔬菜、水果等生活资料才能满足人们日益增长的对食物的需求，农药、化肥、激素、抗生素及生物技术的应用恰恰迎合了这种需要。

现实中，由于某些种植者的素质比较低和利益驱使，为了追求产量，往往会通过投入更多的农药、化肥来达到这种目的，这是食品安全问题的源头。农产品的种植、养殖正在不同程度地受到农药、化肥的影响与污染。而人体食用了这些被污染的农产品后不仅将产生直接的健康危害，而且还可造成食源性疾病的增加。这种化学性、生物性的食品污染，往往在食物链中经历了长期的蓄积，它对人们的健康危害也往往是在很久以后才能发现，这给食品安全的评估带来了挑战。

因此，在食品供应链的源头，应严格控制化学药品、生物制剂等的大量使用，探索建立食品农药污染综合监督管理机制，完善相关法律、法规和标准体系，加强农药管理，建立全程食品农药污染管理控制体系，建立健全食品农药污染监测系统，加强对种植者、养殖者的科普教育，提高他们对农药的鉴别能力，促进农药安全合理的使用。

② 加工环节的质量管理　首先，由于食品加工类企业对于资金和技术要求不高，行业进入门槛低，所以整个行业中企业众多，其中不乏小作坊式的小企业。相关调查显示，食品生产企业规模过小、管理混乱的问题目前还比较严重，这形成了影响食品加工环节安全的最主要的因素。某些厂商为追求利润的最大化，往往减少了设备、设施和管理的投入。有的食品加工车间狭小，生产设备陈旧简陋，工艺落后，生产环境较差。某些从业人员文化素质低，卫生意识差，流动性大，做不到体检合格持证上岗工作。有些小型食品加工企业和小作

坊卫生管理制度不健全，企业自身管理不到位，再加上管理松懈、生产控制不严等问题，使产品在生产过程中易受到微生物污染，导致产品在储运、流通过程中腐败变质速度加快，最终出现食品安全问题。

针对这一问题，我们应将重点放在制定和完善食品生产过程的有关标准的工作上，建立和健全食品安全管理的专门机构，将管理纳入法制化轨道，促进管理的规范化和长期化。

其次，食品加工过程的质量控制不严，使得生产过程进一步加剧了食品安全的问题。如食品加工偷工减料，粗制滥造，食品卫生质量达不到国家卫生标准。超量使用或滥用食品添加剂，是引发食品安全问题的重要诱因。为达到改善食品外观、延长保质期等目的，在食品的加工过程中，常常需要加入适量的添加剂。但是，食品添加剂的滥用、甚至使用工业助剂的现象却不可忽视。相当数量的食品企业并不具备相应的检验能力，大多数产品无产品质量检验实验室，产品做不到批批检验合格后出厂，产品质量难以保障。这就直接导致或增加了食品安全问题的发生。此外，在谋求暴利思想的驱使下，企业还会故意生产假冒伪劣产品。而现实中存在的地方保护主义加剧了制假造假的行为。

为保证食品安全，对食品添加剂应实行严格科学的管理，即有利于工作又不造成滥用。

再者，新原料、新技术、新工艺的应用所带来的食品安全问题也不容忽视。如现阶段为大家所关注的转基因食品的安全性，在短期内还存在着不确定因素；保健食品原料的安全性问题、辐照加工食品的安全性评估等，也都已引起学术界的关注。

③ 流通环节的质量管理　在食品运输方面，食品运输必须采用符合卫生标准的外包装和运载工具，并且要保持清洁和定期消毒。运输过程中商品堆放科学合理，不得与其他对食品安全和卫生有影响的货物混载。

在食品贮存方面，贮存食品的场所、设备应当保持清洁，定期清扫，无积尘、无食品残渣，无霉斑、鼠迹、苍蝇、蟑螂，不得存放有毒、有害物品及个人生活用品。

④ 消费环节的质量管理　随着现代家庭结构的趋小与人口流动性的增大，人们对食品消费日益呈现出多样化、方便化的趋势。非时令食品消费、在外就餐消费等活动大大增多，食品消费不断上升，也使得群体性的食品安全问题变得更加严重。食品安全品质正经历着从"看得见"的因素（如颜色、气味等），到能借助工具检测到的因素（如病原菌、农药残留等），再到现有技术条件下难以快速检测的因素（转基因）的变化过程。而食品作为一种"经验产品"甚至是"后经验产品"，由于受消费者相关知识水平等的限制，也因为消费者远离食品的生产、流通过程而造成了食品安全信息的不对称效应，在食用前，他们很难对其品质进行评价，无法依靠自身力量来有效地保护自己。如果政府不能保证食品安全信息被迅速、有效地传递到消费者，或者如果生产者、经营者对不利信息刻意隐瞒，将会使消费者无所适从。

为此，要发挥消费者在食品安全问题中的积极作用，加强行业协会的建设和治理，政府创造有效的激励机制，促使消费者在消费了假冒伪劣食品之后进行举报。

7.2.3.2　食品可追溯体系

(1) 可追溯概述

ISO 22005 中给出定义是：跟踪饲料或食品生产、加工和分销在特定阶段的流动情况的能力。在食品安全领域，"追溯"被定义为：通过记录的标识对具体实体的历史、应用或位置进行回溯的能力。

根据追溯范围的不同，可追溯体系包括两种基本的类型，即内部追溯和外部追溯。内部追溯指产品供应链上单个成员企业对本身内部生产过程的追溯，追溯只在企业内部发挥作用，产品的每道加工工序或环节为一个追溯点；外部追溯指在产品供应链的整个过程中，对每个成员企业的产品信息进行跟踪与追溯，每个成员企业提供的原材料、半成品或产品为一个追溯点。

（2）食品安全可追溯体系的设计

可追溯体系的建立是一个复杂的过程，在一条供应链中的每个节点处都要进行相关设计，以便发生食品安全问题时进行向上或向下的追溯。由于食品可追溯系统的反应速度，首先依赖于食品供应链上的各个节点产品信息的准确标识，且各个节点设计的行为特征有很大的差异，因此捕捉各节点可追溯信息并传送到下个节点，准确衔接上下节点的信息是食品可追溯系统的一个关键。建立食品可追溯系统的目的是为了保证食品安全，使得当出现食品安全问题时能够准确快速地找到原因，并控制形势，有效防止危害的进一步扩大，因此食品供应链上的任何一个节点的信息都必须全面而准确。

① 建立可追溯体系的过程

a. 内部可追溯体系的建立。要实现全链的可追溯性，首先，食品链内的各个参与方都要建立起内部的可追溯体系，要求食品供应链中的每个加工点，不仅要对自身产品进行准确的标识，还要采集所加工的食品原料上已有的标识信息，即上一级的标识信息，与自身信息整合后，标识到成品上，以备下一级加工者或消费者使用。

b. 外部可追溯体系的建立。外部追溯是在食品供应链中各节点之间的追溯，需采用统一编码，制定统一标准，保证信息完整性，使各个企业的安全可追溯系统可以相互兼容，最终形成全国统一的安全可追溯系统。它是从整个供应链的角度出发，对从原料生产直至餐桌的整个链中的相关参与者提出信息规范要求、建立标准信息范畴、建立标准的信息记录及信息传递的方法；它更关注于食品链中企业或组织之间产品信息有效传递，它描述了哪些产品数据被接收和发送了，以及这些数据如何收发的。

② 产品标识　食品可追溯体系主要涉及产品个体或批次的标识、产品移动或转化的时间和地点信息以及中央数据库和信息传递系统等 3 个基本要素。在整个追溯体系中，最为关键的是对产品进行唯一标识。标识承载着原料及其产品最基本的信息，是消费者或有关部门了解原料和产品相关信息的一个桥梁。

在产品跟踪中，需要对产品进行唯一标识，这样才能够实现产品的追踪功能。通过标识和标识中的编码对产品"身份"进行确定并对其相关信息进行采集和传递，从而把信息流与实物流联系起来，实现各个环节的数据交换，这就是近几年迅猛发展的自动识别技术。自动识别技术是以计算机和通信为基础的综合性科学技术，利用计算机系统，进行信息化数据自动识别、自动采集、自动输入计算机的一种信息技术。

在诸多的自动识别技术中，由于我国国情，我们需要选择一种经济适用并能满足要求的技术。条码技术的发展，到如今已经相当成熟，现在世界上的各个国家和地区都已普遍使用条码技术，而且应用领域越来越广泛，目前主要应用于物流及仓储管理和超市零售业。近几年，随着追溯技术的发展，条形码技术逐渐被引用。

可追溯系统实施的基础是产品标识和编码，因为只有对产品准确标识才能实现有效追踪和追溯。EAN•UCC 系统（全球统一标识系统）是目前比较成熟的技术体系，该体系已经在欧洲食品可追溯系统中成功实施。

EAN•UCC 系统是国际物品编码协会和美国统一代码委员会共同开发、管理和维护的全球统一标识系统和通用商业语言，为贸易项目、物流单元、资产、位置及服务等提供唯一标识。EAN•UCC 系统主要包括 3 部分：编码体系、数据载体（包括条码、RFID）和数据交换（包括 EDI 和 XML）。EAN•UCC 系统通过具有一定编码结构的代码实现对相关项目及其数据的标识，该结构保证了在相关应用领域中代码在世界范围内的唯一性。在提供唯一的标识代码的同时，EAN·UCC 系统也提供附加信息的标识，例如有效期、系列号和批号，这些都可以用条码来表示。采用 EAN·UCC 系统对食品供应链中食品原料、加工、包装、储藏、运输、销售各环节的参与方进行必要的有效信息标识，建立对应的信息记录，除了对本环节需要进行标识，还要将每个环节的信息标识传递到下一个环节的参与方以备使用，建立起一个环环相扣的链条，为食品供应链的全过程有效追踪与追溯做好基础工作。

要实现供应链的可追溯性，必须借助信息数据库，因此，需要建立可追溯信息数据库。产品外包装上的唯一标识（数据载体）是以数据库为基础的，它是进入数据库获取产品相关信息的关键字。该数据库的建立是复杂的，一般可分为多数据库系统和单数据库系统两种。多数据库系统可以追溯，但其缺点是每个企业需分别建立自己的数据库，每一个环节要了解食品信息，必须到上游供应商的数据库查阅，透明度不高，加大了可追溯的难度，降低了可追溯系统对食品安全的保障；而单数据库系统则是由政府或行业协会为食品企业建立的一个共同的网络平台，供应链中的企业和物流商共用这一个中央数据库，任何一个环节要了解该产品的信息，只需输入产品代号，即可从中央数据库中得到，追溯速度快，透明度高。但在建立这种方式的数据库的过程中会有诸多障碍，解决这些障碍，将使得食品溯源有一个长远的发展。

（3）EAN·UCC 系统在牛肉制品跟踪与追溯上的应用

《牛肉产品追溯指南》（Traceability of Beef）是国际物品编码协会编制的牛肉产品追溯指导性文件，提供了一个国际通用的编码及符号表示系统，即 EAN·UCC 系统牛肉标签解决方案。通用的标识与通讯标准，极大地提高了牛肉加工的相关信息的准确性和信息传输速度，提高了牛肉供应链管理效率，降低了供应链运行成本。牛肉产品标签保证了牛胴体、二分之一牛体、牛肉块的标识与某一头牛或一群牛标识之间的连接。

牛肉产品标签必须包含以下 6 个方面的人工可识读信息：确保牛肉与牛连接的一个参考代码；牛的出生国（地区）；牛的饲养国（地区）；牛的屠宰国（地区）；牛的分割国（地区）；屠宰场和分割厂的批准号码。

牛肉产品标签规则主要的应用对象是：所有的欧盟成员国、向欧盟成员国出口的和已经决定采用牛肉标签规范作为在供应链中牛肉产品跟踪与追溯的非欧盟成员国。

牛肉产品追溯，需要一个在供应链任何节点上用唯一的代码对牛、胴体和切割体进行标识的方法，并确保供应链中每个节点相关信息的连接。在欧盟，牛的标识与注册系统由下列元素组成：标识单个牛的耳标；计算机处理的数据库；牛的证照；农场保留个体牛注册的信息。

一头牛的历史文档数据必须包含在证照内或数据库中。

条码承载数据。在 EAN·UCC 系统中，条码用于供应链中每个阶段的产品或服务的相关数据编码。这个数据可以是全球贸易项目代码（GTIN），或者任何附加的属性信息。扫描条码标签可以实现实时采集数据。

一般来说，对每个贸易产品（例如，通过 POS 销售的一个包装的牛肉制品），或一个贸易产品的集合体（例如，从仓库运送到零售点的一箱不同包装的肉制品），都要分配一个全球唯一的 EAN·UCC 代码，即 GTIN。GTIN 不包含产品的任何含义，它只是在世界范围内唯一的标识代码。

除了 GTIN，还需要有附加的产品信息，例如，产品的批号、重量、有效期等。在牛肉供应链中，UCC/EAN-128 条码符号可以为产品标识（GTIN）的附加数据，例如，屠宰日期、耳标号码、屠宰场批准号等编码。当采用 UCC/EAN-128 条码符号时，必须使用 EAN

·UCC 应用标识符（AIs）。EAN·UCC 应用标识符决定附加信息数据编码的结构。

牛肉标签采用 EAN·UCC 系统的编码方法和 UCC/EAN-128 条码符号完成。《牛肉产品追溯指南》推荐在牛肉供应链中使用的应用标识符 AI 见表 7-9。

表 7-9　牛肉产品跟踪与追溯应用的 EAN·UCC 系统应用标识符（AI）

AI	AI 的含义	数据域内容	数据名称	格式
01	全球贸易项目代码	全球贸易项目代码	GTIN	$n2+n14$
10	批号	批号	BATCH	$n2+an\cdots20$
251	耳标号码	源实体参考代码	REF. TO SOURCE	$n3+an\cdots30$
422	出生国	贸易项目的原产国	ORIGIN	$n3+n3$
423	饲养国	贸易项目初始加工国	COUNTRY-INITIAL PROCESS	$n3+n3+n\cdots12$
426	牛的出生、饲养和屠宰发生在相同国家	贸易项目全程加工的国家	COUNTRY-FULL PROCESS	$n3+n3$
7030~7039	ISO 国家代码和供应链中最多 10 个加工厂批准号码。7030 通常标识屠宰场批准号码，7031~7039 通常标识牛肉分割厂	具有 3 位 ISO 国家（或地区）代码的加工者批准号码	PROCESSOR♯S[4]	$n4+n3+an\cdots27$

表 7-10 是一个采用 EAN·UCC 系统的牛肉标签（EC）1760/2000 信息交换的全貌。

表 7-10　牛肉标签信息

屠　宰	分　割	销　售	消　费
身份证/健康证明、耳标	胴体标签	加工标签	零售标签
EAN·UCC 条码符号	EAN·UCC 条码符号	EAN·UCC 条码符号	EAN·UCC 条码符号
无	UCC/EAN-128	UCC/EAN-128	EAN-13
条码或射频或人工	EANCOM UCC/EAN-128 条码	EANCOM UCC/EAN-128 条码	只有 GTIN 是进入物品数据库的关键字
耳标号	AI01　GTIN AI251　耳标	AI01　GTIN AI251　耳标（或者 AI10　批号）	
	AI422　出生国 AI423　饲养国 AI7030　屠宰国与屠宰厂批准号码（或者 AI412 全球位置码）	AI422　出生国 AI423　饲养国 AI7030　宰国与屠宰厂批准号码（或者 AI412　全球位置码） AI7031-39　分割国与分割厂批准号码（或者 AI412　全球位置码）	 6 911234 567891

在牛肉产品加工的各个步骤中，EAN·UCC 系统操作步骤如下。

① 屠宰　屠宰场是牛肉供应链中首先采用 EAN·UCC 系统的场所。要从牛肉产品追溯到牛，有赖于信息的准确性，需要牛肉标签规则和屠宰场的支持。

当牛到达屠宰场时，需要牛的证照或健康证明，以及含有标识代码的耳标。

屠宰场必须记录下列信息：连接牛肉与牛的一个参考代码（GS1 建议采用牛的耳标号

码，由 AI 251 标识）；屠宰场的批准号码；出生国（地区）；饲养国（地区）；屠宰国（地区）。

如果牛的出生、成长与屠宰都在同一国家，标签上的这些信息统一由 AI 426 标识。国际物品编码协会建议用耳标号码标识牛胴体。牛胴体标签上的 UCC/EAN-128 条码符号（图 7-13）表示的数据以及应用标识符见表 7-11。

表 7-11 牛胴体条码符号表示的应用标识符和数据

数　　据	应用标识符
出生国	AI 422
饲养国	AI 423
出生、饲养和屠宰在同一国家	AI 426
屠宰国和屠宰场批准号码/全球位置码	AI 7030/AI 412
耳标号	AI 251
GTIN	AI 01

图 7-13　胴体标签

② 分割　屠宰场应将所有与牛及其牛胴体的相关信息传递给第一个分割厂。牛体的分割包括牛肉加工的全过程，从切割牛胴体到进一步分割，直至零售包装。

供应链中最多可以为 9 个分割厂编码，每个分割厂应将所有牛及其胴体的相关信息以人工可识读的方式传递给供应链中的下一个分割厂。

在牛体分割加工处理过程中要满足牛肉标签规则的要求，并能记录有关信息。每个分割厂必须记录下列信息：连接牛肉与牛的一个参考代码；屠宰场的批准号码；分割厂批准号码；出生国（地区）；饲养国（地区）；屠宰国（地区）；分割国（地区）。

切割后组成的任何一批牛肉产品，应该只包括同一屠宰场屠宰，并且是加工车间同一天加工的牛肉产品。通常只有与整批牛肉相关的信息才可写在分割厂的标签上（图 7-14）。每个单独的牛肉块或肉末包装都必须有一个标签。分割阶段的牛肉标签表示的内容见表 7-12。

第一次加工标签

第二次加工标签

图 7-14　加工标签

③ 销售　牛肉的最后一个分割厂应按照规则的要求和商业需求，将所有与牛、牛胴体以及牛肉加工相关的信息传递给供应链中的下一个操作环节，可能是批发、冷藏或直接零售。

表 7-12　分割阶段标签表示的内容

数　据	应用标识符
出生国（地区）	AI 422
饲养国（地区）	AI 423
出生、饲养和屠宰在同一国家（地区）	AI 426
屠宰国（地区）和屠宰场批准号码	AI 7030
国家代码与第一分割厂批准号码	AI 7031
国家代码与第二分割厂批准号码	AI 7032
国家代码与第三分割厂到第九分割厂批准号码	AI 7033～39
单个分割的耳标号码或分割组批号	AI 251 或 AI 10
GTIN	AI 01

区分 POS 销售的"预包装"牛肉产品和"非预包装"牛肉产品很重要。《牛肉产品追溯指南》只对 POS 零售的有预包装的牛肉制品标签做了规定。由于欧盟成员国已经分别制定了不同国家非包装牛肉产品后台信息流的实施需求，"指南"对没有预包装的牛肉产品标签没做规定。

图 7-15　零售标签

涉及消费者的标签（零售标签）必须包含下列人工可识读信息（图 7-15）：连接牛肉与牛的一个参考代码；屠宰场的批准号码；分割厂的批准号码；出生国（地区）；饲养国（地区）；屠宰国（地区）；分割国（地区）。贸易方应与国家的有关权威部门联系，提出 POS 销售对非预包装牛肉产品标签的信息需求。

第8章
食品质量管理体系

在市场竞争日益激烈的今天，企业如何提高自身的产品质量，这是必须面对的问题。ISO 9000 族是一个全员参与、全面控制、持续改进的综合性的质量管理体系，其核心是以满足客户的质量要求为标准。它所规定的文件化体系具有很强的约束力，它贯穿于整个质量管理体系的全过程，使体系内各环节环环相扣，互相督导，互相促进，任何一个环节发生脱节或故障，都可能直接或间接影响到其他部门或其他环节，甚至波及整个体系。

8.1 ISO 9000 族概述

ISO 是国际标准化组织的英文简称，其全称为"International Organization for Standardization"。ISO 是世界上最大的国际标准化组织。它成立于 1947 年 2 月 23 日，它的前身是 1928 年成立的"国际标准化协会国际联合会"（简称 ISA）。ISO 宣称它的宗旨是"在世界上促进标准化及其相关活动的发展，以便于商品和服务的国际交换，在智力、科学、技术和经济领域开展合作"。ISO 现有 200 多个成员。ISO 的最高权力机构是每年一次的"全体大会"，其日常办事机构是中央秘书处，设在瑞士的日内瓦。

ISO 9000 族标准不是一个标准，而是一系列标准的总称。它包括四个核心标准（ISO 9000、ISO 9001、ISO 9004、ISO 19011）、一个支持性标准（ISO 10012）、若干个技术报告和宣传性小册子。

8.1.1 ISO 9000 族产生的背景

（1）世界各国军工质量经验为产生质量管理国际标准打下基础

第二次世界大战期间，世界各国急需大量高质量军事物品，但是当时的生产技术落后，如何提高产品的质量和数量来满足需要成为每个总统最为关心的问题。20 世纪 50 年代末，美国发布了《质量大纲要求》，是世界上最早的有关质量保证方面的标准。在军工生产中的成功经验被迅速应用到民用工业上，如锅炉、压力容器、核电站等涉及安全要求较高的行业，之后迅速推行到各行业中。

（2）全球经济和技术发展的需要

全球经济和科学技术的不断发展，国际经济贸易和合作项目逐渐增强，竞争的激烈性也逐渐增强，但国际间商品的质量标准存在差别，许多国家为了维护自己的利益，故意提高进口产品的质量标准，在国际贸易间形成贸易壁垒。质量管理和质量标准的国际化成为了世界各国的需要。

（3）生产经营者提高经济效益和竞争力的需要

顾客对产品的质量有了更深的认识，琳琅满目的产品同时也为顾客提供了较多的选择机会，因此生产者为了提高经济效益和竞争力，不得不提高自己的产品质量，满足顾客的需求。制定国际化的质量管理和质量保证标准成为迫切的需要。

8.1.2 ISO 9000 族修订与发展

1986 年，ISO 8402《质量——术语》定义修订；1987 年 3 月又发布了 5 个系列标准：

ISO 9000：1987《质量管理和质量保证标准——选择和使用指南》；

ISO 9001：1987《质量体系——设计/开发、生产、安装和服务的质量保证模式》；

ISO 9002：1987《质量体系——生产和安装的质量保证模式》；

ISO 9003：1987《质量体系——最终检验和试验的质量保证模式》；

ISO 9004：1987《质量管理和质量体系要素——指南》

ISO 9000 族标准发展至今，修订可分为三个阶段：

第一阶段：1994 版 ISO 9000 族标准。

第一阶段修订为"有限修改"，仅对标准内容进行小范围的修改。1994 年 7 月 1 日，ISO/TC 176 完成了第一阶段的修订工作，发布了 16 项国际标准，到 1999 年底 ISO 9000 族标准的数量已经发展到 27 项，从而提出了 ISO 9000 系列标准的概念。

第二阶段：2000 版 ISO 9000 族标准。

第二阶段修订为"彻底修订"。2000 年 12 月 15 日，ISO/TC 176 正式发布了新版本的 ISO 9000 族标准，统称为 2000 版 ISO 9000 族标准。该标准的修订充分考虑了 1987 版和 1994 版标准以及现有其他管理体系标准的使用经验，2000 版 ISO 9000 族标准使质量管理体系有更好的适用性，更加简便、协调，它由 4 个核心标准、1 个支持标准、6 个技术报告、3 个小册子等组成。

第三阶段：2008 版 ISO 9000 族标准。

2004 年，国际标准化组织各成员国对 ISO 9001:2000 进行了系统评审，以确定是否撤销、保持原状、修正或修订 ISO 9001:2000。评审结果表明，需要修正 ISO 9001:2000。所谓"修正"是指"对规范性文件内容的特定部分的修改、增加或删除"。在 2004 年 ISO/TC 176 年会上，ISO/TC 176 认可了有关修正 ISO 9001:2000 的论证报告，并决定成立项目组（ISO/TC 176/SC 2/WG 18/TC 1.19），对 ISO 9001:2000 进行有限修正。2008 年 11 月 15 日，修正后的 ISO 9001:2008《质量管理体系 要求》国际标准正式发布。

第四阶段：2015 版 ISO 9000 族标准。

2015 年 9 月颁布了第四次修订的 ISO 9001 标准。从 2008 版到 2015 版的修改，是 ISO 9001 标准从 1987 年第一版发布以来的四次技术修订中影响最大的一次修订，此次修订为质量管理体系标准的长期发展规划了蓝图，为未来 25 年的质量管理标准做好了准备；新版标准更加适用于所有类型的组织，更加适合于组织建立整合管理体系，更加关注质量管理体系的有效性和效率。2015 版 ISO 9001 主要变化包括：①统一标准结构和标准条款的名称；②统一所有管理体系标准的通用术语；③明确提出必须确定影响组织实现其目标的内外部因素，即组织环境；④增加了相关方的需求和期望的要求；⑤进一步强化了领导作用和承诺；⑥明确提出必须识别和应对组织所面临的风险和机遇；⑦更加强调了变更管理；⑧明确提出将标准要求融入组织的运营业务过程；⑨增加了组织的知识管理要求；⑩弱化了形式上的强制性要求。

8.1.3 ISO 9000:2015 族的组成

在 1999 年 9 月召开的 ISO/TC 176 第 17 届年会上，提出了 2000 版 ISO 9000 族标准的文件结构。ISO 9000 族标准由许多涉及质量问题的术语、要求、指南、技术规范、技术报告等组成。2015 版 ISO 9000 族标准继承了 2000 版和 2008 版的结构，其组成包括：四个核心标准、一个支持性标准、若干个技术报告和宣传性小册子（表 8-1）。

表 8-1　2015 版 ISO 9000 族标准的组成

核心标准	ISO 9000:2015 质量管理体系　基础和术语 ISO 9001:2015 质量管理体系　要求 ISO 9004:2009 质量管理体系　业绩改进指南 ISO 19011:2011 管理体系审核指南
支持性标准和文件	ISO 10001 质量管理—顾客满意　组织行为规范指南 ISO 10002 质量管理—顾客满意　组织处理投诉指南 ISO 10003 质量管理—顾客满意　组织外部争议解决指南 ISO 10004　质量管理体系文件指南

（1）ISO 9000：2015《质量管理体系　基础和术语》

本标准为质量管理体系（QMS）提供了基本概念、原则和术语，并为质量管理体系的其他标准奠定了基础。本标准旨在帮助使用者理解质量管理的基本概念、原则和术语，以便能够高效地实施质量管理体系，并实现其他质量管理体系标准的价值。本标准基于融合已制定的有关质量的基本概念、原则、过程和资源的框架，提出了明确的质量管理体系，以帮助组织实现其目标。本标准适用于所有组织，无论其规模、复杂程度或经营模式。本标准旨在增强组织在满足其顾客和相关方的需求和期望以及在实现其产品和服务的满意方面的义务和承诺意识。

本标准包含范围、基本概念和七项质量管理原则、质量管理体系标准中应用的术语和定义。

本标准给出了有关质量术语共 138 个词条，分成 13 个部分。在本标准的附录中以"概念图"方式来描述相关术语之间的关系。

（2）ISO 9001:2015《质量管理体系　要求》

本标准规定了质量管理体系的要求，其基本目的是供组织需要证实其具有稳定地提供顾客需求和适用的法律法规要求的产品的能力时应用。

本标准是通用的，适用于各行各业、各种类型产品。为适应不同类型组织的需要，在一定条件下，允许删减某些要求。

2015 版《质量管理体系　要求》主要变化：①依据《附录 SL》对标准的结构进行了调整；②用"产品和服务"替代了"产品"，强调产品和服务的差异，标准的适用性更广泛；③借鉴了初始评审的理念，明确提出了"评审组织所处环境"的要求；④更关注风险和机会，明确提出"确定风险和机会应对措施"的要求；⑤用"外部提供的过程、产品和服务"取代"采购"，包括"外包过程"；⑥提出了"知识"也是一种资源，是产品实现的支持过程；⑦更强调了最高管理者的领导力和承诺，最高管理者要对管理体系的有效性承担责任，推动过程方法及基于风险的思想的应用；⑧明确提出将管理体系要求融入组织的过程；⑨删除了特定的要求，如质量手册、管理者代表；⑩使用新术语"文件化信息"；⑪去掉了"预防措施"；预防措施概念采用以风险为基础的方法来表示；⑫关于标准的适用性，不再使用"删减"一词，但组织可能需要评审要求的适用性，确定不适用的标准是：该要求不导致影响产品和服务的符合性、不影响增强顾客满意的目标。

标准可作为组织内部和外部（第二方或第三方）进行质量管理体系评价的依据。

（3）ISO 9004:2009《质量管理体系　业绩改进指南》

标准对组织改进其质量管理体系总体绩效提供了指导和帮助，是指南性质的标准，标准不能用于认证、审核、法规或合同的目的。

标准应用了"以过程为基础的质量管理体系模式"的结构，鼓励组织在建立、实施和改进质量管理体系及提高其有效性和效率时，采用"过程方法"，通过满足相关方要求提高相关方的满意程度。

标准给出了"自我评定指南"和"持续改进的过程"两个附录，用于帮助组织评价质量管理体系的有效性和效率以及成熟水平，通过给出的持续改进方法寻找改进的机会，以提高组织的整体绩效，从而使所有相关方满意。

（4）ISO 19011:2011《管理体系审核指南》

本标准提供了管理体系审核的指南，包括审核原则、审核方案的管理和管理体系审核的实施，也对参与管理体系审核过程的人员的个人能力提供了评价指南，这些人员包括审核方案管理人员、审核员和审核组长。

本标准适用于需要实施管理体系内部审核、外部审核或需要管理审核方案的所有组织。

标准给出了与审核有关的 20 个术语和定义；提出的 6 个"审核原则"体现了审核的基本性质；"审核方案管理"提供了审核管理的思路和方法；"审核活动"为审核的实施过程提供了指南；"审核员的能力和评价"中明确了管理体系审核员的能力和条件要求，为评价审核员提供了指南。

8.1.4　七项质量管理原则

2015 版 ISO 9001 标准最大的变化之一就是将 2008 版中的"八项质量管理原则"改为"七项质量管理原则"，即将旧版的"过程方法"和"管理的系统方法"两个原则合并成"过程方法"。

（1）以顾客为关注焦点

组织依存于顾客。因此，组织应当理解顾客当前的和未来的需求，满足顾客需求并争取超越顾客期望。顾客是组织存在发展的基础，满足顾客的需要是组织的根本所在。

企业应树立"以顾客为关注焦点"的经营理念。揭秘世界 500 强企业，沃尔玛、通用、丰田、三星……这些企业的成功无不是从"关注顾客"做起的。世界 500 强成功的秘诀在哪里？为什么这些企业能够为消费者提供较为完美的产品质量和服务质量？从市场调研、产品设计与制作，到市场销售与服务，"每一环节都能充分考虑到顾客的需求"，不能不说是他们最终赢得市场的根本因素之一。

四川某饮品集团，从 2001 年 3000 万元的年产值迅速发展到如今的 4 个多亿，成了西部饮料行业的领头羊，其成功的根本原因就是在于公司"关注顾客"。

比如，从老百姓最需要的实际出发，该公司提出了"我们只销售健康"的广告宣传语，这一理念充分体现了该公司对顾客的关注，对消费者的承诺。在产品研发时只研发天然、健康的饮品，在生产的每一个环节严格保证产品质量，在销售服务上对顾客的关注更是无微不至。像桶装水市场，在日益激烈的竞争中，该公司从经营理念到操作细节都充分关注到了消费者的利益，如将标准的服务过程制作成影像资料送给消费者；对每位送水员进行上岗培训，让他们掌握桶装水饮用卫生常识和服务礼仪等；对开启 10 天还没饮用完桶装水的消费者，公司将及时给予提醒、沟通。

（2）领导作用

领导者建立组织统一的宗旨、方向。所创造的环境能使员工充分参与实现组织目标的活动。

领导指的是组织的最高管理层，领导在企业的质量管理中起着决定性的作用，实践证明只有领导重视，各项质量活动才能有效开展。

领导要想指挥好和控制好一个组织，必须做好确定方向、提供资源、策划未来、激励员工、协调活动和营造一个良好的内部环境等工作。此外，在领导方式上，最高管理者还要做到透明、务实和以身作则。

福特汽车公司世人皆知，是国际汽车工业的大家族，但是他的发展道路却几经沉浮。

老亨利·福特从 1899 年起两次创办汽车公司，都因缺乏专业知识而失败，1903 年再次创业，选用能人，请来汽车工业专家库兹恩斯担任总经理。库兹恩斯上任后，运用科学的管理手段，调查市场，建立销售网，苦心经营，建成了世界上第一条汽车装配流水线，使生产率提高了十几倍，成本和售价大幅降低，每辆"T"型车的售价从 780 美元降到 290 美元，开始了福特公司繁荣发展的阶段，一跃成为世界上最大的汽车制造企业，福特也由此获得了汽车大王的称号。但是后来老亨利·福特被一时的成功冲昏了头脑，主观武断，实行家长式管理，1915 年辞退了为公司发展立下汗马功劳的库兹恩斯，接着又辞去了大批有才干的人，甚至一天之内赶走了 30 名经理。

老亨利·福特的独断专行和相对落后的经营管理方法，使福特公司的经营状况很快陷入困境，世界第一的位置很快被广招人才、管理先进的通用汽车公司所取代。1945 年竟到了每月亏损 900 万美元的地步，濒临破产。同年 9 月，老福特下台，让位于他的孙子小亨利·福特。

小亨利·福特接管公司后，汲取了老福特失败的教训，重整旗鼓，聘用了通用汽车公司的副总裁布里奇全面主持公司的业务，甚至破格聘用了包括后来的美国国防部长麦克马拉在内的年轻人，经过几年的努力，终于使福特公司复现往日的繁荣，坐上了美国汽车制造业的第二把交椅。

富于戏剧性的是小福特后来也重蹈祖父的覆辙，独断专行，以主人自居，先后辞去了布里奇、艾柯卡等人，结果使历经艰辛换来的振兴没有保持多久，公司地位一跌再跌，业务经营每况愈下，最终也不得不辞去董事长的职务。

（3）全员参与

各级人员是组织之本，只有他们的充分参与，才能使他们的才干为组织带来收益。

20 世纪 70 年代到 90 年代，日本汽车大举打入美国市场，势如破竹。1978～1982 年，福特汽车销量每年下降 47%。1980 年出现了 34 年来第一次亏损，这也是当年美国企业史上最大的亏损。

1980～1982 年，三年亏损总额达 33 亿美元。与此同时工会也是福特公司面临的一大难题，十多年前，工会工人举行了一次罢工，使当时的生产完全陷入瘫痪状态。面对这两大压力，福特公司却在 5 年内扭转了局势。原因是从 1982 年开始，福特公司在管理层大量裁员，并且在生产、工程、设备及产品设计等几个方面都作了突破性改革，即加强内部的合作性和投入感。

亨利·福特二世对于职工问题十分重视。他曾经在大会上发表了有关此项内容的讲演："我们应该像过去重视机械要素取得成功那样，重视人性要素，这样才能解决战后的工业问题。而且，劳工契约要像两家公司签订商业合同那样，进行有效率、有良好作风的协商。"

亨利二世说到做到，他启用贝克当总经理，来改变他在接替老亨利时，公司职员消极怠工的局面。首先贝克以友好的态度来与职工建立联系，使他们消除了怕被"炒鱿鱼"的顾虑，也善意批评他们不应该消极怠工，互相扯皮。为了共同的利益，劳资双方应当同舟共济。他同时也虚心听取工人们的意见，并积极耐心地着手解决一个个存在的问题，还和工会主席一起制定了一项《雇员参与计划》，在各车间成立由工人组成的解决问题小组。

工人们有了发言权，不但解决了他们生活方面的问题，更重要的是对工厂的整个生产工作起到了积极的推动作用。兰吉尔载重汽车和布朗Ⅱ型轿车的空前成功就是其中突出的例子。投产前，公司大胆打破了那种"工人只能按图施工"的常规，而是把设计方案摆出来，请工人们"评头论足"，提出意见，工人们提出的各种合理化建议共达749次，经研究，采纳了其中542项，其中有两项意见的效果非常显著。在以前装配车架和车身时，工人得站在一个槽沟里，手拿沉重的扳手，低着头把螺栓拧上螺母。由于工作十分吃力，因而往往干得马马虎虎，影响了汽车质量，工人格莱姆说："为什么不能把螺母先装在车架上，让工人站在地上就能拧螺母呢？"

这个建议被采纳，既减轻了劳动强度，又大大提高了质量和效率。另一位工人建议，在把车身放到底盘上去时，可使装配线先暂停片刻，这样既可以使车身和底盘两部分的工作容易做好，又能避免发生意外伤害。

此建议被采纳后果然达到了预期效果，正因为如此，他们自豪地说："我们的兰吉尔载重汽车和布朗Ⅱ型轿车的质量可以和日本任何一种汽车一比高低了。"

为了把《雇员参与计划》辐射开来，福特还经常组织由工人和管理人员组成的代表团到世界各地的协作工厂访问并传经送宝。这充分体现了员工参与和决策的重要性。

（4）过程方法

将相关的资源和活动作为过程来进行管理，可以更高效地达到预期的结果。

任何过程都包括输入、输出、活动三要素，组织者经过精心策划每一个过程，任何过程的进行都要达到预期的输出。

过程方法鼓励组织要对其所有的过程有一个清晰的理解。过程包含一个或多个将输入转化为输出的活动，通常一个过程的输出直接成为下一个过程的输入（图8-1）。

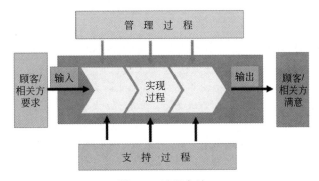

图 8-1　过程方法

在日常生活中有很多人喜欢喝茶，如果想喝茶必须有图8-2这么一个过程。如果现在恰巧身边又没有茶叶了，则还要有一个购买茶叶的过程（图8-3）。如果将此两个过程合并就是图8-4过程。

图 8-2　泡茶过程　　　　　　　　　图 8-3　购茶过程

图8-4过程就是直线型过程，此过程的优点是过程简单明了，过程控制方便；但是缺点也比较明显，那就是等待的时间长，造成时间的闲置。如果我们改变一下这个过程，将两个

过程同时进行，其过程为图 8-5。

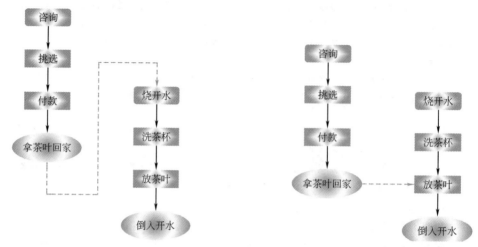

图 8-4　直线型过程　　　　　　　　　图 8-5　平行型过程

通过改变以后，平行型过程可以明显节省时间，缩短生产周期，但是缺点就是过程控制有可能失效，造成左右手效应。

(5) 持续改进

持续改进是一个组织永恒的目标。

任何事物都是在不断发展、进化中，改善自身的条件，不断地完善，以实现永立不败之地。只有持续改进才能为将来的发展提供快速灵活的机遇。

WPS 是中国人最熟悉的文字处理软件，金山公司最先推出的基于 DOS 版本的 WPS 因为简单易用，很快取得了较大的市场份额，成为文字处理方面的老大。但是随着美国微软推出了 WINDOWS 窗口操作系统，金山公司没有对自己的 WPS 进行必要的改进，没有跟上发展的潮流，推出基于窗口的系统，同时微软公司的办公软件已经完成了汉化，并且具有"所见即所得"的特点，很快占据了大部分中国市场。虽然金山公司推出了 WPS2000，但是已经无力回天，市场份额已经被蚕食无几。

实施过程中组织者实现持续改进的方法：

① 为员工提供连续不断的学习和培训机会；
② 在组织内部，不断地改善产品质量、过程方法以及系统中每一个独立过程；
③ 建立目标以指导、实施，并跟踪，以实现持续改进；
④ 对于在组织内部表现比较好的员工，要给予认可、奖励。

(6) 循证决策

有效的决策是建立在对数据和信息进行合乎逻辑和直观的分析基础上的。

决策是组织中各级领导的职责之一。所谓决策就是针对预定目标，在一定约束条件下，从诸方案中选出最佳的一个付诸实施。达不到目标的决策就是失策。正确的决策需要领导者用科学的态度，以事实或正确的信息为基础，通过合乎逻辑的分析，作出正确的决断。

阿迪达斯公司成立于 1949 年，其运动设备（产品）目前在全球同类产品的市场占有率为 12%，落后于 1972 年才成立的耐克公司 30%的市场占有率达 18 个百分点。然而，在耐克崛起之前，全球运动产品几乎是阿迪达斯一家的天下。1954 年世界杯足球赛，阿迪达斯因其生产的球鞋鞋底的塑料鞋钉能帮助运动员提高运动速度，增加稳定性而一战成名，当时世界上有 85%以上的运动员穿的是阿迪达斯公司的产品，三叶标志成了成功的象征。面对骄人的战绩，阿迪达斯公司的决策者们没有重视耐克公司正在迅速成长这样一个严重的事实，决策者们认为自己拥有 85%的市场占有率，即便对手抢走一部分市场，仍有大半个天下是属于阿迪达斯公司的，没有采取切实有效的对策去扼制竞争对手对自己的威胁，造成今天眼巴巴地看着对手以 18 个百分点领先自己，在运动服装市场超越自己的残酷现实。

（7）关系管理

组织和供方之间保持互利关系，可增进两个组织创造价值的能力。

武汉某钢铁（集团）公司对互利的供方关系进行了有益的探索。由于该公司对耐火材料的需求较大，各地供方通过各种手段竞争市场份额，给该公司的采购管理带来了很大压力。为了既鼓励公平竞争又能与优秀供方保持互利的关系，该公司推行了"业绩份额分配法"的控制措施，即供方提供耐火材料的份额取决于上个月其产品使用寿命的排名。第一名的供方可获得本月供货份额的 50%；第二名可获得 30%；第三名可获得 20%；第四名以后则被淘汰。为给众多供方提供平等竞争的机会，该公司每月试用一些新供方或被淘汰供方提供的产品。这些试用产品的业绩仍参与供货份额分配的排名，如进入前三名，仍可获得供货份额。该公司采取的这一措施，不仅使自己获得了最好的耐火材料，而且促使众多供方不断改进自己的产品质量，延长使用寿命。

8.2 ISO 9000:2015

8.2.1 引言

本标准为质量管理体系（QMS）提供了基本概念、原则和术语，并为质量管理体系的其他标准奠定了基础。本标准旨在帮助使用者理解质量管理的基本概念、原则和术语，以便能够有效和高效地实施质量管理体系，并实现其他质量管理体系标准的价值。

本标准基于融合已制定的有关质量的基本概念、原则、过程和资源的框架，提出了明确的质量管理体系，以帮助组织实现其目标。本标准适用于所有组织，无论其规模、复杂程度或经营模式。本标准旨在增强组织在满足其顾客和相关方的需求和期望以及在实现其产品和服务的满意方面的义务和承诺意识。

本标准包含七项质量管理原则以支持在本标准 2.2 中所述的基本概念。在本标准 2.3 中，针对每一项质量管理原则，通过"概述"介绍每一个原则；通过"理论依据"解释组织应该满足此原则的原因；通过"主要益处"说明应用这一原则的结果；通过"可开展的活动"给出组织应用这一原则能够采取的措施。

8.2.2 质量管理体系

8.2.2.1 范围

本标准表述的质量管理的基本概念和原则普遍适用于下列方面：

① 通过实施质量管理体系寻求持续成功的组织；

② 对组织持续提供符合其要求的产品和服务的能力寻求信任的顾客；

③ 对在供应链中其产品和服务要求能得到满足寻求信任的组织；

④ 通过对质量管理中使用的术语的共同理解，促进相互沟通的组织和相关方；

⑤ 依据 ISO 9001 的要求进行符合性评定的组织；

⑥ 质量管理的培训、评定和咨询的提供者；

⑦ 相关标准的起草者。

本标准给出的术语和定义适用于所有 ISO/TC 176 起草的质量管理和质量管理体系标准。

8.2.2.2 基本概念和质量管理原则

（1）总则

本标准表述的质量管理的概念和原则，可帮助组织获得应对最近数十年深刻变化的环境所提出的挑战的能力。当前，组织工作所处的环境表现出如下特性：变化加快、市场全球化以及知识作为主要资源出现。质量的影响已经超出了顾客满意的范畴，它也可直接影响到组织的声誉。

社会教育水平的提高以及要求更趋苛刻，使得相关方的影响力与日俱增。本标准通过规定用于建立质量管理体系的基本概念和原则，提供了一种对组织更加广泛的进行思考的方式。

所有的概念、原则及其相互关系应被看成一个整体，而不是彼此孤立的。没有哪一个概念或原则比另一个更重要。无论何时在应用中找到适当的平衡是至关重要的。

（2）基本概念

基本概念包括：质量、质量管理体系、组织环境、相关方、支持（人员、能力、意识、沟通）。

（3）质量管理原则

七项质量管理原则：以顾客为关注焦点、领导作用、全员参与、过程方法、持续改进、循证决策、关系管理。

（4）用基本概念和原则建立质量管理体系

① 质量管理体系模式

a. 总则：组织拥有许多与人一样的特征，是具有生命和学习能力的社会有机体。两者都具有适应能力并由相互作用的系统、过程和活动组成。为了适应不断变化的环境，均需要具备应变能力。组织经常创新以实现突破性改进。组织的质量管理体系模式认识到并非所有的体系、过程和活动都可以被预先确定，因此，针对复杂的组织环境，组织需要具有灵活性和适应能力。

b. 体系：组织寻求理解内部和外部环境，以识别有关的相关方的需求和期望。这些信息被用于质量管理体系的建立，以实现组织的可持续性。一个过程的输出可成为其他过程的输入，并相互连接成整个网络。虽然每个组织及其质量管理体系通常看起来由相似的过程所组成，但它们都是唯一的。

c. 过程：组织具有可被规定、测量和改进的过程。这些过程相互作用从而产生与组织的目标相一致的结果，并跨越职能界限。某些过程可能是关键的，而另外一些则不是。过程具有相互关联的活动和输入，以提供输出。

d. 活动：组织的人员在过程中协调配合，开展他们的日常活动。某些活动可被规定并取决于对组织目标的理解。而另外一些活动则不是，它们通过对外界刺激的反应来确定其性质和实施。

② 质量管理体系的建立　质量管理体系是通过周期性改进，随着时间的推移而逐步发展的动态系统。无论其是否经过正式策划，每个组织都有质量管理活动。本标准为如何建立正式的体系提供了指南，以管理这些活动。有必要确定组织中现有的活动和这些活动对组织环境的适宜性。本标准和 ISO 9001 及 ISO 9004 一起，可用于帮助组织建立一个统一的质量管理体系。

正式的质量管理体系为策划、实施、监视和改进质量管理活动的绩效提供了框架。质量管理体系无需复杂化，而是要准确地反映组织的需求。在建立质量管理体系的过程中，本标准中给出的基本概念和原则可提供有价值的指南。

质量管理体系策划不是单一的活动，而是一个持续的过程。这些计划随着组织的学习和环境的变化而逐渐完善。计划要考虑组织的所有质量活动，并确保覆盖本标准的全部指南和 ISO 9001 的要求。该计划应经批准后实施。

组织定期监视和评价质量管理体系计划的实施及其绩效是重要的。周密考虑的指标有助于这些监视和评价活动。

审核是一种评价质量管理体系有效性的方法，目的是识别风险和确定是否满足要求。为了有效地进行审核，需要收集有形和无形的证据。基于对所收集的证据的分析，采取纠正和改进措施。知识的增长可能会带来创新，使质量管理体系绩效达到更高的水平。

③ 质量管理体系标准、其他管理体系和卓越模式 ISO/TC 176 起草的质量管理体系标准、其他管理体系标准以及组织卓越模式中表述的质量管理体系方法是基于共同的原则，这些方法均能够帮助组织识别风险和机遇并帮助改进指南。在当前的环境中，许多问题，例如：创新、道德、诚信和声誉均可作为质量管理体系的因素。有关质量管理标准（如：ISO 9001）、环境管理标准（如：ISO 14001）和能源管理标准（如：ISO 50001）以及其他管理标准和组织卓越模式已经涉及了这些问题。

ISO/TC 176 起草的质量管理体系标准为质量管理体系提供了一套综合的要求和指南。ISO 9001 为质量管理体系规定了要求，ISO 9004 在质量管理体系更广泛的目标下，为持续成功和改进绩效提供了指南。质量管理体系的指南包括：ISO 10001、ISO 10002、ISO 10003、ISO 10004、ISO 10008、ISO 10012 和 ISO 19011。质量管理体系技术支持指南包括：ISO 10005、ISO 10006、ISO 10007、ISO 10014、ISO 10015、ISO 10018 和 ISO 10019。支持质量管理体系的技术文件包括：ISO/TR 10013 和 ISO/TR 10017。在用于某些特殊行业的标准中，也提供质量管理体系的要求，如：ISO/TS 16949。

组织的管理体系的不同部分，包括其质量管理体系，可以整合成为一个单一的管理体系。当质量管理体系与其他管理体系整合后，与组织的质量、成长、资金、利润率、环境、职业健康和安全、能源、公共安全以及与组织其他方面有关的目标、过程和资源，可以更加有效和高效地实现和应用。组织可以依据多个标准的要求，如：ISO 9001、ISO 14001、ISO/IEC 27001 和 ISO 50001 对其管理体系同时进行整合的审核。

8.2.3　术语和定义

ISO 9000：2015《质量管理体系——基础和术语》中列出了 138 条术语，共分为 13 部分。

第一部分	有关人员的术语	6 条	最高管理者、质量管理体系咨询师、参与、积极参与、技术状态管理机构、调解人
第二部分	有关组织的术语	9 条	组织、组织环境、相关方、顾客、供方、外部供方、调节过程提供方、协会、计量职能
第三部分	有关活动的术语	13 条	改进、持续改进、管理、质量管理、质量策划、质量保证、质量控制、质量改进、技术状态管理、更改控制、活动、项目管理、技术状态项
第四部分	有关过程的术语	8 条	过程、项目、质量管理体系实现、能力获得、程序、外包、合同、设计和开发
第五部分	有关体系的术语	12 条	体系、基础设施、管理体系、质量管理体系、工作环境、计量确认、测量管理体系、方针、质量方针、愿景、使命、战略
第六部分	有关要求的术语	15 条	客体、质量、等级、要求、质量要求、法律要求、法规要求、产品技术状态信息、不合格、缺陷、合格、能力、可追溯性、可信性、创新
第七部分	有关结果的术语	11 条	目标、质量目标、成功、持续成功、输出、产品、服务、绩效、风险、效率、有效性
第八部分	有关数据、信息和文件的术语	15 条	数据、信息、客观证据、信息系统、文件、成文信息、规范、质量手册、质量计划、记录、项目管理计划、验证、确认、技术状态记实、特定情况
第九部分	有关顾客的术语	6 条	反馈、顾客满意、投诉、顾客服务、顾客满意行为规范、争议

第十部分	有关特性的术语	7条	特性、质量特性、人为因素、能力、计量特性、技术状态、技术状态基线
第十一部分	有关确定的术语	9条	确定、评审、监视、测量、测量过程、测量设备、检验、试验、进展评价
第十二部分	有关措施的术语	10条	预防措施、纠正措施、纠正、降级、让步、偏离许可、放行、返工、返修、报废
第十三部分	有关审核的术语	17条	审核、多体系审核、联合审核、审核方案、审核范围、审核计划、审核标准、审核证据、审核发现、审核结论、审核委托方、受审核方、向导、审核组、审核员、技术专家、观察员

8.3 GB/T 19001:2016（ISO 9001:2015）

我国将 ISO 9001：2015 质量管理体系标准等同转化为 GB/T 19001：2016《质量管理体系——要求》，本部分将按照我国制定的标准进行详解。GB/T 19001：2016 主要由引言、正文两部分组成。

8.3.1 引言

8.3.1.1 总则

0.1 总则

采用质量管理体系是组织的一项战略性决策，能够帮助其提高整体绩效，为推动可持续发展奠定良好基础。

组织根据本标准实施质量管理体系的潜在益处是：a）稳定提供满足顾客要求以及适用的法律法规要求的产品和服务的能力；b）促成增强顾客满意的机会；c）应对与组织环境和目标相关的风险和机遇；d）证实符合规定的质量管理体系要求的能力。

本标准可用于内部和外部各方。

实施本标准并非需要：

——统一不同质量管理体系的架构；

——形成与本标准条款结构相一致的文件；

——在组织内使用本标准的特定术语。

本标准规定的质量管理体系要求是对产品和服务要求的补充。

本标准采用过程方法，该方法结合了"策划-实施-检查-处置"（PDCA）循环和基于风险的思维。

过程方法使组织能够策划过程及其相互作用。

PDCA 循环使组织能够确保其过程得到充分的资源和管理，确定改进机会并采取行动。

基于风险的思维使组织能够确定可能导致其过程和质量管理体系偏离策划结果的各种因素，采取预防控制措施，最大限度地降低不利影响，并最大限度地利用出现的机遇（见本标准附录 A.4）。

在日益复杂的动态环境中持续满足要求，并针对未来需求和期望采取适当行动，这无疑是组织面临的一项挑战。为了实现这一目标，组织可能会发现，除了纠正和持续改进，还有必要采取各种形式的改进，如突破性变革、创新和重组。

在本标准中使用如下助动词："应"表示要求；"宜"表示建议；"可"表示允许；"能"表示可能或能够。

"注"的内容是理解和说明有关要求的指南。

本部分内容明确了按 GB/T 19001 标准建立质量管理体系的要求和标准的作用，对 GB/T 19001标准的使用者来说不是要求，但理解这部分内容可以帮助标准的使用者充分了解标准的目的和意义。

采用质量管理体系是一项关系全局的战略性决策，关系到组织的生存和发展，对组织的总体业绩有着重要影响。组织的最高管理者应高度重视采用质量管理体系，使其能为组织带来良好业绩和效益。

标准不要求不同的组织按照统一的结构或文件建立质量管理体系。

本标准所规定的质量管理体系要求与产品要求是有区别的。产品要求是针对具体产品在性能、安全性、可靠性和环境适应性等方面的要求，不是通用的。质量管理体系要求是对组织满足顾客和法律法规、并提供符合要求的产品的能力的要求，是组织在质量方面的管理体系要求。这种要求是通用的，适用于所有行业或经济领域，不论其提供何种产品。

质量管理体系要求不能代替产品要求，是对产品要求的补充。但是，一个组织仅有产品要求，而没有质量管理体系要求，则可能由于缺少对产品实现过程的有效控制，而使产品要求也不能有效或不能稳定地达到。

"注"是理解和说明有关要求的指南，"注"的内容是一种说明性、解释性或提示性表述。

本标准规定的质量管理体系要求能够用于组织的内部和外部（顾客、认证机构和相关的政府部门）评价组织满足顾客、法律法规和组织自身要求的能力。

8.3.1.2 质量管理原则

0.2 质量管理原则

本标准是在 GB/T 19000 所阐述的质量管理原则基础上制定的。每项原则的介绍均包含概述、该原则对组织的重要性的依据、应用该原则的主要益处示例以及应用该原则提高组织绩效的典型措施示例。

质量管理原则是：

——以顾客为关注焦点；

——领导作用；

——全员积极参与；

——过程方法；

——改进；

——循证决策；

——关系管理。

质量管理原则是 ISO 9001 质量管理体系标准建立的理论基础，本次修订重新评估了 2000 版制定的八项质量管理原则。2018 版修订为七项质量管理原则，将 2000 版质量管理原则之一"管理的系统方法"合并到过程方法中。从名称和次序来看，这些质量管理原则无特别大的改动。但在 ISO 9000：2015 中对每一项质量管理原则的内涵进行了全新的阐述，既有对过去的修正和补充，也有一些全新的表达。每一项质量管理原则都从简述、基本原理、关键收益、典型措施四个方面进行详细阐述。

8.3.1.3 过程方法

0.3 过程方法
0.3.1 总则
本标准倡导在建立、实施质量管理体系以及提高其有效性时采用过程方法，通过满足顾客要求增强顾客满意。采用过程方法所需考虑的具体要求见本标准4.4。

将相互关联的过程作为一个体系加以理解和管理，有助于组织有效和高效地实现其预期结果。这种方法使组织能够对其体系的过程之间相互关联和相互依赖的关系进行有效控制，以提高组织整体绩效。

过程方法包括按照组织的质量方针和战略方向，对各过程及其相互作用进行系统的规定和管理，从而实现预期结果。可通过采用PDCA循环（见本标准0.3.2）以及始终基于风险的思维（见本标准0.3.3）对过程和整个体系进行管理，旨在有效利用机遇并防止发生不良结果。

在质量管理体系中应用过程方法能够：

a）理解并持续满足要求；

b）从增值的角度考虑过程；

c）获得有效的过程绩效；

d）在评价数据和信息的基础上改进过程。

单一过程的各要素及其相互作用如图1所示。每一过程均有特定的监视和测量检查点以用于控制，这些检查点根据相关的风险有所不同。

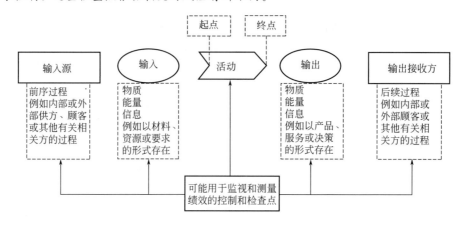

图1　单一过程要素示意图

0.3.2　PDCA循环

PDCA循环能够应用于所有过程以及整个质量管理体系。图2表明了本标准第4章至第10章是如何构成PDCA循环的。

PDCA循环可以简要描述如下：

——策划（P，plan）：根据顾客的要求和组织的方针，建立体系的目标及其过程，确定实现结果所需的资源，并识别和应对风险和机遇。

——实施（D，do）：执行所做的策划；

——检查（C，check）：根据方针、目标、要求和所策划的活动，对过程以及形成的产品和服务进行监视和测量（适用时），并报告结果；

——处置（A，act）：必要时，采取措施提高绩效。

0.3.3　基于风险的思维

基于风险的思维（见本标准A.4）是实现质量管理体系有效性的基础。本标准以前的版本已经隐含基于风险思维的概念，例如：采取预防措施消除潜在的不合格，对发生的不合格进行分析，并采取与不合格的影响相适应的措施，防止其再发生。

为了满足本标准的要求，组织需策划和实施应对风险和机遇的措施。应对风险和机遇，

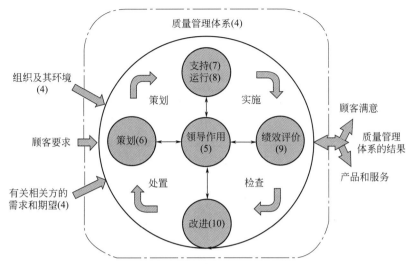

注：括号中的数字表示本标准的相应章节。

图2　本标准的结构在PDCA循环中的展示

为提高质量管理体系有效性、获得改进结果以及防止不利影响奠定基础。

某些有利于实现预期结果的情况可能导致机遇的出现，例如：有利于组织吸引顾客、开发新产品和服务、减少浪费或提高生产率的一系列情形。利用机遇所采取的措施也可能包括考虑相关风险。风险是不确定性的影响，不确定性可能有正面的影响，也可能有负面的影响。风险的正面影响可能提供机遇，但并非所有的正面影响均可提供机遇。

本标准鼓励组织在建立、实施质量管理体系和改进其有效性时采用过程方法，目的是通过满足顾客要求，增强顾客满意。

过程方法：系统地识别和管理组织所应用的过程，特别是这些过程之间的相互作用，此方法结合了"策划-实施-检查-处置"（PDCA循环）和基于风险的思维。

过程方法使组织能够策划过程及其相互作用。

PDCA循环使组织能够确保其过程得到充分的资源和管理，确定改进机会并采取行动。

基于风险的思维使组织能够确定可能导致其过程和质量管理体系偏离策划结果的各种因素，采取预防控制，最大限度地降低不利影响，并最大限度地利用出现的机遇。

在质量管理体系中应用过程方法能够：a. 理解并持续满足要求；b. 从增值的角度考虑过程；c. 获得有效的过程绩效；d. 在评价数据和信息的基础上改进过程。

PDCA循环是一种动态方法，可以在组织内的各个过程及过程间的所有相互作用中进行实施，它与ISO 9001各章节的关系见图8-6。

基于风险的思维是实现质量管理体系有效性的基础。风险是不确定的影响（可以是正面的，也可以是负面的）。质量管理体系的主要用途之一是作为预防工具。

基于风险的思维在本版标准中的下列条款中均有体现：

条款4"组织环境"：组织的质量管理体系及过程需要应对风险和机遇；

条款5"领导作用"：最高管理者应促进基于风险的思维意识，确定和应对影响产品和服务符合性及增强顾客满意的风险和机遇；

条款6"策划"：组织应确定需要应对的风险和机遇，并采取措施；

条款7"支持"：组织应确定和提供应对风险和机遇所必要的资源；

条款8"运行"：组织需要关注实施过程中的风险和机遇；

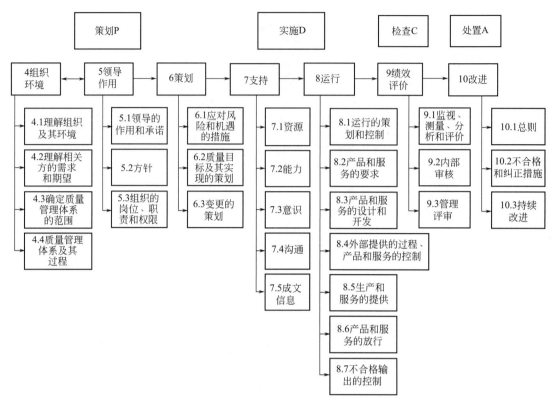

图 8-6　PDCA 循环与标准章节的关系

条款 9 "绩效管理"：组织需要监视、测量、分析和评价所采取的应对风险和机遇的措施的有效性；

条款 10 "改进"：组织应确定改进过程中的风险和机遇。

8.3.1.4　与其他管理体系标准的关系

0.4　与其他管理体系标准的关系

本标准采用 ISO 制定的管理体系标准框架，以提高与其他管理体系标准的协调一致性（见本标准 A.1）。

本标准使组织能够使用过程方法，并结合 PDCA 循环和基于风险的思维，将其质量管理体系与其他管理体系标准要求进行协调或一体化。

本标准与 GB/T 19000 和 GB/T 19004 存在如下关系：

——GB/T 19000《质量管理体系　基础和术语》为正确理解和实施本标准提供必要基础；

——GB/T 19004《追求组织的持续成功　质量管理方法》为选择超出本标准要求的组织提供指南。

本标准附录 B 给出了 SAC/TC 151 制定的其他质量管理和质量管理体系标准（等同采用 ISO/TC 176 质量管理和质量保证技术委员会制定的国际标准）的详细信息。

本标准不包括针对环境管理、职业健康和安全管理或财务管理等其他管理体系的特定要求。

在本标准的基础上，已经制定了若干行业特定要求的质量管理体系标准。其中的某些标准规定了质量管理体系的附加要求，而另一些标准则仅限于提供在特定行业应用本标准的指南。

本标准的章条内容与之前版本（GB/T 19001：2008/ISO 9001：2008）章条内容之间的

对应关系见 ISO/TC 176/SC2（国际标准化组织/质量管理和质量保证技术委员会/质量体系分委员会）的公开网站：www.iso.org/tc176/sc02/public。

本标准与 GB/T 19000 和 GB/T 19004 存在如下关系：

GB/T 19000《质量管理体系　基础和术语》为正确理解和实施本标准提供必要基础；GB/T 19004《追求组织的持续成功　质量管理办法》为选择超出本标准要求的组织提供指南。

本标准不包括针对环境管理、职业健康和安全管理或财务管理等其他管理体系的特定要求。

8.3.2　范围

1. 范围

本标准为下列组织规定了质量管理体系要求：

a）需要证实其具有稳定提供满足顾客要求及适用法律法规要求的产品和服务的能力；

b）通过体系的有效应用，包括体系改进的过程，以及保证符合顾客要求和适用的法律法规要求，旨在增强顾客满意。

本标准规定的所有要求是通用的，旨在适用于各种类型、不同规模和提供不同产品和服务的组织。

注1：本标准中的术语"产品"或"服务"仅适用于预期提供给顾客或顾客所要求的产品和服务。

注2：法律法规要求可称作法定要求。

此处"范围"规定的是本标准的应用范围，不应与组织的质量管理体系范围相混淆。

范围提示了组织适用本标准要达到的目的：证实其有能力持续稳定地满足要求；在满足要求的基础上，主动持续改进体系的过程以及保证符合顾客与适用的法律法规要求，目的在于增强顾客满意，而不仅是防止不合格。

本标准所提及的产品或服务仅适用于预期提供给顾客或顾客所要求的产品和服务，而不适用于组织识别的过程中产生的其他产品和服务，如发电厂的烟尘、炉渣等。

在 2018 版中，将原来的"产品"改为"产品与服务"，这个标准原来主要运用在制造行业，现在在第二、第三产业越来越好用。厨房做出的菜是产品，在餐厅用餐的氛围、温度、湿度就是服务性产品。学校的产品与服务是教学活动，如备课、上课、考试；快递公司的产品与服务是物流运输或包装；酒店的产品与服务是客房或康体服务、餐饮服务。

8.3.3　规范性引用文件

2. 规范性引用文件

下列文件对于本文件的应用是必不可少的。凡是注日期的引用文件，仅注日期的版本适用于本文件。凡是不注日期的引用文件，其最新版本（包括所有的修改单）适用于本文件。

GB/T 19000—2016 质量管理体系　基础和术语（ISO 9000：2015，IDT[❶]）

"规范性引用文件"是理解标准、标准应用的基础和重要组成部分，也是标准的习惯写法。

---

❶　此处 IDT 是 identical 的缩写，"等同采用"之意。

8.3.4 术语和定义

3. 术语和定义

GB/T 19000—2016 界定的术语和定义适用于本文件。

本标准采用 GB/T 19000—2016 中的术语和定义。

新标准列举了 22 个名词解释，与 2008 版 30 个术语不一样。其中，有 7 个专业术语是新增加的。

3.1 利益相关方

人或组织能影响到某个决策或活动，或被影响以及认为自身会被其影响。

3.2 风险

不确定性的影响。

3.3 文件化信息

组织需控制和保持的信息及其包含它的介质。

3.4 绩效

可测量的结果。

3.5 外包

当外部组织履行组织的部分职能或过程所进行的安排。

3.6 监视

确定体系、过程或活动的状态。

3.7 测量

确定数值的过程。

8.3.5 组织环境

8.3.5.1 理解组织及其环境

4.1 理解组织及其环境

组织应确定与其宗旨和战略方向相关并影响其实现质量管理体系预期结果的能力的各种外部和内部因素。

组织应对这些外部和内部因素的相关信息进行监视和评审。

注1：这些因素可能包括需要考虑的正面和负面要素或条件。

注2：考虑来自于国际、国内、地区或当地的各种法律法规、技术、竞争、市场、文化、社会和经济环境的因素，有助于理解外部环境。

注3：考虑与组织的价值观、文化、知识和绩效等有关的因素，有助于理解内部环境。

理解组织及其环境是 2015 新版本增加的要求。建立质量管理体系必须考虑内外部环境对组织的影响，内外部环境是策划质量管理体系的主要输入，例如公司中长期战略目标、公司员工的素质等。这些因素直接影响到是否要策划一些文件来控制过程的有效运行，以此确保体系的有效性。有些企业执行力差，公司就必须策划出一些提升执行力意识的措施，并进行督查，否则质量体系将失效。

企业在建立和实施质量管理体系时，要先就企业内外部环境做 SWOT 或其他方式的风险分析，诊断影响公司战略目标、愿景的失控点，策划出一个文件清单。这个文件清单可评价体系策划的有效性。

寻找组织（质量管理体系认证）环境内外部因素的突破口就是以本标准中 4.2"理解相关方的需求和期望"中的主角"相关方"，再加上组织内部人员与部门以及顾客，就构成了内外部因素的主体，且为解读与实施本标准 6.1"应对风险和机遇的措施"打下坚实的有利基础。为什么要对确定的内外部因素相关的信息进行监视和评审呢？主要还是针对监视与评审后的结果来调整与改进组织质量管理体系及其管理过程，包括与其相关的资源、人员、工艺技术、产品控制乃至质量管理战略调整等，从而能持续满足顾客要求和适用质量管理相关法规标准的要求，并消除质量管理风险，某些情形下消除风险活动的副产物就是为组织质量管理带来机遇。

8.3.5.2 理解相关方的需求和期望

4.2 理解相关方的需求和期望

由于相关方对组织稳定提供符合顾客要求及适用法律法规要求的产品和服务的能力具有影响或潜在影响，因此，组织应确定：

a）与质量管理体系有关的相关方；

b）与质量管理体系有关的相关方的要求。

组织应监视和评审这些相关方的信息及其相关要求。

质量管理体系认证发展到当今，组织仅满足顾客要求是远远不够的，满足有关相关方的要求日显重要，甚至在某种程度上与满足顾客要求同等重要。质量管理体系的推行，必须考虑到供应商、客户、最终用户、监管机构、分销商、外包商、员工的要求，并作为体系策划的因素。比如客户不讲信用，付款不及时，导致供应商积极性差、来料不准时、品质不稳定，严重影响公司产品的品质，因此，在策划质量体系时，就必须把对供应商的激励、考核当作质量管理体系的一部分。

8.3.5.3 确定质量管理体系的范围

4.3 确定质量管理体系的范围

组织应确定质量管理体系的边界和适用性，以确定其范围。

在确定范围时，组织应考虑：

a）本标准 4.1 中提及的各种外部和内部因素；

b）本标准 4.2 中提及的相关方的要求；

c）组织的产品和服务。

如果本标准的全部要求适用于组织确定的质量管理体系范围，组织应实施本标准的全部要求。

组织的质量管理体系范围应作为成文信息，可获得并得到保持。该范围应描述所覆盖的产品和服务类型，如果组织确定本标准的某些要求不适用于其质量管理体系范围，应说明理由。

只有当所确定的不适用的要求不影响组织确保其产品和服务合格的能力或责任，对增强顾客满意也不会产生影响时，方可声称符合本标准的要求。

本条款的意图是在组织确定范围后，避免对环境相关事宜（条款 4.1）、相关方及其需求（条款 4.2）、组织产品及服务的描述过于宽泛或受限，并对每一要求的适用性进行正确评估。在确定质量管理体系范围时，组织应考虑条款 4.1 和 4.2 中的以下问题：相关的外部及内部事宜；可能影响质量管理体系的相关方要求。

范围的确定应考虑下列各项：产品及服务；质量管理体系的基础设施，包括不同现场及活动；由外部供应的相关过程；商业方针及战略；外包；集中/外部供应活动/过程/产品及服务；组织知识。

为确定质量管理体系范围，应通过下列活动获取输入信息：评估 ISO 9001 要求的适用性，并对不适用的要求进行调整，列明这些不适用要求不会影响达成产品或服务一致性的能力和责任；基于已识别的事件影响、组织能力、相关方及法律要求，对已收集信息进行分析；确定为确保产品及服务一致性，以及提升顾客满意度所需的过程、产品及服务。

组织需将确定的管理体系范围形成文件化信息，并纳入上述活动的输出。形成文件的信息包括对不适用条款的理由说明。

8.3.5.4 质量管理体系及其过程

4.4 质量管理体系及其过程

4.4.1 组织应按照本标准的要求，建立、实施、保持和持续改进质量管理体系，包括所需过程及其相互作用。

组织应确定质量管理体系所需的过程及其在整个组织中的应用，且应：

a) 确定这些过程所需的输入和期望的输出；

b) 确定这些过程的顺序和相互作用；

c) 确定和应用所需的准则和方法（包括监视、测量和相关绩效指标），以确保这些过程的有效运行和控制；

d) 确定这些过程所需的资源并确保其可获得；

e) 分配这些过程的职责和权限；

f) 按照本标准 6.1 的要求应对风险和机遇；

g) 评价这些过程，实施所需的变更，以确保实现这些过程的预期结果；

h) 改进过程和质量管理体系。

明确要求过程方法是质量管理体系的重要部分，要求用过程方法来策划体系，并进行内部审核。本条款的意图是确定质量管理体系所需的过程，特别是考虑其在组织中的应用，故条款 a) 至 h) 的识别和确定使得质量管理体系完全纳入到组织的经营管理之中。

组织应对过程有清晰的认识，一个过程包括：一是一组相互关联或相互作用的活动；二是将输入转化为输出；三是通过对过程的控制和检查，促进绩效提升及改进推广。

超出控制过程运行所需的额外文件化信息需求，可能取决于本标准所列要求之外的其他要求，例如顾客强制性要求和组织特定要求。组织开展的质量管理实践活动的典型输出可能包括：书面程序、网站/内网、数据服务器、工作指导书、手册、指南、标准样品、软件、表格、记录等。

4.4.2 在必要的范围和程度上，组织应：

a) 保持成文信息以支持过程运行；

b) 保留成文信息以确信其过程按策划进行。

本条款对过程维持和保留形成文件的信息提出了要求。对照 2008 版 9001 条款 4.1 中有"组织应按本标准要求建立质量管理体系，将其形成文件……"字样，新版标准条款 4.4.1 中不再有"将其形成文件"的要求，可以理解为新版标准条款 4.4.2 的要求是对前版标准笼统文件化的一种合理修正。关于形成文件信息要求的适当关注，参见对本标准条款 7.5 的相应解释。

8.3.6 领导作用

8.3.6.1 领导作用和承诺

5. 领导作用

5.1 领导作用和承诺

5.1.1 总则

最高管理者应通过以下方面，证实其对质量管理体系的领导作用和承诺：

a）对质量管理体系的有效性负责；

b）确保制定质量管理体系的质量方针和质量目标，并与组织环境相适应，与战略方向相一致；

c）确保质量管理体系要求融入组织的业务过程；

d）促进使用过程方法和基于风险的思维；

e）确保质量管理体系所需的资源是可获得的；

f）沟通有效的质量管理和符合质量管理体系要求的重要性；

g）确保质量管理体系实现其预期结果；

h）促使人员积极参与，指导和支持他们为质量管理体系的有效性作出贡献；

i）推动改进；

j）支持其他相关管理者在其职责范围内发挥领导作用。

注：本标准使用的"业务"一词可广义地理解为涉及组织存在目的的核心活动，无论是公有、私有、营利或非营利组织。

本条款规定了最高管理者应承担的领导作用和承诺。这个条款新增了很多内容，如建立方针与目标要与组织战略方向一致、鼓励过程方法的意识和创新、支持员工参与、支持其他管理者发挥部门领导作用等。

中小企业不能只把企业当作赚钱工具，而要定出自己的企业愿景、战略目标、经营理念、历史使命。组织的质量方针不但要理解，而且要落实，组织要服从方针的要求。在组织内导入过程方法，要有输入输出的意识、过程横向管理的意识，部门与部门之间、上下工序之间能相互制约、相互监督，确保体系的有效循环。

领导要鼓励员工参与到组织的管理创新中，全员参与，发挥员工的作用，开发员工潜能。现在某些中小企业的员工边缘化严重，员工被认为不重要，员工只被机械使用，员工的能力受到压抑，没有成就感，员工流失严重。

互联网时代，科技的发展推动产品更新换代速度加快，创新和发展是任何组织永恒的主题。华为公司因创新而在全球服务器和手机领域目前占有很大优势，而诺基亚及日本某些公司创新稍差，当前消费电子产品的风光不再如前。

5.1.2 以顾客为关注焦点

最高管理者应通过确保以下方面，证实其以顾客为关注焦点的领导作用和承诺：

a）确定、理解并持续地满足顾客要求以及适用的法律法规要求；

b）确定和应对风险和机遇，这些风险和机遇可能影响产品和服务合格以及增强顾客满意的能力；

c）始终致力于增强顾客满意度。

本条款规定了最高管理者在以顾客为关注焦点所发挥的领导作用和承诺。a）、c）条款是新增内容，明确要求体系识别客户与法律法规要求，并持续满足。

风险思维要求在新项目导入时要识别项目风险，如产品质量风险、销售地区所在法律法规的风险、安全风险、可靠性风险、可维修性风险。项目导入成功后，还要考虑是否可准时交货的风险。

8.3.6.2 方针

5.2 方针

5.2.1 制定质量方针

最高管理者应制定、实施和保持质量方针，质量方针应：

a）适应组织的宗旨和环境并支持其战略方向；

b）为建立质量目标提供框架；

c）包括满足适用要求的承诺；

d）包括持续改进质量管理体系的承诺。

组织的质量方针可单独形成文件，也可以写进《质量手册》，组织或上级组织的愿景、使命（宗旨）、战略方向等也可以融入其质量方针之中，满足本条款 a）至 d）要求的质量方针示例如下：

例如某啤酒公司愿景、使命、战略与质量方针：

a. 愿景：成为集团公司的示范性旗舰工厂，为集团公司雄踞中国与世界啤酒业前四强做出贡献。

b. 使命：为国人提供品质最佳、品牌最佳的啤酒。

c. 战略：通过全球领先的质量管理体制与机制、高素质行业人才、领先的装备与技术、顶级质量的原料来确保愿景与使命的实现。

d. 质量方针：用最好的原料、最好的酿造技术、领先的质量管理体系酿造出消费者喜爱的产品，通过品牌来提升消费者的生活品质与品位。

通过生产策划、成熟度与新鲜度控制、仓储物流过程有效管理，确保每瓶啤酒给消费者带来享受和快乐。

持续识别、遵守、监视并合规性评价与质量及食品安全管理相关的适用法规标准要求。

通过不断优化质量管理过程及其绩效指标来持续改进公司的质量管理体系。

5.2.2 沟通质量方针

质量方针应：

a）可获取并保持成文信息；

b）在组织内得到沟通、理解和应用；

c）适宜时，可为有关相关方所获取。

本条款规定了组织要通过各种途径在与组织相关的相关方进行质量方针的沟通，使相关方能够理解组织的使命与战略、愿景和目标。如将经组织的最高管理者签字发布的质量方针制成镜框并挂在组织各场所的醒目位置，在不同的会议场所（包括相关方来组织时所待的场所，诸如接待室、休息室、食堂、原料接收处等），各类 PPT 报告的前几页打上质量方针（及组织愿景、使命与战略）以及公司网站、宣传视频等。

8.3.6.3 组织的岗位、职责和权限

5.3 组织的岗位、职责和权限

最高管理者应确保组织相关岗位的职责、权限得到分配、沟通和理解。

最高管理者应分配职责和权限，以：

a) 确保质量管理体系符合本标准的要求；

b) 确保各过程获得其预期输出；

c) 报告质量管理体系的绩效以及改进机会（见本标准10.1），特别是向最高管理者报告；

d) 确保在整个组织推动过程中以顾客为关注焦点；

确保在策划和实施质量管理体系变更时保持其完整性。

本标准的意图是确保最高管理者对相关岗位进行指派，并确保这些人员了解自己的职责（希望做的事情）、权限（允许做的事情）以及各类工作的负责人、职责和权限之间的关系。

企业在初创之始，最高管理者即招兵买马组织人力资源，建立组织结构，以便于职责清晰地分工完成最高管理者安排的工作任务。一个企业的岗位设置、岗位的职责权限通常是高层决策的结果。从正面理解，每个员工应能描述本岗位的作用、价值、职责、权限；从反面理解，当员工遇事时，知道应该找谁解决；或者是当事情发生时，知道哪些人与此事有责任。审核时可以抽查基层骨干人员对管理人员的职责权限是否了解，或抽查新调整岗位人员对本职岗位的理解。

在企业运行过程中，有些管理者根据自己的喜好，超越职责定位来安排工作，造成该当责的一方消极怠工，不该当责的一方不堪重负，如某家民营企业是世界500强企业配套供货商，为了提升绩效，他们招了一名能力出众的生产厂长，可能总经理认为既然付你那么高的薪水，就要人尽其用，于是厂长不但管生产、质量，仓库也成了他需要关注的甚至管理的对象，总经理遇到事情都喜欢问厂长，也喜欢布置任务给厂长，而品管经理、仓库经理遇到问题也不再积极解决。厂长由于过度劳累，最终提出了辞职，总经理虽然多次挽留，但依然没能留住厂长一颗想走的心。职责不清使厂长成了多个职能的代言，既劳心劳力，又不好处理与品质经理、仓库经理之间的关系，最终只好选择离开。

8.3.7　策划

8.3.7.1　应对风险和机遇的措施

6　策划

6.1　应对风险和机遇的措施

6.1.1　在策划质量管理体系时，组织应考虑到本标准4.1所提及的因素和本标准4.2所提及的要求，并确定需要应对的风险和机遇，以：

a) 确保质量管理体系能够实现其预期结果；

b) 增强有利影响；

c) 预防或减少不利影响；

d) 实现改进。

6.1.2　组织应策划

a) 应对这些风险和机遇的措施；

b) 如何：

1）在质量管理体系过程中整合并实施这些措施（见本标准4.4）；

2）评价这些措施的有效性。

应对措施应与风险和机遇对产品和服务符合性的潜在影响相适应。

注1：应对风险可选择规避风险，为寻求机遇承担风险，消除风险源，改变风险的可能性或后果，分担风险，或通过信息充分的决策而保留风险。

注2：机遇可能导致采用新实践、推出新产品、开辟新市场、赢得新顾客、建立合作伙伴关系、利用新技术和其他可行之处，以应对组织或其顾客的需求。

在组织推行质量管理体系时，组织总是希望达到预期的目标和期望，所以组织在策划的时候就要识别出内部环境、外部环境和相关方的需求对结果的影响。对于这些影响要识别出其中的风险和机遇，然后针对这些风险和机遇制定预防的措施。这就是"基于风险的思维"方式。

风险主要是过程和质量体系的风险，例如客户要求得不到满足、环保产品要求得不到满足、材料没办法准时交货、只靠员工自检产品得不到保证等风险。

在识别风险和机遇后，组织要制定对应的措施来管理，同时也要评价这些措施的有效性。

在本条款中，没有正式要求组织使用风险管理的框架（ISO 31000）来识别和管理风险，所以组织可以根据组织自身的情况自由地选择风险管理的方法。例如 SWOT 分析法、PESTEL 分析法、汽车行业的失效模式和影响分析法（FMEA）、医疗器材的失效模式与影响分析（FMECA）、食品行业的危害分析与关键控制点（HACCP）。

8.3.7.2 质量目标及其实现的策划

6.2 质量目标及其实现的策划

6.2.1 组织应针对相关职能、层次和质量管理体系所需的过程建立质量目标。

质量目标应：

a）与质量方针保持一致；

b）可测量；

c）考虑适用的要求；

d）与产品和服务合格以及增强顾客满意相关；

e）予以监视；

f）予以沟通；

g）适时更新。

组织应保持有关质量目标的成文信息。

本条款规定了组织应策划并建立质量目标。制定质量目标应做到"四符合"：是否与组织的实际情况相符合，且与组织的质量方针保持一致；是否符合适用的法律法规和技术标准的要求；是否符合组织产品、服务的特性、特点；是否符合顾客的要求。

标准要求组织应在相关职能、层次、过程建立质量目标，这里包含两个问题：一是相关职能、层次、过程的质量应高于或等于组织的总目标，这样才能保证总目标的实现；二是相关职能、层次、过程质量目标与总目标的制定方法，即自上而下的方法和自下而上的方法。

在制定质量目标时，质量目标应该是经过努力可以实现的，既不能高不可攀，也不能唾手可得，应保持质量目标的可行性和激励性。质量目标应该量化、可测量。

顾客满意度是一项重要的质量目标。2015 版标准"9.12 顾客满意"要求，组织应监视顾客对其要求满足程度的数据，应获取的数据包括顾客反馈、顾客对组织及其产品和服务的意见和感受。最为关键的是确立正确的获取、统计分析和评价相关数据，确保数据的真实性和可靠性，绝不能弄虚作假、敷衍了事，否则难以增强顾客满意的机会，实现持续改进。

6.2.2 策划如何实现质量目标时，组织应确定：

a）要做什么；

b）需要什么资源；

c）由谁负责；

d）何时完成；

e）如何评价结果。

本条款规定了如何实现质量目标时的要求。为了确保质量目标的实现，首先应按照

2015版标准新增的下列要求来进行策划、落实，即在策划目标的实现时，组织应确定：做什么；所需的资源；责任人；完成的时间表；结果如何评价。

产品和服务的质量目标应体现在标书、合同中。与产品和服务有关的要求，无论是适用于产品和服务的法律法规和技术标准的要求，还是顾客规定的要求，以及顾客虽然没有明示，但具体的用途或已知的预期用途所必需的要求和组织认为必要的任何附加要求，最主要的还是体现在质量目标上。

产品和服务运行策划和实施过程中必须关注质量目标。质量目标是最能体现产品和服务实现过程最终结果的标志，也就是过程的绩效。因此，必须从运行策划开始即考虑、确定相关的质量目标。

质量目标的评价、评审过程中，既应对已实现的质量目标进行评价、评审，分析出实现质量目标的有效措施、有效过程，以及进一步提高质量目标水平的可行性，同时也要分析未实现质量目标的原因和应采取的纠正措施，以利于持续改进。

8.3.7.3 变更的策划

6.3 变更的策划

当组织确定需要对质量管理体系进行变更时，变更应按所策划的方式实施（见本标准4.4）。

组织应考虑：

a) 变更目的及其潜在后果；

b) 质量管理体系的完整性；

c) 资源的可获得性；

d) 职责和权限的分配或再分配。

本条款规定了质量目标需要变更时应该如何实施变更。此部分涉及两个方面：

① 什么情况下需要变更？

a. 质量管理体系建立和实施的初始阶段；

b. 组织结构、生产工艺发生了重大变化、需要对质量管理体系进行调整的时候；

c. 有了新的要求的时候；

d. 多个管理体系整合的时候。

② 变更要考虑的事情？如标准所讲的四件事情需要考虑：

a. 变更目的及其潜在后果；

b. 质量管理体系的完整性；

c. 资源的可获得性；

d. 责任和权限的分配或再分配。

8.3.8 支持

8.3.8.1 资源

7 支持

7.1 资源

7.1.1 总则

组织应确定并提供所需的资源，以建立、实施、保持和持续改进质量管理体系。

组织应考虑：

a) 现有内部资源的能力和局限性；

b）需要从外部供方获得的资源。

本条款规定了组织应确定并提供所需的资源。总则提到了要考虑内部资源的局限性。局限性这三个字是新加上去的。资源包括：人员、基础设施、过程运行环境、监视和测量资源、组织的知识等，含义更广。2008版的资源只包括基础设施、人力资源、工作环境。

7.1.2 人员

组织应确定并提供所需要的人员，以有效实施质量管理体系并运行和控制其过程。

本条款规定了组织应确定并提供所需要的人员。人力资源是第一资源，人员的配备也是体系有效运行的保证。

7.1.3 基础设施

组织应确定、提供和维护过程运行所需的基础设施，以获得合格产品和服务。

注：基础设施可包括：

a）建筑物和相关设施；

b）设备，包括硬件和软件；

c）运输资源；

d）信息和通信技术。

基础设施是组织运行所必需的设施、设备和服务的系统。组织应确定、提供并维护为达到产品符合要求所需的基础设备。确定并提供基础设施，是为了实施、保持质量管理体系并持续改进其有效性的基础，也是为了符合产品要求，达到顾客满意的必备条件；维护则是为了保持基础设施能够正常运行的能力。

适用时，基础设施包括以下内容。

a. 建筑物、工作场所和相关的设施。相关设施是指与建筑物配套的通风、照明、空调、电力供应等设施；

b. 过程设备（硬件和软件）。此处"设备"应当是一种泛指的装备概念，可以是与过程相关的各种设施、设备、工具、辅具、测量用仪器仪表、生产或服务提供所需的专用器具等；

c. 支持性服务（如运输或通讯）。

7.1.4 过程运行环境

组织应确定、提供并维护过程运行所需要的环境，以获得合格产品和服务。

注：适当的过程运行环境可能是人文因素与物理因素的结合，例如：

a）社会因素（如无歧视、和谐稳定、无对抗）；

b）心理因素（如舒缓心理压力、预防过度疲劳、保护个人情感）；

c）物理因素（如温度、热量、湿度、照明、空气流通、卫生、噪声等）。

由于所提供的产品和服务不同，这些因素可能存在显著差异。

过程运行环境是指工作时所处的一组条件，条件可包括物理的、社会的、心理的和环境的因素，过程运行环境能对在环境中工作的人和物产生影响。因此，也是需要重视和予以控制的一种资源。

组织应确定并管理为达到产品符合要求所需过程运行环境，应当考虑以下内容。

a. 对人员有影响的环境因素，如社会因素（无歧视、和谐稳定、无对抗）、心理因素（如舒缓心理压力、预防过度疲劳、保护个人情感）。

b. 对人和物均有影响的环境因素，物理因素：如环境的温度、湿度、照明、通风、洁净度、噪声、振动和污染等。

不同产品要求符合不同的环境条件，如生产食品的场所要求一定的温度和湿度，生产药品的场所要求超净环境等。

7.1.5 监视和测量资源

7.1.5.1 总则

当利用监视或测量来验证产品和服务符合要求时，组织应确定并提供所需的资源，以确保结果有效和可靠。

组织应确保所提供的资源：

a）适合所开展的监视和测量活动的特定类型；

b）得到维护，以确保持续适合其用途。

组织应保留适当的成文信息，作为监视和测量资源适合其用途的证据。

此条款是对监视资源和测量资源的通用要求，在管理方面，都要进行维护，如进行清洁、防锈、防护等，以免损坏，以及确认是否能正常使用。为了做好监视和测量的工作，企业应配置必要的、适用的监视和测量资源，这些资源要能保证达到策划的监视和测量的结果要求，而且要用起来方便，做好日常的维护保养。审核时可以要求提供这些资源清单，判断是否适用，是否能达到预期的使用意图。

7.1.5.2 测量溯源

当要求测量溯源时，或组织认为测量溯源是信任测量结果有效的基础时，测量设备应：

a）对照能溯源到国际或国家标准的测量标准，按照规定的时间间隔或在使用前进行校准和（或）检定，当不存在上述标准时，应保留作为校准或验证依据的成文信息；

b）予以识别，以确定其状态；

c）予以保护，防止由于调整、损坏或衰减所导致的校准状态和随后的测量结果的失效。

当发现测量设备不符合预期用途时，组织应确定以往测量结果的有效性是否受到不利影响，必要时应采取适当的措施。

该条款是针对测量设备多出来的要求，不仅要满足本标准7.1.5.1的要求，测量设备还需要定期校准和（或）检定，并且校准或检定的方法还要溯源到国际或国家标准的测量标准，如果没有相应的标准，应保留作为校准或验证依据的成文信息。另外还要有标识如校准、检定标签等，进行保护，以及当发现测量设备不符合预期用途时的要求。

7.1.6 组织的知识

组织应确定必要的知识，以运行过程，并获得合格产品和服务。

这些知识应予以保持，并能在所需的范围内得到。

为应对不断变化的需求和发展趋势，组织应审视现有的知识，确定如何获取或接触更多必要的知识和知识更新。

注1：组织的知识是组织特有的知识，通常从其经验中获得，是为实现组织目标所使用和共享的信息。

注2：组织的知识可基于：

a）内部来源（如知识产权、从经验获得的知识、从失败和成功项目吸取的经验和教训、获取和分享未成文的知识和经验，以及过程、产品和服务的改进结果）；

b）外部来源（如标准、学术交流、专业会议、从顾客或外部供方收集的知识）。

"知识"作为一种资源出现在 ISO 9001 标准中，这是本次标准换版的重要变化之一，同时也是一个全新的要求，特别是对于知识管理、知识产权等方面意识和实践普遍薄弱的国内企业而言，如何满足新版标准的有关要求，加强对"知识"的管理，将这种资源有效转换为价值是需要重点考虑的事情。

知识来源于个人或组织所进行的学习、实践和探索活动，知识是经过"编辑"或"整理"后的信息，也是个人或组织所具有的认识、判断或技能。从其载体的角度，知识可以分为显性知识和隐性知识，所谓显性知识是以文字、符号、图形等方式表达的知识，而隐性知识，是未以文字、符号、图形等方式表达的知识，存在于人的大脑中。对于一般的组织而言，如何将隐性的知识转换为显性的知识是知识管理的重要内容，因为很明显，随着人员的流动，那些隐性知识都会随之流失，这对组织来说是一种损失。

为了确保体系有效性、顾客满意，企业方必须获得一定的知识，如食品科学知识、食品机械与设备、食品分析与检测、食品工艺学、作业指导书、平时的一些经验和教训形成的培训资料，这些知识要保存，需要的员工容易获得。

企业方要有知识管理，以明确的流程规定知识的获取、保管、使用、变更。

8.3.8.2　能力

7.2　能力

组织应：

a）确定在其控制下工作的人员所需具备的能力，这些人员从事的工作影响质量管理体系绩效和有效性；

b）基于适当的教育、培训或经验，确保这些人员是胜任的；

c）适用时，采取措施以获得所需的能力，并评价措施的有效性；

d）保留适当的成文信息，作为人员能力的证据。

注：适当措施可包括对在职人员进行培训、辅导或重新分配工作，或者聘用、外包胜任的人员。

人力资源是质量管理中最重要的资源，本条款规定了从事影响产品要求符合性的人员能力。应从教育、培训、技能和经验四个方面评价能力具备性，并建立人员考核、评估制度。2008 版强调能力、培训、意识，2015 版则强调能力与意识，培训只是其中的一种手段。新版本必须要提供人员胜任工作的证据，如工作证、上岗证、考核证据、培训记录。能力是训练出来的，如岗位轮换、师傅带徒弟、培训。

7.3　意识

组织应确保在其控制下工作的人员知晓：

a）质量方针；

b）相关的质量目标；

c）他们对质量管理体系有效性的贡献，包括改进绩效的益处；

d）不符合质量管理体系要求的后果。

在 2008 版中意识是与能力培训放在一起，现在列为单独条款，意味着新版本更加重视员工的品质意识的培训、宣传。意识包括品质意识、成本意识、效率与速度意识、安全与健康意识，这些意识是通过培训、宣传、会议、稽查来加强的。

组织应确保控制范围内的所有工作人员：

a. 认识到所从事活动的相关性和重要性，以及如何为实现质量目标做出贡献；

b. 知晓质量方针、相关质量目标、对质量管理体系有效性的贡献及不符合质量管理体系可能引发的后果；

c. 沟通是确保意识养成的重要手段；

d. 组织应实施质量意识方面的培训；

e. 应让组织内影响质量管理体系绩效和有效性的人员知晓自己应承担的职责、可能产生的负面影响及降低知晓负面影响所采取的控制措施和目标。

在年度培训计划中，必须要有员工品质意识的培训、方针目标的培训及自己工作内容与不遵守规则后果的培训。

7.4 沟通

组织应确定与质量管理体系相关的内部和外部沟通，包括：

a) 沟通什么；

b) 何时沟通；

c) 与谁沟通；

d) 如何沟通；

e) 谁来沟通。

本条款规定了组织应确定与质量管理体系相关的内部和外部沟通。组织要明确沟通的内容、时机、对象要求；新版本要求明确公司会议安排、会议制度，作为公司沟通的重要手段。要提供的证据，如会议记录表、联络单、变更单、通知单等。

沟通对象一般包括：

a. 工作有接口的外部相关方；

b. 工作有接口的部门/层次/岗位；

c. 管理者与不同层次的员工。

沟通的方式可以是多种多样的，主要看是否能够有效沟通、及时沟通。

7.5 成文信息

7.5.1 总则

组织的质量管理体系应包括：

a) 本标准要求的成文信息；

b) 组织所确定的、为确保质量管理体系有效性所需的成文信息。

注：对于不同组织，质量管理体系成文信息的多少与详略程度可以不同，取决于：

——组织的规模以及活动、过程、产品和服务的类型；

——过程及其相互作用的复杂程度；

——人员的能力。

7.5.2 创建和更新

在创建和更新成文信息时，组织应确保适当的：

a) 标识和说明（如标题、日期、作者、索引编号）；

b) 形式（如语言、软件版本、图表）和载体（如纸质的、电子的）；

c) 评审和批准，以保持适宜性和充分性。

7.5.3 成文信息的控制

7.5.3.1 应控制质量管理体系和本标准所要求的成文信息，以确保：

a) 在需要的场合和时机，均可获得并适用；

b）予以妥善保护（如防止泄密、不当使用或缺失）。

7.5.3.2 为控制成文信息，适用时，组织应进行下列活动：

a）分发、访问、检索和使用；

b）存储和防护，包括保持可读性；

c）更改控制（如版本控制）；

d）保留和处置。

对于组织确定的策划和运行质量管理体系所必需的来自外部的成文信息，组织应进行适当识别，并予以控制。

对所保留的、作为符合性证据的成文信息应予以保护，防止非预期的更改。

注：对成文信息的"访问"可能意味着仅允许查阅，或者意味着允许查阅并授权修改。

文件化信息是质量管理体系策划、运行、监视、评价过程的承载媒介。形成文件信息的控制需要关注的关键词：

a. 批准：批准权限，即文件有谁批准；

b. 审核：充分性和适宜性；

c. 更改：评审更新的必要性，更新后再批准；

d. 使用：有关现场得到相应文件的有效版本，防止泄密、滥用、缺损；

e. 标识：受控、非受控；

f. 识别：外来文件的有效性，控制发放；

g. 作废：应标识、收回处理；

h. 载体方式：纸质、电子文档；

i. 防止非预期篡改。

文件化信息包括文件、信息、记录。文件可以是程序文件、过程运作文件、外来文件。信息可以是文件化，也可以非文件化。

本标准中保持文件化信息（文件）有4处，分别是本标准4.3确定质量管理体系范围，本标准4.4质量管理体系及其过程，本标准8.1运行策划和控制；本标准8.5.1生产和服务提供的控制，这些文件可以是程序文件或过程运作文件。

本标准中保留文件化信息有23处。它们是：本标准4.1理解组织及其背景（保留内外部问题的信息）；本标准4.2理解相关方的需求和期望（保留监视测量的记录）；本标准4.4质量管理体系及其过程（保留证实过程的记录）；本标准6.2质量目标及其实现的策划；本标准7.1.5监视和测量资源（测量用途，校准或检定记录）；本标准7.2能力（保留人员能力的文件信息）；本标准8.1运行策划和控制（保留策划过程的记录）；本标准8.2.3与产品和服务有关的要求的评审（保留评审记录）；本标准8.3.2设计和开发策划（保留策划记录）；本标准8.3.3设计和开发输入（保留输入记录）；本标准8.3.4设计和开发控制（保留验证、评审、确认记录）；本标准8.3.5设计和开发输出（保留设计文件过程的记录）；本标准8.3.6设计和开发更改（保留设计文件更改记录）；本标准8.4外部提供过程，产品和服务控制（保留供应商评价记录）；本标准8.5.2标识和可追溯性（保留标识记录）；本标准8.5.3顾客或外部供方的财产（保留相关文件记录）；本标准8.5.6更改控制（保留更改评审记录）；本标准8.6产品和服务的放行（保留放行记录）；本标准8.7不合格输出的控制（保留不合格输出处置过程的记录）；本标准9.1监视测量分析和评价（保留监测结果的记录）；本标准9.2内部审核（保留内部审核记录）；本标准9.3.2管理评审输入（保留管理评审记录）；本标准10.2不合格和纠正措施（保留不合格性质和纠正措施记录）。

质量管理体系文件控制的目的是为了确保各个过程所使用的文件是充分的与适宜的。文件失控，将影响到组织质量管理体系的有效实施；因此，组织应编制必要的过程运作文件，包括规划、计划、措施、规定等。

应对文件的编制、审核、批准、发放、使用、变更、再批准、处理等活动做出规定。正式的文件应包括文件名、编号、编审批署名和发布日期。文件发布前，必须对其适用性进行评审，评审后经相关授权人批准发布。

组织应确保在使用场所得到有效文件。组织内部文件应予以控制。对外提供文件信息应经授权人批准，提供给顾客和相关方的文件变更不予追溯，不换新。

识别文件的现行状态，文件状态是指文件是否有效的状态。可采用文件控制清单或文件上进行标识等方式反映其状态，文件经过修改后，可采用不同文件状态编号来反映其不同的修订版本。

组织应规定文件信息的防护、储存、检索、保密等办法。

外来文件是指与组织质量管理体系相关的来自外部的文件，如与产品有关的国家或地方法律法规、技术标准、规范、来自顾客或供应商的标准、图样、验收准则。对外来文件应识别跟踪新的信息，确保获得和使用有效的外来文件，防止误用。

记录是阐明所取得的结果或提供所完成活动的证据的文件。即记录为判定产品和服务是否符合规定要求及体系是否有效运行提供证据。记录内容应真实、准确、清晰、规范、填写及时、签署完整，标识明确，易于识别和检索。

8.3.9 运行

8.3.9.1 运行的策划和控制

8 运行

8.1 运行的策划和控制

为满足产品和服务提供的要求，并实施本标准第 6 章所确定的措施，组织应通过以下措施对所需的过程（见本标准 4.4）进行策划、实施和控制。

（1）确定产品和服务的要求

（2）建立下列内容的准则

a. 过程

b. 产品和服务的接收

（3）确定所需的资源以使产品和服务符合要求

（4）按照准则实施过程控制

（5）在必要的范围和程度上，确定并保持、保留成文信息，以：

a. 确信过程已经按策划进行；

b. 证实产品和服务符合要求。

策划的输出应适合于组织的运行。

组织应控制策划的变更，评审非预期变更的后果，必要时，采取措施减轻不利影响。

组织应确保外包过程受控（见本标准 8.4）。

本条款规定了组织为满足产品和服务提供的要求，应通过一定措施对所需的过程进行策划、实施和控制。

① 策划 包括产品实现策划的过程，是多个过程的集合，其起点是确定产品要求，其终点是将产品交付给顾客（适用时还包括后续活动，如售后服务）。核心的要求：a. 确定要求；b. 建立准则；c. 所需资源；d. 按照准则实施；e. 形成运行控制的证据；f. 变更的控

制；g. 外包控制要求。

② 产品和服务 实现策划过程是从识别产品要求、确定产品质量目标开始，到向顾客交付及交付后服务的全部过程，是质量管理体系直接增值的过程。

③ 实施 策划首先应考虑过程可能面临的风险和机遇这些关键因素，包括顾客和相关方需求。

④ 控制 实现策划是针对特定产品的具体活动和过程，它不同于质量管理体系策划、设计和开发策划。

实现策划过程包括以下内容。

a. 策划对象：产品、项目、合同、工程。

b. 策划内容：产品和服务的质量目标、要求和职责；所需生产服务过程（识别一般过程、关键过程和特殊过程）；所需文件，记录；所需资源和设施；确定验收准则；确定测量、监视、验证、检验、试验、确认活动的安排；特定项目的特殊措施（如对资源、验证的特殊要求）。

c. 策划输出：策划会议纪要；项目生产服务计划；工作大纲；质量计划；技术组织措施；工艺规程，作业指导书；矩阵图。

8.3.9.2 产品和服务的要求

8.2 产品和服务的要求
8.2.1 顾客沟通
与顾客沟通的内容应包括：

a）提供有关产品和服务的信息；

b）处理问询、合同或订单，包括更改；

c）获取有关产品和服务的顾客反馈，包括顾客投诉；

d）处置或控制顾客财产；

e）关系重大时，制定应急措施的特定要求。

组织与顾客沟通的目的是为了使组织充分理解顾客的要求与期望，本条款 a）至 e）列出了沟通内容。组织应有效实施且确保沟通有效并实现顾客要求。

沟通包括售前、售中、售后沟通。售前主要是打样、产品规格要求、价格、交期、数量等方面的沟通；售中主要指交货进度的沟通；售后主要是工程变更、交货安排、客户投诉与退货的沟通。

8.2.2 产品和服务要求的确定
在确定向顾客提供的产品和服务的要求时，组织应确保：

（1）产品和服务的要求得到规定，包括：

a. 适用的法律法规要求；

b. 组织认为的必要要求。

（2）提供的产品和服务能够满足所声明的要求。

本条款放在了顾客沟通之后，这一变化表明组织在确定要向顾客提供什么产品和服务时应充分考虑顾客的想法。

本条款强调组织在确定产品和服务的要求时应考虑组织的能力，确保组织能够满足组织所确定的产品和服务的要求，组织不应不切实际地确定产品和服务的要求以致随后的违约。

本条款要求组织应当拥有一个过程，以确保提供给顾客的产品和服务要求得到确定，其中包括任何适用的法律法规要求和组织认为需要的要求。定义产品和服务的要求时可考虑：

①产品或服务的目的是什么？②顾客需求和期望，③相关法律法规要求。

组织就应确保有能力来满足所确定规定的要求，并落实其打算提供的产品和服务的要求，在确定是否满足了已作出的产品和服务的承诺时，组织宜考虑如下因素：可用的资源、能力和产能、组织知识、过程确认（如产品测试、服务演示）。

8.2.3 产品和服务要求的评审

8.2.3.1 组织应确保有能力向顾客提供满足要求的产品和服务。

在承诺向顾客提供产品和服务之前，组织应对如下各项要求进行评审：

a）顾客规定的要求，包括对交付及交付后活动的要求；

b）顾客虽然没有明示，但规定的用途或已知的预期用途所必需的要求；

c）组织规定的要求；

d）适用于产品和服务的法律法规要求；

e）与以前表述不一致的合同或订单要求。

组织应确保与以前规定不一致的合同或订单要求已得到解决。

若顾客没有提供成文的要求，组织在接受顾客要求前应对顾客要求进行确认。

注：在某些情况下，如网上销售，对每一个订单进行正式的评审可能是不实际的，作为替代方法，可评审有关的产品信息，如产品目录。

8.2.3.2 适用时，组织应保留与下列方面有关的成文信息：

a）评审结果；

b）产品和服务的新要求。

本条款旨在确保组织评审了对顾客作出的承诺，且有能力实现这些承诺，评审能让组织减少有关事宜在运行和交付后的风险。

若顾客提出要求没有形成文件，例如通过电话或当面预定时，则组织在向顾客提供产品或服务前应经顾客确认其要求。再如我们在餐馆点餐时服务员会跟我们确认所点的食物，又如在电话洽谈时复述客户要求，并做好记录。

评审的时机应是在组织向顾客做出提供产品的承诺之前进行，如之前确定的要求与合同或订单中规定的要求不一致时，组织应与顾客进行沟通，解决这些不一致的问题。这里讲的承诺，对于不同的行业所体现的形式不尽相同，制造行业往往是合同或订单等，而服务类行业可能表现为其他形式，如银行的存单、客运服务的客票、餐饮业的菜单等。

组织可通过任何适当媒介保留评审的结果。确保组织保留了成文信息，以证明组织已与顾客签订了最终协议。

8.2.4 产品和服务要求的更改

若产品和服务要求发生更改，组织应确保相关的成文信息得到修改，并确保相关人员知道已更改的要求。

当产品或服务要求已经更改，组织应确保任何相关文件都要得到修改，而且还要确保相关人员都知道这一更改要求。为确保相关人员了解需求变更，组织宜选择合适的沟通方法，并保留适当的形成文件的信息，如沟通的电子邮件、会议纪要或修改后的订单。

8.3.9.3 产品和服务的设计和开发

8.3 产品和服务的设计和开发

8.3.1 总则

组织应建立、实施和保持适当的设计和开发过程，以确保后续的产品和服务的提供。

产品和服务的设计和开发由一组运用产品或服务的理念或要求的过程组成。这些理念或要求可来自顾客、最终用户或组织。设计和开发要求适用于产品和服务。在制造活动中，设计和开发可用于生产过程的设计和开发，而对于服务而言，设计和开发输出可以是提供服务的具体方式。

术语"设计和开发"是指将对客体的要求转换为更详细的要求的一组过程。也就是说只要有把客体的要求转换为更详细的一组要求的过程，就存在设计和开发的过程。这一条款要求组织应引入一个适当的设计开发过程，以确保后续的产品和服务的提供能有效实施。

8.3.2　设计和开发策划

在确定设计和开发的各个阶段和控制时，组织应考虑：

a) 设计和开发活动的性质、持续时间和复杂程度；

b) 所需的过程阶段，包括适用的设计和开发评审；

c) 所需的设计和开发验证、确认活动；

d) 设计和开发过程涉及的职责和权限；

e) 产品和服务的设计和开发所需的内部、外部资源；

f) 设计和开发过程参与人员之间接口的控制需求；

g) 顾客及使用者参与设计和开发过程的需求；

h) 对后续产品和服务提供的要求；

i) 顾客和其他有关相关方期望的对设计和开发过程的控制水平。

本条款新增"e) 产品和服务的设计和开发所需的内部、外部资源"。在进行产品和服务的设计开发时，应识别和提供需要的内部资源和外部资源。内部资源包括设备、技术、顾客和外部供方提供的信息资料等；外部资源包括参与设计开发的外部供方、外部技术支持、特定的检测试验条件等。

"g) 顾客及使用者参与设计和开发过程的需求"。组织在进行产品和服务的设计开发时，应考虑顾客和使用者的需求，包括过程控制、参与和试用等。

j) 证实已经满足设计和开发要求所需的成文信息。

"保留形成文件的信息"，明确了组织在设计开发过程中应保留证实已经满足设计和开发要求所需的形成文件的信息。

8.3.3　设计和开发输入

组织应针对所设计和开发的具体类型的产品和服务，确定必需的要求。组织应考虑：

a) 功能和性能要求；

b) 来源于以前类似设计和开发活动的信息；

c) 法律法规要求；

d) 组织承诺实施的标准或行业规范；

e) 由产品和服务性质所导致的潜在的失效后果。

针对设计和开发的目的，输入应是充分和适宜的，且应完整、清楚。

相互矛盾的设计和开发输入应得到解决。

组织应保留有关设计和开发输入的成文信息。

本条款主要的内容是与产品和服务要求有关的信息。其中最主要考虑的信息应该是顾客的需要，包括顾客所期望的但没有表述出来的愿望或潜在的需求，组织应予以关注。

组织在确定设计和开发输入时是否考虑了设计和开发失效可能导致的潜在后果，并有必要的应对措施。

组织应在产品和服务的设计开发过程中，进行潜在的失效模式分析或风险分析，提出相应的措施（如 FMEA、FMECA 等方法）。

来源于以前类似设计的信息，包括以往产品和服务设计中的可靠性试验结果、服务的成功经验等，这些成果通常已被证明是成熟的、成功的和有效的，尤其是在对原有产品和服务进行升级换代的开发活动中，这种输入显得特别重要。

8.3.4　设计和开发控制

组织应对设计和开发过程进行控制，以确保：

a) 规定拟获得的结果；

b) 实施评审活动，以评价设计和开发的结果满足要求的能力；

c) 实施验证活动，以确保设计和开发输出满足输入的要求；

d) 实施确认活动，以确保形成的产品和服务能够满足规定的使用要求或预期用途；

e) 针对评审、验证和确认过程中确定的问题采取必要措施；

f) 保留这些活动的成文信息。

注：设计和开发的评审、验证和确认具有不同目的。根据组织的产品和服务的具体情况，可单独或以任意组合的方式进行。

本条款要求组织应当对设计和开发过程进行控制，控制内容包括对规定设计和开发活动拟取得的结果进行评审、验证和确认活动，以及针对评审、验证和确认活动中确定的问题所采取的必要措施。

评审、验证和确认有可能在一个过程中完成，如验证作为评审的一部分来进行，或验证和确认同时进行，则没有必要重复同一活动。

如评审、验证和确认活动发现了问题，应决定这些问题的解决措施。应将这些措施的有效性作为下次评审的部分内容。

应保留评审、验证和确认活动的成文信息，作为按照计划开展了设计和开发活动的证据。

8.3.5　设计和开发输出

组织应确保设计和开发输出：

a) 满足输入的要求；

b) 满足后续产品和服务提供过程的需要；

c) 包括或引用监视和测量的要求，适当时，包括接收准则；

d) 规定产品和服务特性，这些特性对于预期目的、安全和正常提供是必需的。

组织应保留有关设计和开发输出的成文信息。

输出因设计和开发过程的性质而异，设计和开发的输出将是生产和服务提供过程的关键输入，设计和开发的输出应为组织提供预期产品和服务所需的所有过程（包括采购生产和交付后活动）提供信息，以便参与人员理解需采取哪些措施及采取措施的顺序。

设计和开发的输出可包括：

① 图纸、产品规范（包括防护细节）、材料规范、测试要求；

② 过程规范、必要的生产设备的细节；

③ 建筑计划和工艺计算（例如强度、抗震）；

④ 菜单、食谱、烹调方式、服务手册。

输出的内容增加了"包括或引用监视和测量的要求"，而不仅仅是产品的接收准则，组织应关注这一变化，特别是服务行业，其设计和开发的输出有很多是服务规范或要求等，则在设计和开发的输出中应考虑如何对服务规范执行的情况进行监视和测量。

增加了组织应保留其设计和开发过程相关形成文件的信息的要求，组织的设计和开发的输出应明确哪些信息需要形成文件。

设计和开发的对象可以是产品，也可以是过程、服务或软件，因此输出的内容可以是图纸、工艺方法、要求，也可以是过程规范或服务规范等。

8.3.6 设计和开发更改

组织应对产品、服务设计和开发期间以及后续所做的更改进行适当的识别、评审和控制，以确保这些更改对满足要求不会产生不利影响。

组织应保留下列方面的成文信息：

a）设计和开发更改；

b）评审的结果；

c）更改的授权；

d）为防止不利影响而采取的措施。

本条款要求更有利于组织在实施设计开发变更时，根据变更的具体性质、范围、特点、内容及对后续过程、最终产品和服务的影响程度来控制设计开发的更改。

组织应充分识别在哪些情况下需要进行设计和开发更改，需要更改哪些方面的内容，并且保留更改的证据，包括更改的依据、理由和需求。

对任何设计和开发的更改，组织都要根据更改的具体情况决定在哪些阶段对该更改进行评审和控制，并在正式实施前得到授权人的批准。

组织可以根据自己的实际，在设计和开发的策划时确定不同的更改授权或指定不同的批准人，只有经过相关人员的批准的更改，才能付诸实施。

8.3.9.4 外部提供的过程、产品和服务的控制

8.4 外部提供的过程、产品和服务的控制

8.4.1 总则

组织应确保外部提供的过程、产品和服务符合要求。

在下列情况下，组织应确定对外部提供的过程、产品和服务实施的控制：

a）外部供方的产品和服务将构成组织自身的产品和服务的一部分；

b）外部供方代表组织直接将产品和服务提供给顾客；

c）组织决定由外部供方提供过程或部分过程。

组织应基于外部供方按照要求提供过程、产品和服务的能力，确定并实施外部供方的评价、选择、绩效监视以及再评价的准则。对于这些活动和由评价引发的任何必要的措施，组织应保留成文信息。

本条款将2008版的"采购"变为"外部供方产品和服务的控制"，进一步明确了控制的对象和范围。控制要求不仅仅针对采购产品，还包括了外包过程和外部提供的服务。

控制对象一般有以下几种情况：

a. 由外部供方提供的产品和服务，并构成组织本身的产品和服务（零部件）；

b. 由外部供方提供的产品和服务，代表组织直接交付给顾客（喷漆、包装、交付）；

c. 组织将某个过程分包给外部供方（如样品包给第三方检测机构）；

d. 组织应识别所需要外包的部分，以及对产品和服务的影响。

本条款还增加了对外部供方进行绩效监视的职责并实施监视的要求。外部供方的绩效监

测通常包括：产品和服务的质量水平、交付的及时性、后续的服务能力等。明确了保留对外部供方选择、评价、再评价活动的形成文件的信息。

8.4.2 受控类型和程度

组织应确保外部提供的过程、产品和服务不会对组织稳定地向顾客交付合格产品和服务的能力产生不利影响。

组织应：

a）确保外部提供的过程保持在其质量管理体系的控制之中；

b）规定对外部供方的控制及其输出结果的控制；

c）考虑：

1）外部提供的过程、产品和服务对组织稳定地满足顾客要求和适用的法律法规要求的能力的潜在影响；

2）由外部供方实施控制的有效性；

d）确定必要的验证或其他活动，以确保外部提供的过程、产品和服务满足要求。

组织应通过对外部供方及所提供的过程、产品和服务的重要程度和影响程度，进行分级分类实施差异化管控，组织对外部供方及其所提供产品或服务质量的监视测量手段与程度取决于以下 5 个方面。

a. 外部供方本身质量管理水平及其过往业绩，水平高与业绩好的，则对其产品或服务的检验、检查频次、项目与日常关注程度都可以降低，这也降低了组织的质量管理成本，反之则不然。

b. 外部供方所提供产品或服务对组织最终提供给顾客产品或服务的决定或影响程度，例如对于核心关键原材料，即使供应商业绩很好，也不能掉以轻心，严格、烦琐的每批次进货检验、使用过程质量确认等必须不间断进行，因为一旦放松导致不合格产品的使用，将直接使组织的最终产品出现难以修复（返工、返修等）的不合格或缺陷，以及由此导致的向其客户的巨额赔偿乃至仅一次不合格就导致从客户供应商名录上除名。

c. 产品或服务质量的波动，一旦在正常监测（监视与测量）频次与项目下还是会经常出现不合格，则有必要加强监测力度，包括增加抽样量、监测频次或者扩大检测项目，甚至达到进厂检验如同产品自供应商出厂检验要求的那般。

d. 组织自身的质量意识与要求，当外部供方提供的产品或服务质量至关重要且组织质量意识与要求非常高时，会出现由组织直接指定外部供方，以及派人常驻外部供方现场进行监督的情形，或者委托权威的第三方在外部供方现场进行过程检测、产品检验或服务验收。

e. 法规标准强制要求，有些法规标准本身就规定了针对某些产品或服务质量检测、检验或确认的具体要求，这为组织对外部供方产品或质量监督提供了最低要求。

8.4.3 提供给外部供方的信息

组织应确保在与外部供方沟通之前所确定的要求是充分和适宜的。

组织应与外部供方沟通以下要求：

（1）需提供的过程、产品和服务；

（2）对下列内容的批准：

a. 产品和服务；

b. 方法、过程和设备；

c. 产品和服务的放行；

（3）能力，包括所要求的人员资格；

（4）外部供方与组织的互动；

（5）组织使用的对外部供方绩效的控制和监视；

（6）组织或其顾客拟在外部供方现场实施的验证或确认活动。

本标准不再确定对外部供方的质量管理体系要求，组织应根据自身需要考虑。增加了外部供方沟通的要求，规定了外部供方信息的沟通内容，明确易懂。对"人员资格的要求"扩充为"能力"，要求更明确，内涵更丰富。增加了"（6）组织或其顾客拟在供方现场实施的验证或确认活动"的要求，更利于小微组织或服务业的实施。

8.3.9.5 生产和服务提供

8.5 生产和服务提供

8.5.1 生产和服务提供的控制

组织应在受控条件下进行生产和服务提供。

适用时，受控条件应包括：

（1）可获得成文信息，以规定以下内容：

a. 拟生产的产品、提供的服务或进行的活动的特性；

b. 拟获得的结果。

（2）可获得和使用适宜的监视和测量资源；

（3）在适当阶段实施监视和测量活动，以验证是否符合过程或输出的控制准则以及产品和服务的接收准则；

（4）为过程的运行使用适宜的基础设施，并保持适宜的环境；

（5）配备胜任的人员，包括所要求的资格；

（6）若输出结果不能由后续的监视或测量加以验证，应对生产和服务提供过程实现策划结果的能力进行确认，并定期再确认；

（7）采取措施防止人为错误；

（8）实施放行、交付和交付后的活动。

本条款是对组织产品或服务形成过程中其产品与服务质量控制提出的要求。它是将2008版中"7.5.1 生产和服务过程的控制"与"7.5.2 生产和服务提供过程的确认"两个条款整合在一起；2008版中的"表述产品特性的信息"和"作业指导书"由新版标准中的"成文信息"所代替。将"实施监视和测量"修改为"在适当阶段实施监视和测量活动"，其目的是为了验证过程正处于控制之下，并满足过程和过程输出的控制准则以及产品和服务的接收准则，组织应策划实施监视和测量的时机和方法。将2008版中"使用适宜的设备"进一步明确为"为过程的运行使用适宜的基础设施，并保持适宜的环境"。强调了组织的运行过程，需要的不仅仅是生产加工设备，其他必要的基础设施和工作环境也是十分必要的。

本条款使用了"监视和测量资源"，而不是"监视和测量设备"，从而反映出监视也可能是由人员来实施。例如服务业由人来实施对服务过程的检查，而实施检查的人员也是资源的一种。同样"监视和测量资源"也包括软件和信息材料。

新版标准增加了"配备胜任的人员，包括所要求的资格"，强调了人的能力也是确保过程受控的条件之一，并对过程至关重要。组织应根据各运行过程的需要为过程委派具备能力、资质的人员以确保过程受控。

新增"采取措施防止人为错误"，对那些更多依赖人的过程，应特别关注是否有防错措施。组织应识别这些过程，并制定必要的防错措施，例如提醒、报警装置等。

8.5.2 标识和追溯性

需要时，组织应采用适当的方法识别输出，以确保产品和服务合格。

组织应在生产和服务提供的整个过程中按照监视和测量要求识别输出状态。

当有可追溯要求时，组织应控制输出的唯一性标识，并应保留所需的成文信息以实现可追溯。

本条款明确应保持可追溯性方面的文件化信息、删除技术状态管理当作标识的可追溯性方法的注解。

新版标准使用"过程输出"替代了 2008 版的"产品"。二者并无本质上不同，但是范围、对象更加严谨、合理。"过程输出"的内容既可以是采购过程输出的原材料，也可以是半成品、零部件和最终产品，也可以是服务的结果或某一过程的结果。

"产品和服务"替代了 2008 版的"产品"，进一步明确了标识对象也包括服务。不仅关注实物产品的标识，也应关注对服务过程的输出的标识，例如"车间已消毒""卫生已清扫"。

8.5.3 顾客或外部供方的财产

组织应爱护在组织控制下或组织使用的顾客或外部供方的财产。

对组织使用的或构成产品和服务一部分的顾客和外部供方财产，组织应予以识别、验证、保护和防护。

若顾客或外部供方的财产发生丢失、损坏或发现不适用情况，组织应向顾客或外部供方报告，并保留所发生情况的成文信息。

注：顾客或外部供方的财产可能包括材料、零部件、工具和设备以及场所、知识产权和个人资料。

本条款将顾客财产范围扩大至顾客及外部供方财产，例如外部供方给组织送货时提供的周转箱。顾客财产可能是有形的，也可能是无形的（例如材料、工具、用户端、知识产权或个人数据）。组织应根据财产的类型采取适当的保护措施。应明确识别财产的所有者，并告知组织内部。

本条款要求形成文件的信息的目的在于保证相关信息可用于确保顾客或外部供方被准确告知财产是否已丢失、损坏或处于其他不适合使用或无法使用的情况。

8.5.4 防护

组织应在生产和服务提供期间对输出进行必要的防护，以确保符合要求。

注：防护可包括标识、处置、污染控制、包装、储存、传输或运输以及保护。

本条款明确了防护范围：生产和服务提供过程期间的输出。制造业的输出为：在组织与顾客之间未发生任何交易的情况下，组织生产的输出。服务业的输出为：至少有一项活动必须在组织与顾客之间进行的输出。

新增了"传输"的例子。这意味着，当组织的"输出"是数据和信息时（如网站内容、网上信息、电子邮件附带的数据、电子邮件中信息等），应注意丢失或被盗的风险。

新增了"污染控制"的例子。提示那些生产和服务过程的输出可能会产生产品污染、造成产品质量问题的组织关注对产品污染的控制。

8.5.5 交付后活动

组织应满足与产品和服务相关的交付后活动的要求。

在确定所要求的交付后活动的覆盖范围和程度时，组织应考虑：

a）法律法规要求；

b）与产品和服务相关的潜在不良的后果；

c）产品和服务的性质、使用和预期寿命；

d）顾客要求；

e）顾客反馈。

注：交付后活动可包括保证条款所规定的措施、合同义务（如维护服务等）、附加服务（如回收或最终处置等）。

本条款重点强调的是在确定交付后活动的程度时，组织应充分考虑相关因素，以确保产品和服务的交付后活动满足要求。

组织应确保交付的产品或服务满足相关要求，同时应意识到交付并不意味着组织责任的终止。

"交付后活动"的要求可以是组织向顾客承诺提供的售后服务和维护，也可以是顾客向组织提出的要求，这些要求也是合同的一部分。应结合本标准 8.2.1 "顾客沟通"的要求，建立顾客反馈信息的传递、处理的管理要求。

组织应策划、实施产品和服务交付后的活动，如售后服务、维护、培训、回收处置等。

组织应考虑到产品和服务交付带来的潜在的、不期望的后果，以减少顾客不满意或失去潜在机会的风险。

8.5.6 更改控制

组织应对生产或服务提供的更改进行必要的评审和控制，以确保持续地符合要求。

组织应保留成文信息，包括有关更改评审的结果、授权进行更改的人员以及根据评审所采取的必要措施。

本条款针对的是生产和服务过程提供期间发生的影响符合要求的变更，组织应通过控制这些变更、评审采取的措施的影响，确保保持生产和服务提供的完整性。

变更的发生多种多样，典型的控制变更的活动有：变更申请；变更评审；变更的批准；实施措施，包括更新质量管理体系的要素。特定情况下，实施变更的结果可能成为设计开发的输入。

8.3.9.6 生产和服务的放行

8.6 产品和服务的放行

组织应在适当阶段实施策划的安排，以验证产品和服务的要求已得到满足。

除非得到有关授权人员的批准，适用时得到顾客的批准，否则在策划的安排已圆满完成之前，不应向顾客放行产品和交付服务。

组织应保留有关产品和服务放行的成文信息。成文信息应包括：

a）符合接收准则的证据；

b）可追溯到授权放行人员的信息。

本条款旨在要求组织在放行和交付产品和服务之前，根据策划好的验收准则，检查产品或服务是否合格。组织应针对产品和服务的放行进行策划，确定在适当的控制点上进行验证活动。验证对象是产品和服务，目的是验证产品和服务是否满足要求，确定只有满足要求的产品和服务才能放行交付给顾客。

授权最终放行产品和服务的人员应可追溯。

在所有策划安排的验证活动没有得以完成并获得满意的结果之前，产品或服务在通常情况下不得交付给顾客。

在对产品和服务进行验证时，组织应依据接收准则来判定是否合格，并应保存相应的文件化信息，以证实产品和服务是否符合规定的产品要求。

8.3.9.7 不合格输出的控制

8.7 不合格输出的控制

8.7.1 组织应确保对不符合要求的输出进行识别和控制，以防止非预期的使用或交付。

组织应根据不合格的性质及其对产品和服务符合性的影响采取适当措施。这也适用于在产品交付之后，以及在服务提供期间或之后发现的不合格产品和服务。

组织应通过下列一种或几种途径处置不合格输出：

a）纠正；

b）隔离、限制、退货或暂停对产品和服务的提供；

c）告知顾客；

d）获得让步接收的授权。

对不合格输出进行纠正之后应验证其是否符合要求。

不合格品控制一向是质量管理的要点，也是顾客关注的要点，一般进厂时必查。不合格品如何控制，方式方法可以多样，但最终目标应该是不合格品不会被非预期地使用或交付。本条款的出发点是为了保护顾客利益，而非企业的经济效益。

由于不合格品产生是不可避免的，所以必须要对不合格品的控制做好事先策划，有相应的文件对不合格品的发现、处置和记录作出规定。审核时应查阅这些文件和记录。

当发生不合格，企业应该按a）至d）条款中描述的一种或几种方法来处置，而且纠正后应该再验证。

8.7.2 组织应保留下列成文信息

a）描述不合格；

b）描述所采取的措施；

c）描述获得的让步；

d）识别处置不合格的授权。

实践中，由于不合格服务中止后，"服务"即消失，所以如何评审、处置和记录就得考虑得周全一些。不合格记录必须包含a）至d）所要求的信息，但不一定要在一张记录上体现。比如说对处置权的授权。

8.3.10 绩效评价

8.3.10.1 监视、测量、分析和评价

9 绩效评价

9.1 监视、测量、分析和评价

9.1.1 总则

组织应确定：

a）需要监视和测量什么；

b）需要用什么方法进行监视、测量、分析和评价，以确保结果有效；

c）何时实施监视和测量；

d) 何时对监视和测量的结果进行分析和评价。

组织应评价质量管理体系的绩效和有效性。

组织应保留适当的成文信息，以作为结果的证据。

在质量管理体系策划时，对于体系运行的大过程和各种关键过程，我们都要走"PDCA循环"以促使体系的改进。这个C就是指监视、测量、分析和评价。所以说这个C是常态，具体怎么监视、测量、分析和评价，可以在每个过程策划时予以考虑，可以使用过程图来清晰地反映策划的结果。

监视和测量的设施要按本标准7.1.5的要求实施控制。这里还强调了记录以及对记录结果的分析利用。

通常，管理者代表或其他职能部门，会向总经理汇报本企业质量管理体系运行的绩效和有效性，这些工作也通常可以在管理评审时完成。

9.1.2 顾客满意

组织应监视顾客对其需求和期望已得到满足的程度的感受。组织应确定获取、监视和评审该信息的方法。

注：监视顾客感受的例子可包括顾客调查、顾客对交付产品或服务的反馈、顾客座谈、市场占有率分析、顾客赞扬、担保索赔和经销商报告。

ISO 9001：2015标准要求企业以顾客为关注焦点（见本标准5.1.2条款），在标准1.范围b）中也明确提出：增强顾客满意是整个体系的目标。本条款描述了企业应该怎样收集、分析、利用顾客满意信息。要求企业建立监视、获取、评审的方法。审核时先要求描述这些方法，然后提取相关证据证明企业在获取和分析这些信息。

本条标准中明示了几种方法，值得企业去应用和尝试。并不是所有的企业，都非得采用顾客满意调查表的形式来解决这个问题。即便采用了，也不是唯一的方法。

9.1.3 分析与评价

组织应分析和评价通过监视和测量获得的适当的数据和信息。

应利用分析结果评价：

a) 产品和服务的符合性；

b) 顾客满意程度；

c) 质量管理体系的绩效和有效性；

d) 策划是否得到有效实施；

e) 应对风险和机遇所采取措施的有效性；

f) 外部供方的绩效；

g) 质量管理体系改进的需求。

注：数据分析方法可包括统计技术。

企业的体系运行记录中有一部分是监视和测量所获得的，标准要求对这一部分数据和信息进行分析与评价。评价的目的是利用和提高。哪些数据和信息需要得到评价呢？我们为了评价从a）至g）的内容，需要收集哪些数据和信息？这些信息是否有来源？统计技术是一种数据分析方法，适用的时候企业可以策划并规定哪些数据和信息应该采用何种统计技术。

审核时可以要求提供从a）至g）已经得到分析评价的证据：报表、图表、报告、文件、记录等。

8.3.10.2　内部审核

9.2　内部审核

9.2.1　组织应按照策划的时间间隔进行内部审核，以提供有关质量管理体系的下列信息：

(1) 是否符合：

a. 组织自身的质量管理体系要求；

b. 本标准的要求；

(2) 是否得到有效的实施和保持。

内部审核，是质量管理体系运行最受整个企业关注的一次活动，通常覆盖所有的职能部门。目的是为了对整个企业的质量管理体系进行一次总结、分析和评价。本条款明确了必须分析评价是否符合两个要求。策划的时间间隔，通常是一年，有时会适当增加。一般在企业重大变化、管理评审前、外部验厂前等时机展开。每一次内审，可能由于目的有差异而导致审核方案不同。

9.2.2　组织应：

a) 依据有关过程的重要性、对组织产生影响的变化和以往的审核结果，策划、制定、实施和保持审核方案，审核方案包括频次、方法、职责、策划要求和报告；

b) 规定每次审核的审核准则和范围；

c) 选择审核员并实施审核，以确保审核过程客观公正；

d) 确保将审核结果报告给相关管理者；

e) 及时采取适当的纠正措施；

f) 保留成文信息，作为实施审核方案以及审核结果的证据。

注：相关指南参见 GB/T 19011。

对于内部审核应该如何组织，标准建议参考《GB/T 19011 质量和（或）环境管理体系审核指南》。无论内审如何组织，都必须满足 a) 至 f) 条款的要求。内审通常分例行内审和临时内审。例行的内审如何组织，通常有程序文件予以规定。但 2015 版已经取消了对内审应形成程序文件的强制要求。审核时可要求提供内部审核记录，分析评价是否满足本条款要求，是否具有有效性。

8.3.10.3　管理评审

9.3　管理评审

9.3.1　总则

最高管理者应按照策划的时间间隔对组织的质量管理体系进行评审，以确保其持续的适宜性、充分性和有效性，并与组织的战略方向保持一致。

新标准对管理评审的目的新增了"与组织的战略方向保持一致"的要求。本标准在识别和确定组织的环境及内外部运行因素时也应考虑组织的战略方向。

组织应按照策划的时机开展管理评审，并不要求一次解决所有的输入和问题，但计划应体现如何满足 ISO 9001 管理评审的要求。组织可将管理评审作为单独的活动来开展，也可与相关的活动一起开展（如会议、汇报）。管理评审的时间可以与其他业务活动（如战略策划、商业策划、年会、运营会议、其他管理体系标准评审）协调安排，以增加价值，避免管理层冗余参会或重复参会。

9.3.2　管理评审输入

策划和实施管理评审时应考虑下列内容：

(1) 以往管理评审所采取措施的情况；

(2) 与质量管理体系相关的内外部因素的变化；

(3) 下列有关质量管理体系绩效和有效性的信息，包括其趋势：

a. 顾客满意和有关相关方的反馈；

b. 质量目标的实现程度；

c. 过程绩效以及产品和服务的合格情况；

d. 不合格及纠正措施；

e. 监视和测量结果；

f. 审核结果；

g. 外部供方的绩效；

(4) 资源的充分性；

(5) 应对风险和机遇所采取措施的有效性（见本标准 6.1）；

(6) 改进的机会。

管理评审的输入与其他条款直接相关，包括本标准条款 9.1.3 中的数据分析和评价，管理评审的输入应用于确定趋势，以便做出有关质量管理体系的决策和采取措施。管理评审的输入包括：以往的管理评审的措施状态、内外部事宜的变化（本标准条款 4.1）、顾客满意和相关方的反馈（本标准条款 9.1.2）、质量目标（本标准条款 6.2）、过程绩效和产品与服务的符合性（本标准条款 4.4 和 8.6）、不符合的纠正措施（本标准条款 10.2）、监视和测量结果（本标准条款 9.1.1）、内部审核结果（本标准条款 9.2）、外部供方的绩效（本标准条款 8.4）、资源充分性（本标准条款 7.1）、针对风险和机遇采取措施的有效性（本标准条款 6.1）、改进机遇（本标准条款 10.1）。

9.3.3　管理评审输出

管理评审的输出应包括与下列事项相关的决定和措施：

a) 改进的机会；

b) 质量管理体系所需的变更；

c) 资源需求。

组织应保留成文信息，作为管理评审结果的证据。

管理评审的输出应包括有关识别和改进机遇（本标准条款 10.1）的决策和措施，确定质量管理体系需要的变更（本标准条款 6.3），以及确定是否需要其他资源（本标准条款 7.1）。在管理评审期间识别的行动的状态需要作为下一次管理评审活动的输入。为确保能及时采取措施，组织可持续监控和评审这些措施。

8.3.11　改进

8.3.11.1　总则

10　改进

10.1　总则

组织应确定和选择改进机会，并采取必要措施，以满足顾客要求和增强顾客满意。

这应包括：

a) 改进产品和服务，以满足要求并应对未来的需求和期望；

b）纠正、预防或减少不利影响；

c）改进质量管理体系的绩效和有效性。

注：改进的例子可包括纠正、纠正措施、持续改进、突破性变革、创新和重组。

改进，是 PDCA 的 A，是过程/体系螺旋式上升进化的关键环节。一个企业的质量管理体系是否具备自我改进的能力，是 ISO 9001 质量管理体系标准所关注的，也是顾客及相关方所关注的。所以，不应将其视为可有可无的东西而忽视。

总结各类改进活动，关注点可以集中到两个：

a. 产品本身的改进（不合格、纠正、质量特性的改进等）；

b. 管理（不符合、纠正措施、预防措施、体系优化等）。

不同类型的改进活动，ISO 9001 质量管理体系标准关注的目标只有一个：顾客满意。实践中，更多的是企业所有者满意。

8.3.11.2　不合格和纠正措施

10.2　不合格和纠正措施

10.2.1　当出现不合格时，包括来自投诉的不合格，组织应：

（1）对不合格做出应对，并在适用时：

a. 采取措施以控制和纠正不合格；

b. 处置后果。

（2）通过下列活动，评价是否需要采取措施，以消除产生不合格的原因，避免其再次发生或者在其他场合发生：

a. 评审和分析不合格；

b. 确定不合格的原因；

c. 确定是否存在或可能发生类似的不合格。

（3）实施所需的措施；

（4）评审所采取的纠正措施的有效性；

（5）需要时，更新策划期间确定的风险和机遇；

（6）需要时，变更质量管理体系。

纠正措施应与不合格所产生的影响相适应。

不合格（不符合）定义为："未满足要求"。此条款中的"不合格"，应是指通过监视和测量（本标准 9.1.1）发现的不合格，也包括了本标准 8.7"不合格输出"。标准要求，当出现不合格后，应考虑是否需要采取纠正措施。这里，需要或不需要应有个较为明确的准则用于评审不合格，而不能是含糊的。标准提示：

a. 原有的体系可能没有充分识别风险，以至于产生不合格，应更新所有的风险识别结果；

b. 当采取纠正措施而变更体系时，应基于风险的思维来考虑变更的结果。

标准明确了对已发生的"不合格"首先要予以应对。"应对"即是对"不合格"及时作出反应，如报告、标识、记录、区域划分等。

在作出"应对"的基础上，"适用时"：一是要采取措施对不合格予以控制（限制）和纠正（改正）；二是要处置（处理）不合格引起的后果。

因此，应该根据具体的"不合格"情形和状态，采取以下的措施或措施之一：

a. 对"不合格"采取控制或限制措施，使其不扩散、不继续发生偏差，减少其影响（如环保、安全突发事件的应急准备处理）；

b. 采取"纠正"的措施，使其恢复并满足要求（如故障设备的修理）；

c. 对"不合格"导致的后果进行跟踪处理，以减少或减轻其后果的影响程度。

10.2.2　组织应保留成文信息，作为下列事项的证据：

a）不合格的性质以及随后所采取的措施；

b）纠正措施的结果。

不合格和纠正措施由于非常重要，所以建议针对此建立程序文件予以控制。

审核时，当在各个领域发现不合格后，均应考虑是否按本条款要求作出了反应，要求提供记录，评价其符合性和有效性。

8.3.11.3　持续改进

10.3　持续改进

组织应持续改进质量管理体系的适宜性、充分性和有效性。

组织应考虑分析和评价的结果以及管理评审的输出，以确定是否存在需求或机遇，这些需求或机遇应作为持续改进的一部分加以应对。

组织应持续改进质量管理体系的适宜性、充分性和有效性。

持续改进可包括加强过程输出与产品和服务的一致性，以提升合格输出的水平、减少过程的偏差。这是为了提高组织的绩效并为顾客和相关方带来好处。

组织应考虑分析和评价的过程（本标准条款 9.1.3）和管理评审（本标准条款 9.3）的结果，以确定是否需要实施持续改进的措施。组织应考虑对改进质量管理体系适宜性、充分性和有效性的必要措施。

组织应注重持续改进活动的结果和效果，例如对产品、服务、过程的改进和对质量管理体系绩效与有效性的改进。

组织在改进的过程中，应关注如何识别和使用适宜的改进方法和工具，如前面提到的根本原因分析、8D、FMEA 和鱼骨图等，再如 6σ、标杆管理、质量经济学管理、顾客满意的监视和测量等。

8.4　质量管理体系审核与认证

8.4.1　基本概念

质量管理体系认证是依据质量管理体系标准和相应管理要求，经认证机构审核确认并通过颁发质量管理体系注册证书来证明某一组织质量管理体系运作有效，其质量保证能力符合质量保证标准的质量活动。

8.4.2　质量管理体系认证的流程和规则

质量管理体系认证程序如图 8-7 所示。

8.4.2.1　认证申请、认证机构初审和签订合同

① 认证申请　质量管理体系认证申请方如已具备下列两个条件，均可自愿向某一国家认可的质量体系认证机构提出质量管理体系认证申请：持有法律地位证明文件（如有营业执照等）；已按质量管理体系标准建立了文件化的质量管理体系，并已有效运作至少三个月。

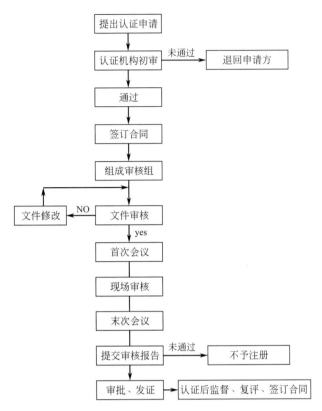

图 8-7 质量管理体系认证程序

申请人坚持自愿申请原则，向认证机构提出书面申请，并提交有关文件资料。任何组织在决定申请质量管理体系认证时应考虑下列两个问题：

a. 认证的质量管理体系覆盖的产品范围，可以是全部产品，也可以是部分主导产品；

b. 在综合考虑质量管理体系认证机构的权威性、信誉、费用等因素的基础上选择合适的质量管理体系认证机构。

然后填报《质量管理体系认证申请书》，并提交规定的文件资料。申请人提交一份正式的应由其授权代表签署的申请书。申请书或其附件应包括：

a. 申请方简况，如组织的性质、名称、地址、法律地位以及有关人力和技术资源；

b. 申请认证的覆盖的产品或服务范围；

c. 法人营业执照复印件，必要时提供资质证明、生产许可证复印件；

d. 咨询机构和咨询人员名单；

e. 最近一次国家产品质量监督检查情况；

f. 有关质量体系及活动的一般信息；

g. 申请人同意遵守认证要求，提供评价所需要的信息；

h. 对拟认证体系所适用的标准及其他引用文件说明。

② 认证机构初审　质量管理体系认证机构在收到认证申请书之日起 60 日内必须进行初审，以确定是否受理认证申请，并根据申请人的需要提供有关公开文件。如确定受理认证申请，则应向申请方发出《受理申请通知书》，约定签订认证合同时间；如确定不受理，也应当书面通知申请方，说明不受理的具体理由。以确保：

a. 认证的各项要求规定明确，形成文件并得到理解；

b. 认证中心与申请方之间在理解上的差异得到解决；

c. 对于申请方申请的认证范围、运作场所及一些特殊要求，如申请方使用的语言等，认证机构有能力实施认证；

d. 必要时认证中心要求受审核方补充材料和说明。

③ 签订认证合同　质量管理体系认证合同一般应包括下列主要内容：

a. 认证依据的质量管理体系标准包括 ISO 9001 标准删减的说明；

b. 认证时间、地点及主要工作内容，如文件审查范围，现场审核范围，获证条件，以及注册后监督检查方式、频次和内容等；

c. 甲乙双方的责任和义务，互相配合要求；

d. 体系审核费、注册费、差旅费、监督检查费等费用金额及其收取方式；

e. 争议与仲裁方式；

f. 违约处理等；

g. 认证合同经双方法人代表签字盖章后即生效，申请方即应预付部分认证费用。

当某一特定的认证计划或认证要求需要做出解释时，由认证中心代表负责按认可机构承认的文件进行解释，并向有关方面发布。

8.4.2.2　现场审核前的准备

(1) 组成审核组

质量管理体系认证合同生效后，认证机构应立即依据申请方的具体行业、产品等实际情况，选聘审核员，组成审核组。认证机构应将审核组名单通知委托方或受审核方，得到他们的确认。

① 审核组长　认证机构指定审核组长，组建审核组，并将申请方的资料交给审核组长。审核组长应由认证机构指定，通常应由国家注册高级审核员担任。审核组长的职责是：负责文件审查；协助审核机构选择审核员及审核组其他成员；编制审核计划，分配审核任务；指导编制审核文件，控制审核过程；及时进行组内以及与受审核方领导的信息沟通；提交审核报告；组织跟踪审核。

② 审核员职责　审核组成员由国家注册审核员担任。

审核员职责：在组长指导下编制审核文件；完成所承担的审核任务，收集证据，提交不合格报告，报告审核结果；配合和支持审核组长工作；验证所采取纠正措施的有效性。

(2) 文件审核

审核组长或指定的审核员应对受审核方提交的质量管理体系文件进行评审，并与委托方、受审核方就体系文件的符合性达成一致意见。文件审查一般由审核组长负责。

① 审查对象　文件化的质量管理体系主要由质量手册、程序文件、作业指导书等标准或文件表述。质量管理体系认证机构一般首先审查质量手册、程序文件，其他质量管理体系文件一般都在现场审核时审查。

② 审查内容

a. 文件内容应覆盖申请认证的质量管理体系标准的所有要求，对组织不适用的过程所对应的质量管理体系要求的删减应加以说明；

b. 文件内容应符合法律法规的要求；

c. 术语应符合要求，对于组织专有术语应给出定义；

d. 送审文件应是现行有效版本。

文件审核结论包括：合格，可以进行现场审核；局部不合格，要求受审核方加以改正后再进行现场审核；不合格，退回申请方直到满足要求为止。

(3) 确定审核日期

认证中心应准备在文件审查通过以后，与受审核方协商确定审核日期，并考虑必要的管理安排。在初次审核前，审核组长应与受审核方建立联系渠道，受审核方应至少提供一次内部质量审核和管理评审的实施记录，并就审核的初步安排达成一致意见。

8.4.2.3 现场审核

审核组到申请方进行现场审核，是质量管理体系认证的关键环节，其目的是评价质量管理体系符合性、适宜性及运行的有效性，最后判定申请方是否具备认证合同所规定的质量保证能力。审核组依据受审核方选定的认证标准在合同确定的产品范围内评定受审核方的质量管理体系，在确定的申请范围内组织质量体系的审核，主要程序如下。

① 召开首次会议

a. 审核组应准时到达审核现场，召开一次正式的首次会议；

b. 原则上要求组织的中层以上管理人员参加；

c. 介绍审核组成员及分工；

d. 明确审核目的，依据文件、方法和范围；

e. 说明审核方式，确认审核计划及需要澄清的问题。

② 实施现场审核 现场审核应以事实为依据，以标准或其他文件为准绳，进行信息的收集和验证，形成审核发现，作出客观公正的判断。

对不符合项收集证据，写出不符合报告单。对不符合项类型评价的原则如下。

a. 严重不符合项：主要指质量体系与约定的质量体系标准或文件的要求不符，造成系统性、区域性严重失效的不符合或可造成严重后果的不符合，可直接导致产品质量不合格。

b. 一般的不符合项：主要指独立的人为错误，文件偶尔未被遵守、造成后果不严重，对系统不会产生重要影响的不符合项等。

③ 召开末次会议 现场审核以末次会议结束。在末次会议上，审核组应报告审核结果，宣读不合格报告，要求受审核方制定纠正措施计划。同时提交现场审核报告，并请组织对报告提出意见。

④ 审核组编写审核报告，做出审核结论，其审核结论有三种情况：

a. 没有或仅有少量的一般不符合项，可建议通过认证。

b. 存在多个严重不符合项，短期内不可能改正，则建议不予通过认证。

c. 存在个别严重不符合项，短期内可能改正，则建议推迟通过认证。

⑤ 认证中心跟踪受审方对不符合项采取纠正措施的效果并加以验证。整个跟踪过程应在正式审核后三个月内完成。

8.4.2.4 审批和发证

认证机构根据认证评定的结论，批准给予受审核方注册，并颁发认证证书，证书由认证机构的最高管理者或授权人签发，并注明证书注册编号。

① 批准注册 认证机构在收到审核组提交的建议注册的质量管理体系审核报告（包括不符合报告验证材料）后，应由技术委员会进行全面的审查与评定，经审定通过后由总经理批准注册，向申请方颁发国家统一制发的质量管理体系认证证书，并予以注册。

② 颁发认证证书 质量管理体系认证证书上应有注册号、获准认证企业名称和地址、证书编号、涉及的产品范围、发证日期、有效年限、发证机构及其代表签名等内容。申请方可以用质量管理体系认证证书上的质量管理体系认证机构标志和国家认可标志做宣传，表明

其已具备质量保证能力，但不能标示在产品上，也不准以其他可能被误解为获取产品合格认证的方式使用，否则，将被处罚，甚至撤销认证注册资格。

根据规定，质量管理体系认证机构应在有关报刊或其他方式公布获准认证的组织的注册名录，包括认证合格企业名单及相应信息（注册号、体系标准号、涉及的产品范围、邮政编码、联系电话等）。

对不能批准认证的企业，认证中心要给予正式通知，说明未能通过的理由，企业再次提出申请，至少需经 6 个月后才能受理。

8.4.2.5　获准注册后的监督

① 监督审核　认证证书有效期为三年。至于有些认证公司说它的证书长期有效，实际上是有前提的，就是每年两次的监督性检查，所以和有效期三年无实质区别，企业也不会少花钱。

在三年有效期内，认证机构应对获证组织的质量管理体系实施监督检查，每年不少于一次。监督审核的过程与初次现场审核相似，但在检查内容上有很大精简，重点检查以下内容：

a. 上次审核或检查中发现的不合格项纠正状况；

b. 质量管理体系是否有更改及这些更改对质量管理体系的有效性是否有影响；

c. 随机抽查部分质量管理体系文件及部分管理部门、生产现场，是否存在不合格项；

d. 质量管理体系中关键项目的执行情况。

② 如监督检查中发现不合格情况，就应根据其不合格程度分别做出纠正后保持注册资格、暂停注册资格乃至撤销注册的决定。

③ 复审　当获证组织的质量管理体系发生重大变化，如体系认证范围的扩大、缩小和认证标准的变更，或遇有发生相关的质量事件，产生较大影响等情况时，由认证机构组织复审，根据复审结果，作出换发证书或认证撤销的决定。

8.4.2.6　复评

质量管理体系认证证书持有者如需在证书有效期满后继续保持注册资格时，应按认证机构的规定，在期满前规定时间内提出复评申请，认证机构要进行全面复评，以便重新确认组织的质量管理体系是否持续有效，决定是否再次颁发认证证书。质量管理体系认证机构复评合格后，换发新的质量管理体系认证证书。其复评所需的人数和时间在认证基础无更改的情况下可比初次审核略少，大致相当于初次审核的三分之二左右。

① 复评的目的　复评是为验证获证组织的质量管理体系整体的持续有效性，为认证决定做出结论。

② 复评的要求

A. 复评应对获证组织在证书三年有效期内的运行情况进行评审。

B. 安排复评的审核方案时应充分考虑上述评审的结果，并至少包括一次文件审核、一次现场审核。

C. 复评的审核内容与初次认证相同，除此还应检查组织投诉、申诉及其所采取纠正措施的记录，并验证上次审核的不合格项的纠正措施情况。

复评应确保：

a. 体系中所有要素间有效的相互影响；

b. 运作变化时质量体系的整体有效性；

c. 证实保持质量体系有效性的承诺。

③ 复评结论　认证机构根据复评结果，作出是否再次颁发证书的决定。

8.5 ISO 9001 在食品企业中的应用

8.5.1　ISO 9001 在食品企业中实施的意义

我国食品工业是改革开放以后发展起来的新兴行业，虽然起步较晚，但发展十分迅速。将 ISO 9001 标准引入食品企业中，可以在改善工艺装备、提高技术水平的基础上，使食品企业的管理更科学化、系统化、文件化、制度化，进而帮助食品企业扩大生产规模、增强市场竞争力、提高企业的市场信誉和经济效益。同时，ISO 9001 标准对推动我国食品行业质量管理水平向更高层次发展也具有积极意义。

① 有利于企业及员工增强质量意识　ISO 9001 质量管理体系所强调的质量意识，将迫使食品企业强化责任意识、提高管理水平、改善管理模式、提高工作效率。同时，它也将极大地提高企业员工的工作水平和业务素质，从而锻炼一支过硬的队伍，为今后的工作打下坚实的基础。

② 有利于保护消费者的利益　现代科学技术的发展，使产品向高科技、多功能、精细化和复杂化方向发展。但是，消费者在采购或使用这些产品时，一般都很难在技术上对产品加以鉴别。即使产品是按照技术规范、标准生产的，但当技术规范和标准本身不完善和组织质量管理体系不健全时，就无法保证持续为消费者提供满足其要求的产品。按 ISO 9001 标准建立质量管理体系，通过体系的有效应用，促进组织持续改进生产工艺和流程，实现产品质量的稳定和提高，无疑是对消费者利益的一种最有效的保护，同时也增加了合格供应商产品的可信程度。

③ 为提高企业的持续改进能力提供有效的方法　ISO 9001 标准鼓励企业在制定、实施质量管理体系时采用过程控制方法，通过识别和管理众多的相互关联的活动，以及对这些活动进行系统的管理和连续的监视和控制，生产出令顾客满意的产品。此外，质量管理体系提供了持续改进的框架，增加顾客和其他相关方满意的机会。因此，ISO 9001 标准为提高企业的持续改进能力提供了有效的方法。

④ 有利于企业持续满足顾客的需求和期望　顾客要求产品具有满足其需求和期望的特性，然而顾客的要求和期望是不断变化的，这就促使企业持续改进生产工艺及流程。此时，ISO 9001 质量管理体系要求恰恰为企业提供了一条有效的途径。

8.5.2　ISO 9001 在食品企业中的应用

ISO 9001：2015 标准在总结全世界各国质量管理实践经验和理论研究的基础上，提出了七项质量管理原则。这七项原则作为最基本、最通用的一般规律，通过密切关注顾客和其他相关方的需求和期望来促进提升组织的总体业绩，通过组织发挥领导作用及强化全员参与，成为组织文化的重要组成部分。食品企业应正确理解和遵循七项质量管理原则，这对指导企业质量管理和质量经营，建立科学量化的标准和可操作、易执行的作业程序，以及创建基于作业程序的管理工具，实现精细化管理具有重要意义。

按照 ISO 9001：2015 标准规定，ISO 9001 是按照 PDCA 循环实施的。因此在食品企业应用 ISO 9001 的具体步骤如下。

① Plan（策划）　食品企业管理者应根据自身的实际情况，对质量管理体系进行策划，制定质量方针和质量目标，形成质量体系文件，并在组织内部与全体人员进行沟通，对管理体系的有效性和完整性进行评审，而不是制定好相关文件后全员学习。通过适当的教育、培

训等使食品企业所有环节（包括食品卫生质量控制、工艺制定、原辅料采购、生产控制、检验、设备维护、仓储运输、产品销售等）的人员熟悉 ISO 9001：2015 的细则，明确各级岗位人员的职责与权限，建立岗位职责和相应的考核制度，充分调动企业员工参与质量管理的积极性和能动性。

② Do（实施）　产品实现的具体过程与顾客是息息相关的，其应以满足顾客要求为目标。另外，要及时与顾客进行沟通，因为任何突发情况（如合同或订单的处理，包括对其修改以及顾客的抱怨等）都会导致产品实现过程发生变化。

在食品的设计和开发方面，应积极与高校或其他研发机构加强横向联合，研究各种食品的发展动向，为新产品的开发和立项提供可行性分析和技术支持。同时，要对试产新品进行现场跟踪，组织对实验产品进行品评并详细记录，并不断地改进完善。

在采购方面，食品生产企业应制订原料、辅料、包装物、包装容器的接受准则或规范，应建立选择、评价供方程序，对原料、辅料、容器及包装物料的供方进行评价、选择，多方比较后选择优质、价廉、有良好资质和质量保证的厂家。

在食品的整个生产工艺过程中，要对过程的关键因素实施控制，保证各工艺按规程进行。食品企业应有与生产能力相适应的内设检验机构，对检验的每一批产品都要标识、编号、定置、分析、记录、跟踪，符合质量要求的发给合格证。

食品企业应建立和实施追溯系统，确保从原辅料到成品的标志清楚，具有可追溯性，实现从原辅料验收到产品出库、从产品出库到直接销售商的全过程追溯。同时还应建立和实施不安全批次产品的召回程序，保证出现问题的产品能够追溯并及时召回，避免给消费者造成安全危害和对企业的信誉产生不利影响。

③ Check（检查）　组织内部按时间间隔进行内部审核。按照标准要求，对企业的质量管理体系进行诸要素、诸部门全面审核，查找体系运行过程中存在的问题（即"不符合项"），然后限期整改，通过对"不符合项"进行纠正，使其达到标准要求，以确保体系正常运行，促进企业产品质量管理，从而达到有效保证产品质量的目的。

具体过程如下：对不符合产品要求的产品进行检查，详细记录检验报告，根据结果做出具体分析，推测出可能产生的原因，并采取相应的措施，消除不合格产品。同时制定相应的措施，消除可能导致产生不合格产品的潜在原因，从而杜绝相同情况的再次发生。所有过程都要求记录齐全，书写规范，整理归档，便于以后查询。

④ Action（处置）　企业要进行管理评审，主要目的是确定企业的质量方针、目标的总体有效性，并根据内审结果、技术进步及市场、质量概念、社会要求等变化情况，对质量体系的适宜性进行评价。其中，应特别重视对顾客意见和要求的处理，以不断提高质量体系和持续向顾客提供符合要求产品的能力。

众多收效显著的企业实践证明，按照 ISO 9001 标准要求进行操作，企业提高了综合管理水平和市场竞争能力。

第9章
食品质量检测

质量检测是食品质量管理的重要组成部分，在食品质量安全控制中起把关作用。通过提高食品质量和全过程验证活动，与食品生产企业各项管理活动相协同，从而有力地保证了食品质量的稳步提高，不断满足人们对物质生活水平提高的需求。加大食品检测力度，扩大食品检测范围，开发食品检测新方法，很大程度上可以有效减少食品安全事件的发生。

9.1 质量检测基础

9.1.1 食品检测概述

检验就是通过观察和判断，适当时结合测量、试验或估量所进行的符合性评价。质量检验就是对产品的一个或多个质量特性进行观察、测量、试验，并将结果和规定的质量要求进行比较，以确定每项质量特性合格情况的技术性检查活动。

食品质量检测是指研究和评定食品质量及其变化的一门学科，它依据物理、化学、生物化学的一些基本理论和各种技术，按照制订的技术标准，对原料、辅助材料、成品的质量进行检测。

一种食品为满足顾客要求或预期的使用要求和政府法律、法规的强制性规定，都要对其营养价值、食用安全性、包装材料的环保性、食品功能性等多方面的要求做出规定，这些规定组成食品相应的质量特征。

食品质量特征要求一般都转化为具体的技术要求，在食品技术标准和其他相关产品设计图样、作业文件或检验规程中明确规定，成为质量检验的技术依据和检验后比较检验结果的基础。

食品质量特性是在食品实现过程中形成的，是由食品的原材料、构成食品的各个组成部分的质量决定的，并与食品实现过程中的专业技术、人员水平、设备能力甚至环境条件密切相关。

质量检验的结果，要依据食品技术标准和相关的产品图样、过程（工艺）文件或检验规程的规定进行对比，确定每项质量特性是否合格，从而对单件产品或批产品质量进行判定。

为了把好食品质量关，满足顾客要求，在检验过程中，必须选择合适的检验方式及方法。质量检验工作因其特点和作用不同有多种不同的检验方式，通常有以下几种分类方法。

（1）按生产流程分类

① 进料检验　由接收者对原材料、辅料、半成品等进行检验，进料检验包括首批检验和成批检验两种。首批检验目的是对供货单位所提供产品的质量水平进行初步了解，以便确立具体的验收标准，为今后成批产品的验收建立质量水平标准。成批检验是为了防止不符合要求的成批产品进入生产过程，从而避免打乱生产秩序和影响产品质量，对于成批大量购入的产品按重要程度分不同情况进行检验，进料检验必须在入库前及投产前进行。

② 工序间检验　工序间检验是判断半成品能否由上一道工序转入下一道工序所进行的检验，目的是为了防止不合格品流入下道工序。

工序间检验不仅要检验产品，还要检验与产品质量有关的各项因素的稳定状况（影响质量的五大要素：人、机、料、法、环），还可以根据受检产品的质量状况对工序质量稳定状况作出分析和推断，以判定影响产品质量的因素是否处于受控状态。

工序检验特别要搞好首批检验，对生产开始时和工序要素变化后的首批产品质量进行的检验称为首批。首批检验不合格，不得继续进行成批加工。

③ 最终检验　是产品生产加工完成后所进行的检验。最终检验又叫做出厂检验，它是产品入库前所进行的一次全面检查。出厂检验目的是防止不合格品入库和出厂，以保证消费者的安全食用，避免给企业的声誉带来不应有的损失和影响。

（2）按检验体制分类

① 自检　指生产工人在生产过程中对自己所加工的产品或半成品进行检验。通过自检可以有效地判断本道工序的质量与工艺技术标准的符合程度，从而决定是否继续加工或调整生产工艺。

② 互检　即加工操作工人之间的相互检验。各加工车间要建立"下道工序就是用户"的意识，下道工序检验上道工序的质量，即属于互检的范围。

③ 专检　由专职质检人员进行的检验。检验部门直属厂长或经理领导，有较高的技术水平，并掌握技术标准，资料、检测仪器的操作，工作不受干扰，所以，专检具有判定产品质量的权威性。

（3）按检验地点分类

① 固定检验　在固定地点设置检验站（组、台），操作者将自己加工完了的产品送到检验站（组、台），由专职质检人员进行检验。

② 巡回检验　是对制造过程中进行的定期或随机流动性的检验。目的是能及时发现质量问题。巡回检验是抽检的一种形式。巡回检验深入到生产现场进行检验，这要求质检人员熟悉产品的特点、加工过程、关键控制点、必备的检验设备。另外，要求质检人员有比较丰富的工作经验，较高的技术水平，才能及时发现质量问题，进而深入分析工艺、工艺装备及技术操作等多方面对产品质量的影响。

（4）按检验目的分类

① 生产检验　由企业的质检部门按生产工艺和技术标准对原材料、半成品进行的检验。目的是使生产单位能及时发现生产中人、机、料、法、环诸因素对产品质量的影响，以防止不合格品出厂或流入下道工序。

② 验收检验　是买方或使用单位（用户）为了保证买到满意的产品，按照国家（国际）现行的技术标准或合同规定而进行的检验。

③ 监督检验　是由独立检测机构按质量监督管理部门制订的计划，从食品企业抽取产品，或从市场抽取商品进行检测，目的是为了对产品实施宏观监控。

④ 仲裁检验　当供需双方对产品质量发生争议时，争议双方自愿达成仲裁协议，申请仲裁机构仲裁，由仲裁机构指定的法定检测机构进行的检测。

（5）按检测数量分类

① 全数检验　是指根据质量标准对送交检测的全部产品逐件进行试验测定，从而判断每一件产品是否合格的检测方法，又称全面检测、普遍检测。

② 抽样检验　又称抽样检查、抽样检测，是从一批产品中随机抽取少量产品（样本）进行检测，据此判断该批产品是否合格。它与全面检测的不同之处，在于后者需对整批产品逐个进行检测，把其中的不合格品拣出来，而抽样检测则根据样本中的产品的检测结果来推断整批产品的质量。如果推断结果认为该批产品符合预先规定的合格标准，就予以接收；否则就拒收。所以，经过抽样检测认为合格的一批产品中，还可能含有一些不合格品。

（6）按照检测方法分类

① 感官检测　就是依靠人的感觉器官来对产品的质量进行评价和判断。如对产品的形状、颜色、气味、伤痕、老化程度等，通常是依靠人的视觉、听觉、触觉和嗅觉等感觉器官进行检查，并判断质量的好坏或是否合格。

② 理化检测　就是借助物理、化学的方法，使用某种测量工具或仪器设备，如利用糖度计、pH 计、液相色谱仪等所进行的检测。

③ 微生物检测　通常是通过检测细菌菌落总数、大肠菌群来判断食品被微生物污染的程度，从而间接判断有无传播肠道传染病的危险；并通过对常见致病菌的检测，控制病原微生物的扩散传播，保障人体健康。

（7）按质量特性分类

① 计量检测　计量检测就是要测量和记录质量特性的数值，并根据数值与标准对比，判断其是否合格。这种检测在工业生产中是大量而广泛存在的。计量检测的商品，应是生产企业自检合格的商品，或流通领域销售的在保质期内的商品。计量检测时一般不考虑商品在运输、储存过程中净含量的变化。

② 计数检验　对抽样组中的每一个单位产品通过测定检测项目，确定其为合格品或不合格品，从而推断整批产品的不合格品率，这种检测叫计数检测。计数检测的计数值质量数据不能连续取值，如不合格数、疵点数、缺陷数等。

9.1.2　食品质量检测的功能和任务

9.1.2.1　食品质量检测功能

① 鉴别功能　根据技术标准、产品配方和工艺、作业（工艺）规程或订货合同的规定，采用相应的检测方法观察、试验、测量产品的质量特性，判定产品质量是否符合规定的要求，这是质量检验的鉴别功能。

② 把关功能　质量"把关"是质量检验最重要、最基本的功能。通过严格的质量检验，剔除不合格品并予以"隔离"，实现不合格的原材料不投产，不合格的产品组成部分及中间产品不转序、不放行，不合格的产品不交付，严把质量关，实现"把关"功能。

③ 预防功能　通过过程能力的测定和控制图以及过程作业的首检与巡检使用起预防作用。

④ 报告功能　报告功能主要包括原材料、辅料、半成品进货验收的质量情况和合格率；过程检验、成品检验的合格率、返修率、报废率和等级率，以及相应的废品损失金额；按产品组成部分或作业单位划分统计的合格率、返工率、报废率和等级率，以及相应的损失金额；产品不合格原因的分析；重大质量问题的调查、分析和处理意见；提高产品质量的建议。

9.1.2.2 食品质量检测的任务

按程序和相关文件规定对产品形成的全过程的质量，依据技术标准、生产工艺要求、作业文件的技术要求进行质量符合性检验，以确认其是否符合规定的质量要求。对检验确认符合规定质量要求的产品给予接受、放行、交付，并出具检验合格凭证。对检验确认不符合规定质量要求的产品按程序实施不合格品控制。剔除、标识、登记并有效隔离不合格品。

9.1.3 质量检验的步骤

9.1.3.1 检验的准备

熟悉规定要求，选择检验方法，制定检验规范。首先要熟悉检验标准和技术文件规定的质量特性和具体内容，确定测量的项目和量值。为此，有时需要将质量特性转化为可直接测量的物理量；有时则要采取间接测量方法，经换算后才能得到检验需要的量值。有时则需要有标准实物样品（样板）作为比较测量的依据。要确定检验方法，选择精密度、准确度适合检验要求的计量器具和测试、试验及理化分析用的仪器设备。确定测量、试验的条件，确定检验实物的数量，对批量产品还需要确定批的抽样方案。将确定的检验方法和方案用技术文件形式做出书面规定，制定规范化的检验规程（细则）、检验指导书，或绘成图表形式的检验流程卡、工序检验卡等。在检验的准备阶段，必要时要对检验人员进行相关知识和技能的培训和考核，确认能否适应检验工作的需要。

9.1.3.2 检测

按已确定的检验方法和方案，对产品质量特性进行定量或定性的观察、测量、试验，得到需要的量值和结果。测量和试验前后，检验人员要确认检验仪器设备和被检物品试样状态正常，保证测量和试验数据的正确、有效。

9.1.3.3 记录

对测量的条件、测量得到的量值和观察得到的技术状态用规范化的格式和要求予以记载或描述，作为客观的质量证据保存下来。质量检验记录是证实产品质量的证据，因此数据要客观、真实，字迹要清晰、整齐，不能随意涂改，需要更改的要按规定程序和要求办理。质量检验记录不仅要记录检验数据，还要记录检验日期、班次，由检验人员签名，便于质量追溯，明确质量责任。

9.1.3.4 比较和判定

由专职人员将检验的结果与规定要求进行对照比较，确定每一项质量特性是否符合规定要求，从而判定被检验的产品是否合格。

9.1.3.5 确认和处置

检验有关人员对检验的记录和判定的结果进行签字确认。对产品（单件或批）是否可以"接收""放行"做出处置。对合格品准予放行，并及时转入下一作业过程（工序）或准予入库、交付（销售、使用）。对不合格品，按其程度不同情况做出返修、返工、让步接收或报废处置。对批量产品，根据产品批质量情况和检验判定结果分别做出接收、拒收、复检处置。

9.2 感官检测

食品的感官检测是凭借人体自身的感觉器官，具体来说就是凭借眼、耳、鼻、口（包括唇和舌头）和手，对食品的质量状况和卫生状况作出客观评价的方法。

食品质量的优劣最直接地表现在它的感官性状上，所以，通过感官指标的鉴别，即可直接判断出食品品质的优劣。对于感官指标不合格的产品，如食品中混有杂质、异物，发生霉变、沉淀等不良变化，不需要再进行其他理化检测，直接判定为不合格产品。

9.2.1 感官检测分类

9.2.1.1 按检测与主观因素的关系分类

感官检测按其所检测的质量特性是否受主观因素影响，可分为分析型感官检测和偏爱型感官检测两类。

(1) 分析型感官检测

分析型感官检测是把人的感官作为一种分析仪器，来测定食品的质量特性或鉴别食品之间的差异。例如食品的质量检测、产品评优等都属于这种类型。

分析型感官检测是将人的感官作为仪器使用，因此，应排除人的主观因素影响或尽可能减少人的主观影响，提高检测的重现性，在检测中必须注意以下三点。

① 评价基准的标准化　在用感官测定食品的质量特性时，对于每一测定评价项目都需要有明确的评价尺度和评价基准物，使结果统一和具有可比性。

② 试验条件的规范化　在感官检测中，检测结果很容易受环境的影响，因此，试验条件应该规范化，以防试验结果受环境、条件的影响而出现大的波动。

③ 评价员的选定　参加分析型感官检测的评价员，应经过适当的选择和训练，维持在一定的水平上。

(2) 偏爱型感官检测

偏爱型感官检测与分析型感官检测相反，是以食品作为工具，来测定人的感官的接受和偏爱程度，又称嗜好型感官检测。它完全是人的主观行为。在新产品开发、市场调查中调查人们对感官特性的需要和可接受性时常应用这种检测。

9.2.1.2 按使用的感官分类

① 视觉检测法　视觉检测法是用人的视觉器官对食品的外观形态和色泽进行观察，从而对食品的新鲜程度、食品是否有不良改变以及蔬菜、水果的成熟度等作出评价的方法。

视觉检测是判断食品质量的一个重要手段。视觉检测应在白昼的散射光线下进行，以免灯光隐色发生错觉。检测时应注意整体外观、大小、形态、块形的完整程度、清洁程度，表面有无光泽、颜色的深浅、色调等。在检测液体食品时，要将它注入无色玻璃器皿中，透过光线来观察；也可将瓶子颠倒过来，观察有无夹杂物下沉或絮状物悬浮。

② 嗅觉检测法　嗅觉检测法是用人的嗅觉器官对食品的气味进行识别，评价食品质量的方法。

食品气味检测的顺序应当是先识别气味淡的，后识别气味浓的，以免影响嗅觉的灵敏度。检测前禁止吸烟。

③ 味觉检测法　食品的味觉检测是用人的味觉器官对食品进行品尝，鉴别食品品质优劣的方法。

在感官检测食品质量时，常将滋味分类为甜、酸、苦、辣、涩、浓淡、碱味及不正常味等。

④ 触觉检测法　触觉检测法是凭借人的触觉来鉴别食品的膨、松、软、硬、弹性（稠度），以评价食品品质的优劣，也是一种常用的感官检测方法。例如，根据鱼体肌肉的硬度

和弹性，常常可以判断鱼是新鲜或腐败；评价动物油脂的品质时常须鉴别其稠度等。在感官测定食品的硬度（稠度）时，要求温度应在 15～20℃之间，因为温度的升降会影响到食品的形态改变。

9.2.2　感官检测的要求

9.2.2.1　实验室要求

感官检测应在专门的实验室进行，以提供评价员一个不受干扰的工作环境。感官检测实验室应与样品制备室分开，避免评价员见到样品的准备过程。实验室应无异味，保持一定温度和湿度，限制音响，空间大小适宜，控制光的强度和色调。为避免评价员之间相互干扰，可分隔成隔挡。良好的工作环境，可减少无关变量的影响，提高检测的效率和准确性。

9.2.2.2　评价员的要求

进行分析型感官检测的评价员应经过专门的选择和培训，而偏爱型检测的评价员应具有代表性。

① 评价员的基本要求　身体健康，感觉器官无缺陷；无不良嗜好、偏食和变态性反应；对色、香、味、形有较强的分辨力和较高的灵敏度；有必要的食品知识和经验；对感觉内容有准确的表达能力。

② 评价员的选择与培训　评价员分为初级评价员、优选评价员和专家。具有一般感官分析能力的评价员为初级评价员；有较高感官分析能力的评价员为优选评价员；对某种产品具有丰富经验、能独立进行该项产品感官分析的优选评价员为专家。

选择评价员应着重候选人的感觉能力和判断能力。如色盲和色无知者对颜色的固有感觉能力为零。人们的固有感觉能力差异可通过测验其视觉、味觉、嗅觉等来发现。对具备条件者，还需进行必要的培训。

③ 评价员的数量　评价员的数量视检测要求的准确性、检测方法和评价员水平等因素而定。一般来说，要求评价的准确性高、评价方法功效差，或评价员水平较低，需要的评价员数量就较多。GB 10220《感官分析方法总论》对不同检测方法评价员的最少数量作了规定。如"五中取二检测"需要 10 个以上的优选评价员。

9.2.3　感官检测方法

食品感官检验的方法很多。在选择适宜的检验方法之前，首先要明确检验的目的、要求等。根据检验的目的、要求及统计方法的不同，常用的感官检验方法可以分为三类：差别检验法、类别检验法、描述检验法。

(1) 差别检测法

差别检验的目的是要求评价员对两个或两个以上的样品，做出是否存在感官差别的结论。差别检验的结果，是以做出不同结论的评价员的数量及检验次数为基础，进行概率统计分析。常用方法有：两点检验法、三点检验法、"A-非 A"检验法、五中取二检验法、选择检验法等。

① 两点检验法　又称配对检验法。此法以随机顺序同时出示两个样品给评价员，要求评价员对这两个样品进行比较，判断两个样品间是否存在某种差异及其差异方向（如某些特征强度的顺序）的一种评价方法。这是最简单的一种感官评价方法。具体试验方法：把 A、B 两个样品同时呈送给评价员，要求评价员根据要求进行评价。在实验中，应使样品 A、B 和 B、A 这两种次序出现的次数相等，样品编码可以随机选取 3 位数组成，且每个评价员之

间的样品编码尽量不重复。

② 三点检验法　是同时提供 3 个样品，其中 2 个是相同的，要求评价员区别出有差别的那个样品。该法常用于检测样品之间的微小差别、检测员数量很有限的场合以及选择和培训检测员。

③ "A-非 A" 检验法　是当检测员学会识别样品 "A" 后，将一系列可能是 "A" 或 "非 A" 的样品提供给他们，要求检测员指出每一个样品是 "A" 还是 "非 A"。这种检测方法常用于那些具有不同外观或留有后味的样品，特别适用于无法取得完全类似样品的差别检测。

（2）类别检验法

类别检验中，要求评价员对 2 个以上的样品进行评价，判定出哪个样品好，哪个样品差，以及它们之间的差异大小和差异方向，通过实验可得出样品间差异的排序和大小，或者样品应归属的类别或等级，选择何种方法解释数据，取决于实验的目的及样品数量。常用方法有：分类检验法、排序检验法、评分检验法、评估检验法等。

① 分类检验法　是把样品以随机的顺序出示给评价员，要求评价员在对样品进行样品评价后，划出样品应属的预先定义的类别，这种检验方法称为分类检验法。当样品打分有困难时，可用分类法评价出样品的好坏差别，得出样品的优劣、级别，也可以鉴定出样品的缺陷等。

② 评分检验法　要求评价员把样品的品质特性以数字标度形式来评价的一种检验法。在评分检验法中，所使用的数字标度为等距标度或比率标度。它不同于其他方法的是所谓的绝对性判断，即根据评价员各自的评价基准进行判断。它出现的粗糙评分现象可由增加评价员人数来克服。

（3）描述检验法

描述性检验是评价员对产品的所有品质特性进行定性、定量的分析及描述评价。它要求评价产品的所有感官特性，因此要求评价员除具备人体感知食品品质特性和次序的能力外，还要具备用适当和准确的词语描述食品品质特性及其在食品中的实质含义的能力，以及总体印象、总体特征强度和总体差异分析的能力。通常是可依定性或定量而分为简单描述性检验法和定量描述性检验法。

① 简单描述性检验法　评价员对构成样品质量特征的各个指标，用合理、清楚的文字，尽量完整地、准确地进行定性的描述，以评价样品品质的检验方法，称简单的描述性检验法。可用于识别或描述某一特殊样品或许多样品的特殊指标，或将感觉到的特性指标建立一个序列。常用于质量控制，产品在储存期间的变化或描述已经确定的差异检测，也可用于培训评价员。这种方法通常有两种评价形式：一是由评价员用任意的词汇，对样品的特性进行描述；二是提供指标评价表，评价员按评价表中所列出描述各种质量特征的词汇进行评价。如外观：色泽深、浅、有杂色、有光泽、苍白、饱满；口感：黏稠、粗糙、细腻、油腻、润滑、酥、脆；组织结构：致密、松散、厚重、不规则、蜂窝状、层状、疏松等。评价员完成评价后进行统计，根据每一描述性词汇使用的频数，得出评价结果。

② 定量描述性检验法　评价员对构成样品质量特征的各个指标的强度，进行完整、准确的评价。可在简单描述性检验中所确定的词汇中选择适当的词汇，可单独或结合一起用于鉴评气味、风味、外观和质地。此方法对质量控制、质量分析、确定产品之间差异的性质、新产品研制、产品品质的改良等最为有效，并且可以提供与仪器检验数据对比的感官参考数据。

进行定量描述性检验的内容包括：

a. 食品质量特性、特征的鉴定：用适当的词汇，评价感觉到的特性、特征。

b. 感觉顺序的确定：记录显现及察觉到的各质量特性、特征所出现的先后顺序。

c. 特性、特征强度的评估：对所感觉到的每种质量特性、特征的强度做出评估。

感官检验宜在饭后 2～3h 内进行，避免过饱或饥饿状态。要求评价员在检验前 0.5h 内不得吸烟，不得吃刺激性强的食物。同时在样品准备时应注意以下几点。

a. 样品数量　每种样品应该有足够的数量，保证有三次以上的品尝次数，以提高结果的可靠性。

b. 样品温度　在食品感官鉴评实验中，样品的温度是一个值得考虑的因素，只有以恒定和适当的温度提供样品才能获得稳定的结果。

c. 器皿　食品感官鉴评实验所用器皿应符合实验要求，同一实验内所用器皿最好外形、颜色和大小相同。器皿本身应无气味或异味。通常采用玻璃或陶瓷器皿比较适宜，但清洗麻烦。也有采用一次性塑料或纸塑杯、盘作为感官鉴评实验用器皿。

d. 编号　所有呈送给评价员的样品都应适当编号，以免给评价员任何相关信息。样品编号工作应由试验组织者或样品制备工作人员进行，试验前不能告知评价员编号的含义或给予任何暗示。可以用数字、拉丁字母或字母和数字结合的方式对样品进行编号。用数字编号时，最好采用从随机数表上选择三位数的随机数字。用字母编号时，则应该避免按字母顺序编号或选择喜好感较强的字母（如最常用字母、相邻字母、字母表中开头与结尾的字母等）进行编号。同次实验中所用编号位数应相同。同一个样品应编几个不同号码，保证每个评价员所拿到的样品编号不重复。

e. 样品的摆放顺序　呈送给评价员的样品的摆放顺序也会对感官鉴评实验（尤其是评分法和顺位法）结果产生影响。这种影响涉及两个方面：一是在比较两个与客观顺序无关的刺激时，常常会过高地评价最初的刺激或第二次刺激，造成所谓的第一类误差或第二类误差；二是在评价员较难判断样品间差别时，往往会多次选择放在特定位置上的样品。如在三点检验中选择摆在中间的样品，在五中取二检验法中，则选择位于两端的样品。因此，在给评价员呈送样品时，应注意让样品在每个位置上出现的概率相同或采用圆形摆放法。

f. 另外，还应为评价人员准备一杯温水，用于漱口，以便除去口中样品的余味，然后再接着品尝下一个样品。

9.3 理化检测

9.3.1 理化检测概念及任务

食品理化检测是依据物理、化学、生物化学等一些基本原理，运用各种科学技术，按照制定的技术标准，对食品的原料、辅料、半成品及成品的质量进行检测，从而研究和评定食品品质及其变化，并保障食品安全的一门科学。其主要任务是：

① 依据物理、化学、生物学的一些基本理论，运用各种技术手段，按照制定的各类食品的技术标准，对加工过程的原料、辅料、半成品和成品进行质量检测，以保证生产出质量合格的产品。

② 指导生产和研发部门改革生产工艺、改进产品质量以及研发新一代食品，提供其原料和添加剂等物料准确含量，研究它们对研发产品加工性能、品质、安全性的影响，确保新产品的优质和食用安全。

③ 对产品在贮藏、运输、销售过程中，食品的品质、安全及其变化进行全程监控，以保证产品质量，避免产品生产后可能产生对人类食用的危害。

9.3.2 理化检测的内容

食品理化检测是运用现代分析技术，以准确的结果来评价食品的品质，分析项目也由于对食品价值的侧重不同而有所差异。有的重点放在营养方面，有的重点放在毒害物质的检测上。因此，食品理化检测的范围很广，主要包括下面一些内容。

① 营养成分分析　食品的营养素按照目前新的分类方法，包括宏量营养素、微量营养素和其他膳食成分三大类。宏量营养素包括蛋白质、脂类、碳水化合物；微量营养素包括维生素（包括脂溶性维生素和水溶性维生素）、矿物质（包括常量元素和微量元素）；其他膳食成分如膳食纤维、水及植物源食物中的非营养素类物质。

衡量食品品质的重要标准之一是食品必须含有适量的营养素，根据这些物质的含量，就可以用营养学和生物化学的知识来确定食品的主要营养价值。这些物质的分析是食品理化检测的主要内容。

② 毒害物质测定　提高食品的卫生质量标准，防止有毒有害物质对食品的污染，是关系到国计民生的大事。世界各国及联合国食品及农业组织和世界卫生组织（FAO/WHO）对此问题高度重视，相继制定了很多法规。对食品中有毒有害物质的测定已成为日常对食品的物理、化学分析的重要内容之一。

食品污染就其性质来说，包括生物性污染和化学性污染。生物性污染主要是由于一些有害微生物在其繁殖过程中产生毒素所致，如黄曲霉毒素 B_1、B_2、G_1、G_2、M_1、M_2 等毒素。化学性污染主要是食品在生长、贮运、生产、包装等过程中污染的一些有毒有害的化学物质。如农药残留、兽药残留、重金属污染、有机污染物污染（苯、多氯联苯）、加工中产生的有害物质（如丙烯酰胺、苯并芘）等。

③ 食品的辅助材料及添加剂分析　食品添加剂种类繁多，按其来源不同可划分为天然食品添加剂和化学合成食品添加剂两大类。目前所使用的多为化学合成食品添加剂，其品种和质量规格及使用量由国家规定。

食品添加剂是为改进食品的色、香、味或为防止食品变质，延长食品贮藏期而加入的。但若品种和数量使用不当，反而会使食品质量变差甚至造成人体中毒。21世纪以来，随着食品工业和化工技术的发展，世界各国大量使用食品添加剂。尤其近些年来，无论在品种或在数量上，食品添加剂的使用呈显著上升的势头。因此，对食品添加剂的分析和监督变得日益重要和必需。

9.3.3 理化检测的方法

食品理化检测方法主要有物理分析法、化学分析法、仪器分析法。

① 物理分析法　食品的物理分析法是食品理化检测中的重要组成部分。它是利用食品的某些物理特性，应用如感官检测法、比重法、折光法、旋光法等方法，来评定食品品质及其变化的一门科学。食品物理分析法具有操作简单、方便快捷、适用于生产现场等特点。

② 化学分析法　化学分析法是以物质的化学反应为基础的分析方法。它是一种历史悠久的分析方法。在国家颁布的很多食品标准测定方法或推荐的方法中，都采用化学分析法。有时为了保证仪器分析方法的准确度和精密度，往往用化学分析方法的测定结果进行对照。因此，化学分析法仍然是食品分析的最基本、最重要的分析方法。

③ 仪器分析法　仪器分析法是目前发展较快的分析技术，它是以物质的物理、化学性

质为基础的分析方法。它具有分析速度快、一次可测定多种组分、减少人为误差、自动化程度高等特点。目前已有多种专用的自动测定仪。如对蛋白质、脂肪、糖、纤维、水分等的测定有专用的红外自动测定仪；用于牛奶中脂肪、蛋白质、乳糖等多组分测定的全自动牛奶分析仪；氨基酸自动分析仪；用于金属元素测定的原子吸收分光光度计；用于农药残留量测定的气相色谱仪；用于多氯联苯测定的气相色谱—质谱联用仪；对黄曲霉毒素测定的薄层扫描仪；用于多种维生素测定的高效液相色谱仪等。

9.3.4 理化检验基本程序

食品种类繁多，成分复杂，来源不一，进行理化检验的目的、项目、要求也不尽相同，尽管如此，不论什么食品，只要进行理化检验，都必须按照一个共同的程序进行。食品理化检验的基本程序包括：样品的采集、保存、制备、预处理、检测、数据处理、报告。

9.3.4.1 样品的采集和保存

(1) 样品的采集

食品理化检验的首项工作就是从大量的分析对象中抽取一部分分析材料供分析化验用，这些分析材料即样品。这项工作称为样品的采集，又叫采样。

样品可分为检样、原始样和平均样。检样指从分析对象的各个部分采集的少量物质；原始样是把许多份检样综合在一起；平均样指原始样经处理后，再采取其中一部分供分析检验用的样品称为平均样。

采样是进行食品卫生质量鉴定以及营养成分分析，进行食品卫生与营养指导、监督、管理和科学研究的重要依据和手段，是食品理化检验的最基础工作，是食品检验分析中重要环节的第一步。

一般采样时应遵循两个原则：第一，所采集的样品对总体应该具有充分的代表性，能反映全部被检查食品的组成、质量和卫生状况；第二，采样过程中要确保原有的理化性质，防止成分的损失或样品污染。除此之外，还要注意以下几个方面。

① 采样必须注意样品的生产日期、批号、代表性和均匀性（掺伪食品和食物中毒样品除外）。采集的数量应能反映该食品的卫生质量和满足检验项目对试样量的需要，一式三份，供检验、复验、备查或仲裁，一般散装样品每份不少于 0.5kg。

② 采样容器根据检验项目，选用硬质玻璃瓶或聚乙烯制品。

③ 对于粮食、固体、颗粒状样品，应自每批食品上、中、下三层中的不同部位分别采取部分样品，混合后按四分法对角取样，再进行几次混合，最后取有代表性的样品。

④ 对于液体、半流体样品应先充分混匀后再采样。

⑤ 罐头、瓶装食品或其他小包装食品，应根据批号随机取样，取样件数，250g 以上的包装不得少于 6 个，250g 以下的包装不得少于 10 个。

⑥ 鱼、肉、果蔬等组成不均匀的样品对各个部分分别采样经过捣碎混合成为平均样品。

⑦ 掺伪食品和食品中毒的样品采集，要具有典型性。

⑧ 检查后的样品保存：一般样品在检验结束后，应保留一个月，以备需要时复检。易变质食品不予保留，保存时应加封并尽量保持原状。检验取样一般皆指取可食部分，以所检验的样品计算。

⑨ 感官不合格产品不必进行理化检验，直接判为不合格产品。

⑩ 样品应按不同检验目的要求妥善包装、运输、保存，送实验室后，应尽快进行检验。

不同的食品，由于存在状态、数量及检验要求不同，采样的方式也不一样。采样方式一般包括随机抽样、系统抽样、指定代表性抽样。

a. 随机抽样：使总体中每个部分被抽取的概率都相等的抽样方法。适用于对被测样品不大了解时以及检验食品合格率及其他类似的情况。

b. 系统抽样：已经了解样品随空间和时间变化规律，按此规律进行采样的方法。如大型油脂贮池中油脂的分层采样，随生产过程的各个环节采样，定期抽测货架陈列样品。

c. 指定代表性抽样：用于检测有某种特殊检测重点的样品采样。如对大批罐头中的个别变形罐头采样、对有沉淀的啤酒的采样等。

（2）样品的保存

采得样品后应尽快进行检验，尽量减少保存时间，以防止其中水分或挥发性物质的散失以及其他待测成分的变化。

另外，采样操作经历了切割粉碎和混匀等过程，加快了食品样品的变化速度。因此，必须防止食品样品的任何变化，高度重视检验样品的保存。

导致样品发生变化的因素包括：水分或挥发性成分的挥发和吸收；空气氧化；样品中酶的作用以及微生物的分解。

在样品保存时，应遵循以下四个原则。

① 防止污染　根据分析的目的物不同，清洁的标准亦不相同，以不带入新的污染物质、不使食品成分增加或减少为依据。

② 防止腐败变质　采取低温冷藏，是防止腐败变质的常规方法，以 $0 \sim 5\,{}^\circ\!C$ 为宜；尽量避免在样品中加入防腐剂；尽快进行分析前的样品制备和处理。

③ 稳定水分　保持食品样品中原有水分含量，防止蒸发损失和干食品的吸湿，密闭加封可防止样品中水分的变化，若食品样品含水量高，且分析项目多，可先测定其水分含量，而后烘干水分，保存干燥样品，可通过水分含量而折算出鲜样品中待测物质的分析结果。

④ 固定待测成分　加入适宜的溶剂或稳定剂。

9.3.4.2　样品的制备和预处理

（1）样品的制备

样品制备的目的就是保证样品十分均匀，分析时取任何部分都具有代表性，样品的制备必须考虑到在不破坏待测成分的条件下进行。必须先去除不可食部分。

为了得到具有代表性的均匀样品，必须根据水分含量、物理性质和不破坏待测组分等要求采集试样。采集的试样还须经过粉碎、过筛、磨匀、溶于溶液等步骤，进行样品制备。

用于食品分析的样品量通常不足几十克，可在现场进行样品的缩分。缩分干燥的颗粒状及粉末状样品，最好使用圆锥四分法。圆锥四分法是把样品充分混合后堆砌成圆锥体，再把圆锥体压成扁平的圆形，中心划两条垂直交叉的直线，分成对称的四等份：弃去对角的两个四分之一部分，再混合，反复用四分法缩分，直到留下合适的数量作为"检验样品"。

（2）样品处理

食品的组成是复杂的，在分析过程中各成分之间常常产生干扰；或者被测物质含量甚微，难以检出，因此在测定前需进行样品处理，以消除干扰成分或进行分离、浓缩。

样品处理过程中，既要排除干扰因素，又不能损失被测物质，而且使被测物质达到浓缩，以满足分析化验的要求，保证测定获得理想的结果，因此，样品处理在食品理化检验工作中占有重要的地位。

样品处理可使被测成分转化为便于测定的状态，消除共存成分在测定过程中的影响和干扰，浓缩富集被测成分。

样品处理时按照食品的类型、性质、分析项目，采取不同的措施和方法，常用的方法有溶剂提取法、有机物破坏法、蒸馏法、色层分离法、磺化法与皂化法、沉淀分离法、掩蔽法、浓缩法等。

9.3.4.3 检验测定

食品理化检验的目的就是根据测定的分析数据对被检食品的品质和质量做出正确客观的判断和评定，为此，检验测定过程中，必须实行全面质量控制程序。

(1) 理化检验方法的选择

食品理化检验方法的选择是质量控制程序的关键之一，选择的原则是：精密度高、重复性好、判断准确、结果可靠。在此前提下根据具体情况选用仪器灵敏、试剂低廉、操作简便、省时省力的分析方法，应以中华人民共和国国家食品卫生检验方法（理化部分）为仲裁法。

(2) 食品检测仪器的选择及校正

食品理化检验工作中分析仪器的规格与校正对质量控制也是十分重要的，必须慎重选择，认真校正，照章操作。因为食品中有些成分含量甚微，如黄曲霉毒素。因此，检测仪器的灵敏度必须达到同步档次，否则将难以保证检测质量。购置、使用有关检测仪器时切勿主观盲目。

(3) 试剂、标准品、器具和水质标准的选择

① 食品理化检验所需的试剂和标准品以优级纯（G. R.）或分析纯（A. R.）为主，必须保证纯度和质量。

② 食品理化检验所需的量器（滴定管、容量瓶等）必须校准，容器和其他器具也必须洁净并符合质量要求。

③ 检验用水在没有注明其他要求时，是指其纯度能够满足分析要求的蒸馏水或去离子水。

9.3.4.4 分析数据处理

通过测定工作获得一系列有关分析数据以后，需按以下原则记录、运算和处理。

① 记录 食品理化检验中直接或间接测定的量均用有效数字表示，在测定值中只保留最后一位可疑数字，记录数据反映了检验测定量的可靠程度。有效数的位数与方法中测量仪器精度最低的有效数位数相同，并决定报告的测定值的有效数的位数。

在数据记录时，要考虑以下数据的取舍。

a. 可疑值：在实际分析测试中，由于随机误差的存在，使多次重复测定的数据不可能完全一致，而存在一定的离散性，并且常常出现一组测定值中某一两个测定值与其余的相比，明显的偏大或偏小，这样的值称为可疑值。

b. 极值：虽然明显偏离其余测定值，但仍然是处于统计上所允许的合理误差范围之内，与其余的测定值属于同一总体，称为极值。极值是一个好值，这时必须保留。

c. 异常值：可疑值与其余测定值并不属于同一总体，超出了统计学上的误差范围，称为异常值、界外值、坏值，应淘汰。

对于可疑值，必须要弄清楚出现的原因，如果是由于实验技术上的失误引起的，不管这样的测定值是否是异常值都应该舍去。如果不是，则需要进行统计学的验证，是否是异常值，确定是则舍去。

② 运算 食品理化检验中的数据计算均按有效数字计算法则进行。除有特殊规定外，一般可疑数字为最后一位有 ± 1 个单位的误差。一般测定值的有效数的位数应能满足卫生标准的要求，甚至高于卫生标准，报告结果应比卫生标准多一位有效数。复杂运算时，其中间过程可多保留一位，最后结果按有效数字的运算法则留取应有的位数。

③ 计算及标准曲线的绘制 食品理化检验中多次测定的数据均应按统计学方法计算其

算术平均值、标准偏差、相对标准差、变异系数。同时用直线回归方程式计算结果并绘制标准曲线。

④ 回收率 食品理化检验工作中常采用回收试验以消除测定方法中的系统误差。回收试验中，某一稳定样品中加入不同水平已知量的标准物质（将标准物质的量作为真值）称为加标样品。同时测定加标样品和样品，可按下列公式计算出加入标准物质的回收率。

$$P\% = \frac{X_1 - X_0}{m} \times 100\%$$

式中，P 为加入的标准物质的回收率；m 为加入标准物质的质量；X_1 为加标样品的测定值；X_0 为样品的测定值。

⑤ 检验结果的表示方法 检验结果的表示方法应与食品卫生标准的表示方法一致。如毫克百分含量（mg/100g）：即每 100g 或 100mL 样品中所含被测物质的毫克数。

9.3.4.5 检验报告

食品理化检验的最后一项工作是写出检验报告，写检验报告时应该做到：实事求是、真实无误；按照国家标准进行公正仲裁；认真负责签字盖章。

9.4 微生物检测

9.4.1 微生物检测概述

食品微生物检测就是应用微生物学的理论与方法，研究外界环境和食品中微生物的种类、数量、性质、活动规律、对人和动物健康的影响及其检测方法与指标的一门学科。它是微生物学的一个分支，是近年来形成的一门新的学科。食品微生物检测是食品检测、食品加工以及公共卫生方面的从业人员必须熟悉和掌握的专业知识之一。

微生物与食品关系复杂，既有有益的、可利用的一面，也有有害的、需要防范的一面。食品微生物检测，侧重于有害方面，重点研究食品的微生物污染及检测范围、卫生指标和检测方法等问题。

食品微生物检测的范围包括：①生产环境的检测，包括车间用水、空气、地面、墙壁等；②原辅料的检测，包括食用动物、谷物、添加剂等一切原辅材料；③食品加工过程、储藏、销售诸环节的检测，包括食品从业人员的卫生状况检测、加工工具等；④食品的检测，重要的是对出厂食品、可疑食品及食物中毒食品的检测。

食品微生物检测指标是根据食品卫生要求、从微生物学的角度对不同的食品所提出的具体指标要求。我国卫生部颁布的食品微生物检测指标主要有菌落总数、大肠菌群、致病菌、真菌及其毒素以及其他指标。

a. 菌落总数：菌落总数是指食品检样经过处理，在一定条件下培养后所得 1g 或 1mL 检样中所含细菌菌落的总数。它可以反映食品的新鲜度、被细菌污染的程度、食品生产的一般卫生状况以及食品是否腐败变质等。因此，它是判断食品卫生质量的重要依据之一。

b. 大肠菌群：大肠菌群是指包括大肠杆菌和产气杆菌的一些中间类型的细菌。这些细菌是人和温血动物肠道内的常居菌，随大便排出体外。如果食品中大肠菌群数越多，说明食品受粪便污染的程度越大。故以大肠菌群作为粪便污染食品的卫生指标来评价食品的卫生质量，具有广泛的意义。

c. 致病菌：致病菌即能够引起人们发病的细菌。对不同食品和不同场合，应选择不同的参考菌群进行检测。例如，海产品以副溶血性弧菌作为参考菌群；蛋与蛋制品以沙门菌、金黄色葡萄球菌、变形杆菌等作为参考菌群；米、面类食品以蜡样芽孢杆菌、变形杆菌、霉菌等作为参考菌群；罐头食品以耐热性芽孢菌作为参考菌群等。

d. 真菌及其毒素：霉菌和酵母菌虽然是食品加工中的常用菌，但在某些情况下，霉菌和酵母菌可使一些食品失去原有的色、香、味，造成食品腐败变质。例如，酵母菌可使饮料混浊、产生气泡、形成薄膜、改变颜色及散发不正常的气味等。因此，世界许多国家已制定了某些食品的霉菌和酵母菌限量标准。我国也制定了一些食品中霉菌和酵母菌的限量标准，并以单位食品中霉菌和酵母菌数来判定食品被污染的程度。

还有少数霉菌污染食品不仅可造成食品腐败变质，还可产生毒素，引起人类和动物的急性或慢性中毒，尤其是 20 世纪 60 年代发现强致癌的黄曲霉毒素以来，世界各国对真菌毒素的污染问题日益关注和重视。先后制定了各种真菌毒素的限量标准，以保护消费者的身体健康及农业、畜牧业的健康发展。我国也制定了一些食品的真菌毒素限量标准，如黄曲霉毒素等。

e. 其他指标：食品微生物指标还应包括病毒，如肝炎病毒、口蹄疫病毒、猪瘟病毒、鸡新城疫病毒、马立克氏病毒、猪水泡病毒等。这些病毒的污染也会给消费者造成很大的健康风险。

9.4.2 微生物检测基本程序

9.4.2.1 检样采集

在食品的检验中，样品的采集是极为重要的一个步骤。所采集的样品必须具有代表性。采用什么样的取样方案主要取决于检验的目的。检验的目的可以是用食品卫生学微生物检验去判定一批食品合格与否，也可以是查找食物中毒病原微生物，还可以是鉴定畜禽产品中是否含有人畜共患病原体等。目的不同，取样方案也不同。表 9-1 是我国的食品样品取样方案。

表 9-1　各种食品的取样方案

检样种类	采样数量	备注
进口 粮油	粮：按三层五点法进行（表、中、下三层） 油：重点采取表层和底层油	每增加 10000t，增加一个混样
肉及肉制品	生肉：取屠宰后两腿内侧肌或背最长肌 100g/只 脏器：根据检验目的而定 家禽：家禽用棉拭子取样 50cm²	要在容器的不同部位取样
乳及乳制品	生乳、消毒乳：1 瓶；奶酪：1 个；奶粉：1 袋或 1 瓶，大包装 200g；奶油：1 包，大包装 200g；炼乳、酸奶：1 瓶或 1 罐；淡炼乳：1 罐	每批样品按千分之一采样，不足千件者抽一件
蛋品	全蛋粉、巴氏消毒全蛋粉、蛋黄粉、冰全蛋、冰蛋黄、冰蛋白：每件 200g	一日或一班生产为一批，检验沙门氏菌按 5% 抽样，但每批不少于 3 个检样。测菌落总数、大肠菌群，每批按装听过程前、中、后流动取样 3 次，每次取样 50g，每批合为一个样品。在装听时流动采样，检验沙门氏菌，每 250g 取样一件
	巴氏消毒冰鸡全蛋：每件 200g	检验沙门氏菌，每 500kg 取样一件。测定菌落总数、大肠菌群时，每批按装听过程前、中、后取样 3 次，每次 50g
水产品	鱼：一条；虾：200g；蟹：2 只；鱼松：1 袋 贝壳类：按检验目的而定	不足 200g 者加量

检样种类	采样数量	备注
罐头	A. 按生产班次取样,取样数为 1/3000,尾数超过 1000 罐者增取一罐,但每班每个品种取样基数不得少于 3 罐 B. 若此产品生产量较低,则按班产量总罐数 20000 罐为基数,取样量为 1/3000;超过 20000 罐时,其取样数可为 1/10000,尾数超过 1000 罐者,增取一罐 C. 个别产品生产量过少,同样品、同规格者可合并班次取样,但合并班总罐数不应超过 5000 罐。每生产班次取样数不少于 1 罐,合并班后取样不少于 3 罐 D. 按杀菌锅取样,每锅采取一罐,但每批每个品种不得少于 3 罐,违反操作规程或卫生制度生产的罐头,应适当增加抽样数量 E. 在仓库或商店储存的成批罐头中有变形、膨胀、凹陷、罐壁裂缝、生锈和破损等可疑情况时,应根据具体情况决定抽样数量	
清凉饮料	冰棍:每批不得少于 3 件,每件不得少于 3 支 冰激凌:原装 4 杯为一件,散装 200g 汽水、果汁等:原装 2 瓶为一件,散装 500mL 使用冰块、散装饮料:500g/mL 为一件 固体饮料:原装一袋	班产量 20 万支以下者,一班为一批;班产量 20 万支以上者,以每个工作台为一批,每批 3 件,每件 2 瓶
调味品	酱油、酱类、醋等:原装一瓶,散装 500mL 味精:100g 1 袋	
冷食菜、豆制品	取 200g	
糕点、果脯、糖果等	糕点、果脯:取 200g 糖果:100g	
酒类	取 2 瓶为一件,散装 500mL	

按照上述采样方案,能采取最小包装的食品就采取完整包装,必须拆包装取样的应按无菌操作进行。

9.4.2.2　样品送检

采样后,样品应尽快送检,不要超过 3h,若路途遥远,可在 1~5℃ 低温下运送;要注意防污染、防散漏、防变质;不要忘记填写检验申请单。

9.4.2.3　样品预处理

由于食品检样种类繁多,来源复杂,各类预检样品并不是拿来就能检验,要根据食品种类的不同性状,经过预处理后,制备成稀释液才能进行有关的各项检验。

① 液体样品　液体样品指黏度不超过牛奶的非黏性食品,可直接用灭菌吸管准确吸取 25mL 样品加入 225mL 蒸馏水或生理盐水及有关检验的增菌液中,制成 1:10 的稀释液。吸取前要将样品充分混合,取样的吸管插入样品的深度一般不要超过 25mm。除此之外,在开瓶、开罐等打开样品容器时,一定要注意表面消毒,无菌操作。用点燃的酒精棉球烧灼瓶

口灭菌，用石炭酸纱布盖好，再用灭菌开瓶器将盖启开。含有 CO_2 的液体饮料先倒入灭菌的小瓶中，之后覆盖灭菌纱布，轻轻摇荡，待无气体后再进行检验。酸性食品用 10% 灭菌的 Na_2CO_3 调 pH 值中性后再进行检验。

② 半固体或黏性液体食品　此类样品无法用吸管吸取，可用灭菌容器称取检样 25g，加入预温至 45℃ 的灭菌生理盐水或蒸馏水 225mL 中，摇荡溶化或使用恒温振荡器溶化，溶化后尽快检验。从样品稀释到接种，一般不要超过 15min。

③ 固体食品　固体食品的处理相对较复杂，处理方法主要有以下几种。

a. 捣碎均质方法：将 100g 或 100g 以上的样品剪碎混匀，从中取 25g 放入带有 225mL 稀释液的无菌均质杯中，以 8000～10 000r/min 的速度均质 1min。这是对大部分食品样品都适用的方法。

b. 剪碎振摇法：将 100g 或 100g 以上的样品剪碎混匀，从中取 25g 进一步剪碎，放入带有 225mL 稀释液和适量直径 5mm 左右玻璃珠的稀释瓶中，盖紧瓶盖，用力快速振摇 50 次，振幅不小于 40cm。

c. 研磨法：将 100g 或 100g 以上的样品剪碎混匀，取 25g 放入无菌乳钵中充分研磨后再放入带有 225mL 无菌稀释液的稀释瓶中，盖紧盖后充分摇匀。

d. 整粒振摇法：有完整自然保护膜的颗粒状样品（如蒜瓣、青豆等），可以直接称取 25g 整粒样品置入带有 225mL 无菌稀释液和适量玻璃珠的无菌稀释瓶中，盖紧瓶盖，用力快速振摇 50 次，振幅在 40cm 以上。

9.4.2.4　送样检测

(1) 收样

收到样品后逐一核对验收，登记编号；如 2012 年收到的 39 号样品，编号可写成：20120039。立即将样品放在冰箱或冰盒中，并积极做好准备工作。

(2) 确定检测方法

微生物的检测标准包括国际标准、国外发达国家标准、国家标准、行业标准、地方标准和企业标准。具体采用什么标准检测，要根据企业、顾客、国家法规的要求来选择。无论采用哪种标准方法，其检测过程如下。

① 微生物接种和培养　微生物接种和培养必须全部在无菌条件下操作。

将微生物的纯种或含有微生物的材料（如水、食品、空气、土壤、排泄物等）转移到培养基上的过程叫微生物接种。经微生物接种后的培养基被放置在一定环境条件下，使微生物在培养基上生长繁殖，这一过程叫做微生物的培养。

微生物的接种方法包括涂布法、划线法、倾注法、点植法、穿刺法、浸洗法、活体接种。

在人工培养微生物的过程中，除了供给一定的营养物质外，还必须提供微生物生长繁殖的条件，但因不同种类的微生物需要的条件不完全相同，所以就有需氧培养、厌氧培养等不同的方式。

② 细菌制片　在镜检前必须将被检物制成玻片标本，才能观察，用于标本的玻片应非常干净。根据被检物所要检查的项目和供检材料的不同，其制片方法包括压片法、悬滴法和涂片法。

③ 细菌染色　由于细菌个体透明，在光学显微镜下不易观察到其形态，必须借助于染色的方法使菌体着色，增加与背景的明暗对比，才能在光学显微镜下较为清楚地观察其个体形态和部分结构。

按照所用染料种类的不同，可将染色法分成两大类：单染色法和复染色法。

a. 单染色法：又称普通染色法，只用一种染料染色，适用于菌体一般形态观察。

b. 复染色法（革兰氏染色法）：又称鉴别染色法，是用两种或多种染料进行染色，有帮助鉴别细菌之用。最常用的为革兰氏染色法。染色结果，菌体呈紫色的为革兰氏阳性菌（G$^+$），红色者为革兰氏阴性菌（G$^-$）。

④ 显微镜检验 细菌的镜检的项目有细菌的形态、大小、革兰氏染色反应，有无芽孢、荚膜、鞭毛以及细胞运动情况等。

⑤ 生理生化试验 微生物生化反应是指用化学反应来测定微生物的代谢产物，生化反应常用来鉴别一些在形态和其他方面不易区别的微生物。因此微生物生化反应是微生物分类鉴定中的重要依据之一。微生物检验中常用的生化反应包括糖酵解试验、淀粉水解试验、V-P试验、甲基红（Methyl Red）试验、靛基质（Imdole）试验、硝酸盐（Nitrate）还原试验、明胶（Gelatin）液化试验、尿素酶（Urease）试验、氧化酶（Oxidase）试验、硫化氢（H$_2$S）试验、三糖铁（TSI）琼脂试验、硫化氢-靛基质-动力（SIM）琼脂试验等。

（3）检验的要求

按照标准操作规程进行检验操作，边工作边做原始记录；检测结束，连同结果一起交同条线技术人员复核。复核过程中发现错误，复核人应通知检测人更正，然后重新复核。检测人和复核人在原始记录上签名，并编写"检测报告底稿"。所有检测项目完成后，检测人员将原始记录、样品卡、报告书底稿交科主任作全面校核。

（4）样品的保留

阴性样品：在发出报告后可及时处理；阳性样品：在发出报告以后3天才能处理样品；进口食品的阳性样品：要保留6个月才能处理。微生物检验不进行复检。

9.4.2.5 检验结果的报告

样品检测后及时出具报告。经审核后的报告底稿、样品卡、原始记录，上交打印正式报告两份。将报告正本交审核人及批准人签名，并在报告书上盖上"检验专用章"CMA章和中心公章后对外发文。收文科室或收文人要在检测申请书上收件人一栏内签字，以示收到该报告的正式文本。在报告正式文本发出前，任何有关检测的数据、结果、原始记录都不得外传，否则作为违反保密制度论处。

第10章
食品质量成本管理

克劳士比说：质量是免费的，只要我们按已达成的要求去做，第一次就把事情做对，才是成本的真谛。而常规的成本中却包含并认可了返工、报废、保修、库存和变更等不增值的活动，反而掩盖了真正的成本。第一次没做对，势必要修修补补，做第二次、第三次。这些都是额外的浪费，是"不符合要求的代价"。统计表明，在制造业，这种代价高达销售额的20％～25％，而服务业则高达30％～40％！

10.1 质量经济性

10.1.1 质量效益与质量损失

质量与效益间密切相关。图 10-1 对质量、成本、价格关系的分析表明"低质量和完美的质量都是不经济的"。质量好的产品才可能有市场，质量过硬的产品在市场上得到认同，才有可能成为名牌产品。质量效益是通过保证、改进和提高产品质量而获得的效益，它来自于消费者对产品的认同及其支付。反之，质量损失则是产品在整个生命周期中，由于质量不符合规定要求，对生产者、消费者以及社会所造成的全部损失之和。

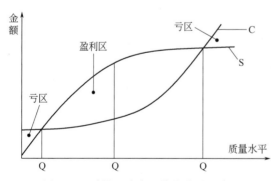

图 10-1　质量、成本、价格关系示意图

质量损失涉及生产者、消费者及社会等多方面的利益。

① 生产者的损失　包括：a. 废品、返工损失，退货、赔偿、降级降价、运输变质等有形损失；b. 无形损失：企业信誉、丧失市场。这种损失虽然难以直接计算，但对企业的危害极大，甚至是致命的。相反，超过了消费者的实际需求的"剩余质量"会使生产者花费过多的费用，也造成不必要的损失。

② 消费者的损失　包括：a. 有形损失：健康安全危害，赔偿；b. 机会损失：营养构

成、功能成分不合理，无营养作用。很难计算和完全避免，也不需要生产者赔偿损失；在设计中减少这类损失，也有利于提高企业产品在消费者心目中的地位。

③ 社会损失：污染、公害、资源破坏等；政府采取法律、行政、经济手段对不重视质量的生产商的干预。

20 世纪 50 年代初，美国质量管理专家费根堡姆把产品质量预防和鉴定活动的费用同产品不合格要求所造成的损失一起加以考虑，首次提出了质量成本的概念。随后朱兰也相继提出"在次品上发生的成本等于一座金矿，可以对它进行有力的开采"（"矿中黄金"）和"水中冰山"等有关质量成本的理念。他们认为所有的组织都得测算和报告成本，并作为控制和改造的基础。

10.1.2 质量波动与损失

质量波动是不可避免的。每一批产品在相同的环境下制造出来，其质量特性或多或少总会有所差别，呈现出波动性。日本田口玄一认为，质量损失是产品质量偏离质量标准的结果，并提出质量波动损失评价的质量损失函数曲线（图 10-2）及其表达式：

$$L(y) = k(y-m)^2 = k\Delta^2$$

式中，y 为实际测定的质量特性值；m 为质量特性的标准值；k 为比例常数；$\Delta = (y-m)$，为偏差；$L(y)$ 为质量特性值为 y 时的波动损失。

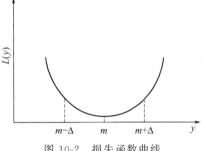

图 10-2　损失函数曲线

通过改进工序，在技术、管理上加大投入，一方面可以减少波动、提高产品精度改进质量，另一方面也可减少废品、次品的产生，防止非合格品流通到客户及造成对顾客的安全危害、健康、经济等损失。

质量经济分析和管理，是一个组织质量经营追求成功的重要环节，也是衡量一个组织质量管理有效性的重要标志。质量成本管理之所以在费根堡姆和朱兰提出质量成本概念后能在企业界得到迅速开展，并取得很好的经济效果，是因为这项工作对于企业质量管理和经营发展来说很"需要"，并且可"操作"。

质量经济性管理的基本原则是：从组织方面的考虑——降低经营资源成本，实施质量成本管理；从顾客方面的考虑——提高顾客满意度。质量管理就是以质量为中心，努力开发和提供顾客满意的产品和服务，同时通过：①增加收入（销售额）、利润和市场份额；②降低经营所需资源的成本，减少资源投入来提高组织经济效益。从经济性看，因质量改善所取得的质量效益应超过为此而付出的投入；从长期看，技术和管理水平的进步提升了企业竞争力，质量改进方面的投入也是值得的。美国波多里奇国家质量奖 1999 年度的获得者丽嘉酒店也指出，利润是质量的产物。这是因为质量实践有助于提高客户满意度和忠诚度，降低管理成本，提高企业的产能，从而为之创造利润。

10.2 质量成本概述

10.2.1 质量成本涵义

质量成本（quality costs）也叫质量费用，是指为确保和保证满意的质量而导致的费用以及没有获得满意的质量而导致的有形的和无形的损失。

10.2.2 质量成本分类

根据 ISO 9000 的规定，从共性的角度可将质量成本分为 2 部分：企业内部运行而发生的各种质量费用，即运行质量成本（operating costs）和企业为顾客提供客观证据而发生的各种费用，即外部质量保证成本（external assurance quality costs）。运行质量成本可进一步划分为预防成本、鉴定成本、内部故障（损失）成本及外部故障（损失）成本 4 类。

10.2.2.1 运行质量成本

（1）预防成本

预防成本（prevention cost）是指用于预防故障或不合格品等所需的各项费用。主要构成为：①质量策划费用；②质量培训费；③质量奖励费；④工序质量控制费；⑤质量改进措施费；⑥质量评审费；⑦工资及附加费；⑧质量情报及信息费；⑨顾客调查费用。

（2）鉴定成本

鉴定成本（appraisal cost）是指评定产品是否满足规定质量要求所需的鉴定、试验、检验和验证方面的费用。主要构成为：①外购材料的试验和检验费用，包括检验人员到供货厂评价所购材料时所支出的差旅费；②工序检验费；③成品检验费；④检验试验设备调整、校准维护费；⑤试验材料、劳务费及外部担保费用（指外部实验室的酬金，保险检查费等）；⑥检验试验设备折旧费；⑦办公费；⑧工资及福利基金；从事质量管理、试验、检验人员的工资总额及提取的福利基金；⑨产品和体系的质量审核费用（包括内审和外审费用）。

（3）内部故障成本

内部故障成本（internal failure cost）是指在交货前，因未满足规定的质量要求所发生的费用。主要构成为：①废品损失费；②返工损失费；③复检费用；④停工损失；⑤质量事故处理费，如重复检验或重新筛选等支付的费用；⑥质量降级损失，产品质量达不到原定质量要求而降低等级所造成的损失；⑦内审、外审等的纠正措施费，指解决内审和外审过程中发现的管理和产品质量问题所支出的费用，包括防止问题再发生的相关费用；⑧其他内部故障费用，包括输入延迟、重新设计、资源闲置等费用。

（4）外部故障成本

外部故障成本（external failure cost）是指交货后，由于产品未满足规定的质量要求所发生的费用（劣质产品到达消费者手里后造成的成本）。包括：①索赔、退货或换货损失；②产品召回的费用和保证声明；③产品责任费用，因产品质量故障而造成的有关赔偿损失费用（含法律诉讼、仲裁等费用）；④降级、降价损失，即由于产品低于双方确定的质量水平，经与用户协商同意折价出售的损失和由此发生的费用；⑤产品售后服务费用等，即在保质期间或根据合同规定对用户提供服务、用于纠正非投诉范围的故障和缺陷等所支出的费用；⑥其他外部损失费，包括由失误引起的服务、付款延迟及坏账、库存、顾客不满意而引起的成交机会丧失和纠正措施等费用。

10.2.2.2 外部质量保证成本

外部质量保证成本指在合同条件下，根据用户提出的要求，为提供客观证据所支付的费用。包括：①为提供特殊附加的质量保证措施、程序、数据等所支付的费用；②产品的验证试验和评定的费用；③为满足用户要求，进行质量体系认证所发生的费用等。

10.2.3 质量成本特点

一般认为，全部成本费用的 60%～90% 是由内部失败成本和外部失败成本组成的。提高监测费用一般不能明显改善产品质量。通过提高预防成本，第一次就把产品做好，可降低故障成本。费根堡姆认为，实行预防为主的全面质量管理，预防成本增加 3%～5%，可以取得质量成本总额降低 30% 的良好效果。

预防成本、鉴定成本、内部故障成本、外部故障成本之间有一定的比例关系。质量成本的合理构成可使质量成本总额尽可能小。

食品生产企业的质量管理突出以预防为主，注重对原料、半成品、成品的质量检验。因此，对于食品生产来讲，预防成本和鉴定成本之和往往占质量成本的主要部分。

10.2.4 质量成本模型

质量成本的四项费用的大小与产品质量的合格率存在内在的联系，反映这种关系的曲线称为质量成本特征曲线。

从图 10-3 中可以看出，预防成本和鉴定成本逐步增加，产品合格率上升，同时故障成本明显下降。当产品合格率达到一定水平，要进一步提高合格率，则预防成本和鉴定成本将会急剧增加，而故障成本的降低却十分微小。因此，图中总会存在一个最佳区域（P 点），在这区域内总质量成本最低。质量成本的极佳点对应产品质量水平点 A，企业如果把质量水平维持在 A 点，则是最佳质量成本。

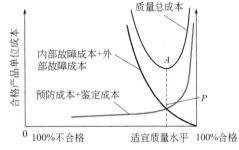

图 10-3　质量成本特征曲线

对质量成本特性曲线做进一步的分析，研究质量成本最佳 A 点附近的范围，并将其分为 3 个区域（图 10-4）。

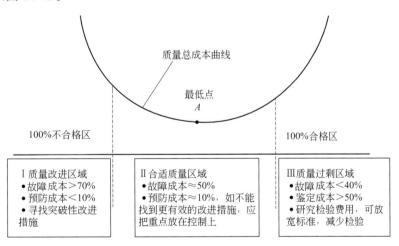

图 10-4　质量成本曲线的最佳区域

左边区域为质量改进区。企业质量状态处在这个区域的标志是故障成本比重很大，可达到 70%，而预防成本很小，比重不到 5%。此时，质量成本的优化措施是加强质量管理的预防性工作，提高产品质量，可以大幅度降低故障成本，质量总成本也会明显降低。

中间区域为质量控制区。此区域内，故障成本大约占 50%，预防成本在 10% 左右。在最佳值附近，质量成本总额是很低的，处于理想状态，这时质量工作的重点是维持和控制在现有的水平上。

右边区域为质量过剩区。处于这个区域的明显标志是鉴定成本过高，鉴定成本的比重超过 50%，这是由于不恰当的强化检验工作所致，此时的不合格品率得到了控制，是比较低的，故障成本比重一般低于 40%。相应的质量管理工作重点是分析现有的质量标准，适当放宽标准，减少检验程序，维持工序控制能力，可以取得较好的效果。

研究质量成本的目的不是为了计算产品成本，是为了分析改进质量的途径，达到降低成本的目的。

质量成本优化是指在保证产品质量满足消费者或用户的前提下，寻求质量成本总额最小。通过确定质量成本各项主要费用的合理比例，可使质量总成本达到最低值。由于质量成本构成的复杂性，对大多数企业来说很难找到最佳质量成本曲线，比较实用的优化方法是基于质量管理理论和经验的综合使用。

10.3 质量成本管理

质量成本管理就是通过对质量成本进行统计、核算、分析、报告和控制，找到降低成本的途径，进而提高企业的经济效益。质量成本管理探讨的是产品质量与企业经济效益之间的关系，它对深化质量管理的理论和方法以及改进企业的经营观念都有重要意义。一般内容包括：

① 确定过程，初步用成本评估，针对高成本或无附加值的工作，从小范围着手分析造成故障的可能原因，耗力和耗财的过程为研究重点；

② 确定步骤，列出每个步骤或功能的流程图和程序，确定目标和时间；

③ 确定质量成本项目，如每个生产成本和质量成本，以及符合性和非符合性成本；

④ 核算质量成本，从人工费、管理费等着手采用资源法或单位成本法核算质量成本；

⑤ 编制质量成本报告，测量出质量成本及其对构成比例和与销售额、利润等相关经济指标的关系的分析，对整体情况做出判断，并根据有效性来确定过程改进区域等。

10.3.1 质量成本会计

企业开展质量成本管理，必须设置相应的质量成本科目。质量成本项目的设置基本上大同小异，在质量成本构成的基础上，质量成本项目可按照企业的实际情况以及质量费用的用途、目的、性质而定。由于企业性质、规模、产品以及经营上的差别，各个企业质量成本科目的设置不完全相同。

从管理会计的角度出发，质量成本包括三个级别的科目：一级科目——"质量成本"；二级科目 5 个——预防成本、鉴定成本、内部故障成本和外部故障成本，如果顾客有特殊要求，企业可增设外部质量保证成本科目；三级科目是在二级科目下设置的明细账，按二级科目分别展开，一般可设多个三级细目，同时设置汇总表和有关明细表，如：①质量成本汇总表；②质量预防成本明细表；③质量鉴定成本明细表；④质量内部损失成本明细表；⑤质量外部损失成本明细表；⑥质量成本外部保证费用明细表。见表 10-1、表 10-2。

设置科目应注意的问题：①科目要有明确的定义和范围；②要识别产品成本和质量成本的范围；③科目不要过细，否则不利于核算和分析；④根据费用的性质和目的设置细目；⑤科目不要重复。

表 10-1 质量成本汇总表

单位 项目		质量成本单位						合 计	
		生成车间	包装车间	原料库	品控部	销售部	…	金额	百分比/%
内部故障成本	废品损失费								
	返工损失费								
	降级损失费								
	停工损失费								
	处理故障费								
	小计								
外部故障成本	索赔费								
	降价损失费								
	退货损失费								
	诉讼损失费								
	其他损失费								
	小计								
鉴定成本	各种检验费								
	检测设备维修、更新费								
	小计								
预防成本	质量工作费								
	新产品评审费								
	工序质量控制费								
	质量情报费								
	质量改进费								
	检测设备费								
	质量培训费								
	质量奖励费								
	小计								
合计									

表 10-2 预防成本明细表

项目 产品	质量 工作费	质量 培训费	质量 奖励费	工序质量 控制费	质量 改进费	质量 评审费	工资、附 加费	质量 情报费	合计
产品 1									
产品 2									
产品 3									
产品 4									

10.3.2 质量成本核算

质量成本核算通过货币形式综合反映企业质量管理活动的状况和成效,是企业质量成本管理的重要环节。具体有 3 方面任务：正确归集和分配质量成本，明确企业中质量成本责任的主要对象；提供质量改进的依据，提高企业质量管理的经济性；证实企业质量管理状况，满足顾客对证据的要求。

10.3.2.1　质量成本的数据

企业质量成本核算的基础是数据，所以要明确质量成本数据及其收集方法。企业质量成本数据的主要来源是记录质量成本数据的有关原始凭证。这方面的工作出现一点差错，就可能导致后续的质量成本核算和分析失去实际意义。

在收集质量成本数据时要分清质量成本与生产成本的界线。正常情况下制造合格产品的费用不属于质量成本构成，它属于生产成本。质量成本只针对生产过程的符合性质量而言：只有在设计已完成、质量标准已确定的条件下，才开始质量成本计算。对于重新设计或改进设计以及用于提高质量等级或水平而发生的费用，不能计入质量成本。质量成本是指在生产过程中与不合格品密切相关的费用，并不包括与质量有关的全部费用。

① 质量成本数据的记录　企业质量成本数据一般是指质量成本各科目在报告期内所发生的费用额。在记录时既要防止重复，又要避免遗漏。

a. 记录重复。比如，企业在出现废品时，既记录了废品的损失，又记录了因弥补产量损失而增加投入的物资、人员、设备等费用支出，从而造成一次质量故障重复记录两笔损失。

b. 记录遗漏。比如，企业采纳了顾客提出的质量改进建议后对顾客实施奖励，这一费用的发生应归属于预防成本，但很可能在实际操作时被列入公关费用而与质量成本科目无缘。

无论是记录重复还是记录遗漏，都会给企业造成对质量成本数据的错误判断，并引起后续一系列质量管理工作的决策错误。

② 原始凭证　为了正确记录质量成本数据，准确核算和分析质量成本，有效支持质量改进和质量管理工作，企业必须重视记录质量成本数据的原始凭证。为便于归集质量成本数据，可将质量成本的发生划分为两大类：a. 计划内成本，包括预防成本、鉴定成本和外部质量保证成本，从企业原有会计账目中提取数据；b. 计划外成本，是企业的质量损失，包括内部质量损失和外部质量损失，都是突发的故障成本，则需根据实际情况专门设计原始凭证。记录企业质量损失数据的原始凭证主要有：计划外工作任务单；计划外物资领用单；废品通知单；停工损失报告单；产品降级降价处理报告单；计划外控制和试验通知单；退货、换货通知单；用户服务记录单；索赔、诉讼费用记录等。

这些记录质量成本数据的原始凭证都具有一些相同的内容，比如日期、产品名称、规格、批号、数量、费用金额、责任部门、责任人、原因分析、质量成本科目编码、审核部门等。表 10-3 和表 10-4，分别列举了计划外物资领用单和产品降级降价处理报告单。

10.3.2.2　质量成本的数据收集渠道

（1）从现有质量记录中获得

从废品通知单和废品损失计算汇总表中获得；从返工通知单和返工损失计算汇总表中获得；从领料单和物资费用计算汇总表中获得。

（2）从现有会计原始凭证和有关账户中获得

工资支付明细表（或工资费用汇总表）；有关折旧明细表；其他原始凭证。

（3）从原始资料或凭证分析获得

从产品降级、降价损失表中获得；记录故障成本的原始凭证：①计划外生产任务单；

②计划外物资领用单；③废品通知单；④停工损失报告单；⑤产品降级降价处理报告单；⑥计划外检验或试验通知单；⑦退货换货通知单；⑧消费者或用户服务记录单；⑨索赔、诉讼费用记录单。

表 10-3　计划外物资领用单

No. ××××××

领用单位　　　　　　　　　　　　　　　　　　　　　　年　月　日

名称			规格		
计量单位	数　量		计划单价	金额合计	质量成本科目编码
	申领	实发			
用途或备注					
仓库签章		审核签章		领用人签章	

表 10-4　产品降级降价处理报告单

No. ××××××

报告单位　　　　　　　　　　　　　　　　　　　　　　年　月　日

名称		规格		批号	
计量单位	数量	计划单价	处理单价	损失金额	质量成本科目编码
处理原因					
质检签章		审核签章		报告人签章	

（4）其他收集渠道

如培训计划、质量计划、网站会员费等资料中获得。

10.3.2.3　质量成本的核算方法

企业质量成本核算属管理会计范畴，应以会计核算为主、统计核算为辅的原则进行。由于质量成本未纳入会计科目，因而企业在进行质量成本核算时，既要利用现代会计制度的支持，又不能干扰企业会计系统的正常统计。因此，在进行企业质量成本核算时，要按规定的工作程序对相关科目进行分解、还原、归集。

（1）统计核算方法

① 质量成本统计调查　根据企业实际情况设置统计成本核算点；按科目和细目设置质量费用调查表，进行分项统计汇总。

② 质量成本统计整理和报表编制　能确定本期发生多少质量成本费用支出的，按本期发生额核算；同一质量成本费用发生在若干期间的，按一定分配率分摊各期质量成本。

（2）以会计核算与统计核算相结合的核算方法

① 与质量相关的实际支出，由财务通过质量成本会计还原归集，并与质管部核对。

② 各种工时损失、废品损失、停工损失、产品降级损失等主要由各有关部门收集，质管部门核查后报财务部汇总。

10.3.3 质量成本分析

通过质量成本分析可找出产品质量的缺陷和管理工作中的薄弱环节，为撰写质量成本报告提供素材，为改进质量提出建议，为降低质量成本、调整质量成本结构、寻求最佳质量水平指出方向，为质量管理决策作方案准备。实践中，质量成本分析常包括质量成本构成及趋势分析；报告期限质量成本计划指标执行情况与基期比较分析；典型事件分析等。

10.3.3.1 质量成本分析的内容

质量成本分析通常分为质量成本总额分析、质量成本构成分析、质量成本与企业经济指标的比较分析以及故障成本分析。

① 质量成本总额分析　企业质量成本总额相关指标的分析，是指将企业计划期内质量成本总额和计划年度内质量成本累计总额与企业其他有关的经营指标（如相对于企业销售收入、产值、利润等指标）进行比较，计算求出产值质量成本率、销售质量成本率、利润质量成本率、总成本质量成本率和单位产品质量成本等，并与这些相关指标的计划控制目标进行比较分析。这些相关指标从不同的角度反映了企业质量成本与企业经营状况的数量关系，有利于分析和评价质量管理水平。

② 质量成本构成分析　质量成本构成之间是互相关联的，通过质量成本的不同项目占运行质量成本的比例，分析企业运行质量成本的项目构成是否合理。

③ 故障成本分析　故障成本发生的偶然因素较多，其分析是查找产品质量缺陷和管理工作中薄弱环节的主要途径。可从部门、产品种类、外部故障等角度进行分析。

a. 部门故障成本分析　追寻质量故障的原因，会涉及企业的各个部门，按部门分析可以直接了解各部门的质量管理工作状况，所以是很必要的。分析的主要方法是采用部门故障成本汇总金额-时间序列图或部门故障成本累计金额统计图分析。

b. 按产品分类进行故障成本分析　可根据排列图寻找造成故障的主要原因，对 A 类产品做重点分析。图 10-5 说明该产品的故障成本主要是由生产车间和检验部门造成的。

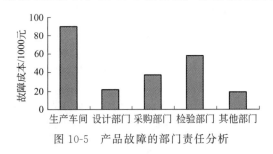

图 10-5　产品故障的部门责任分析

c. 外部故障成本分析　同样的产品质量缺陷，交货前和交货后所造成的损失差别是很大的，外部损失要大于内部损失。一般从 3 方面进行分析：

第一，做质量缺陷分类分析，从中可以发现产品的主要缺陷和对应的质量管理工作的薄弱环节；

第二，按产品分类进行 ABC 分析，即占外部故障成本总额 70% 左右的产品属于 A 类，占 25% 左右的为 B 类，其余的为 C 类，从中找出几种外部故障成本较高的产品作为重点研究对象；

第三，按产品的销售区域分析，不同的地理环境和人群可引起不同的故障，按地区分析有利于查找原因，改进产品设计。

10.3.3.2 分析方法

质量成本分析可采用定性和定量相结合的方法。

定性分析：可以加强企业质量成本管理工作的科学性，可以提高企业员工对质量工作重要性的认识，有利于增强员工的质量意识，推动企业质量管理工作。

定量分析：作用在于做精确的计算，求得比较确切的经济效果。定量分析有指标分析法、趋势分析法、排列图分析法 3 种。

① 指标分析法　把质量成本分析中有关内容做数量计算，主要分为计算增减值和增减率 2 大类。

$$增减值\ C＝基期质量成本总额－计划期质量成本总额$$

$$增减率\ P＝\frac{C}{基期质量成本总额}×100\%$$

② 质量成本趋势分析　企业质量成本总额的趋势分析，是指将企业质量成本总额的计划目标分析和相关指标分析中的各种计算结果分别按时间序列作图进行分析，观察各种指标值的变动情况，直观推断企业质量成本的变化趋势。目的是为了掌握企业质量成本在一定时期内的变化趋势，可分为 1 年内各月变化情况的短期趋势分析和 5 年以上的长期趋势分析。

趋势分析可采用表格法（具体的数值表达）和作图法（曲线表达）2 种形式。

③ 排列图分析　使用排列图分析不同原因引起损失的大小，可以找出影响质量成本的主要问题。

10.3.3.3　分析结果要求

质量成本的分析中，要指出影响质量成本的关键区域和主要因素，并提出改进措施；对质量管理系统（QMS）作出评价；提出下期工作的重点和目标。

10.3.4　质量成本计划和控制

卓有成效的企业质量管理工作不仅确定的质量管理目标是先进、可行的，并且在运作中能有效地对偏离目标的质量活动实施控制以及在发生变化了的环境条件下能及时修订目标。同样，制定企业质量成本控制目标以及在运作中有效实施控制，也是企业质量成本管理活动的重要环节。

10.3.4.1　质量成本的预测

质量成本的预测和计划是企业进行质量成本分析、控制和考核的依据。为了保证企业质量成本计划的编制和质量成本控制目标的提出能够正确、有效，企业必须重视并做好质量成本的预测工作。开展质量成本预测的依据主要是企业的质量成本历史数据、产品和技术因素、质量成本管理方案等。企业进行质量成本预测的方法主要为三类，即经验判断法、统计推断法和专家意见法等。在企业的实际操作中，应将上述三种方法结合使用，才能取得良好的效果。

10.3.4.2　质量成本计划的编制

质量成本计划是在预测基础上，用货币量形式规定当生产符合质量要求的产品时，所需达到的质量费用消耗计划，包括：质量成本总额及其降低率；四项质量成本构成的比例；保证实现计划的具体措施等。质量成本计划文件的内容应该由数值化的目标值和文字化的责任措施两部分组成。

① 数据部分的主要内容　质量成本总额和质量成本构成项目的计划；质量成本相关指标计划；质量成本结构比例计划；各责任部门的质量成本计划；各责任产品的质量成本计划。

② 文字部分的主要内容　包括计划制定的说明，拟采取的计划措施、工作程序等。如：企业内各责任部门质量管理必须关注的重点内容和责任；质量管理工作应注意避免的各责任产品质量损失及其主要质量问题；实施质量改进的质量成本管理方案及相关工作程序。

10.3.4.3　质量成本控制

以质量计划所制定的目标为依据，以降低成本为目标，把影响质量总成本的各个质量成本项目控制在计划范围内的一种管理活动（质量成本管理的重点），是完成质量成本计划、优化质量目标、加强质量管理的主要手段。

（1）质量成本控制的步骤

① 事前（标准）控制　确定质量成本项目控制标准。采用限额费用控制等方法，将质量成本计划目标分解、展开到单位、班组、个人。

② 事中（过程）控制　按生产经营全过程，如开发、设计、采购、生产、销售服务等阶段，提出质量费用的要求，分别进行控制。

③ 事后控制（质量改进、降低成本）　查明实际质量成本偏离目标值的问题和原因，改进质量、降低成本。

（2）质量成本控制的方法

限额费用控制；围绕生产过程重点提高合格率水平；运用改进区、控制区、过剩区的划分方法进行质量改进、优化质量成本；运用价值工程原理进行质量成本控制；企业应针对自己的情况选用适合本企业的控制方法。

企业质量成本的控制活动主要有两类：企业内部各部门的自我控制和由财务监督、质量审核和检查考核等组成的监督约束控制。

10.3.5　质量成本报告

质量成本报告是对上期质量成本管理活动进行调查、分析、建议的书面材料，是企业质量成本分析活动的总结性文件，是提供企业领导和有关部门制定质量政策、开展质量改进活动的依据。质量成本报告有利于企业评价质量管理的适用性和有效性；识别需要关注的区域和问题；修订并确定质量目标和质量成本目标。

10.3.5.1　质量成本报告的基本内容

企业质量成本报告是一份将计划期内和计划年度内企业质量成本发生金额及其累计金额的数据、分析和质量改进对策等汇集于一体的书面文件。一般由 3 部分组成：质量成本发生额的汇总数据、质量成本分析和质量改进建议。具体有：①质量成本计划执行和完成情况与基期的对比分析；②质量成本科目以及构成比例变化分析；③质量成本与企业相关经济指标的比较分析；④典型事例和重点问题的分析以及处理意见；⑤质量成本的效益评价及其对质量问题的改进建议。

① 质量成本数据　质量成本报告中的质量成本数据可以分为以下四个方面。

a. 质量成本核算数据：企业计划期内质量成本发生额、构成项目金额和计划年度内质量成本累计额、构成项目累计额。

b. 质量成本相关指标：包括企业产值质量成本率、销售质量成本率、利润质量成本率、总成本质量成本率和单位质量成本。计算公式为：

产值质量成本率＝质量成本总额/产值总额×100%

销售质量成本率＝质量成本总额/销售收入总额×100%

利润质量成本率＝质量成本总额/销售利润总额×100%

总成本质量成本率＝质量成本总额/企业成本总额×100%

单位产品质量成本＝质量成本总额/合格产品产量

c. 质量损失的各种归集：企业按责任部门和产品分类归集的质量损失金额，按质量缺陷、产品分类和顾客特点归集的外部质量损失金额。

d. 质量成本差异归集：企业进行质量成本核算、质量成本相关指标计算和质量损失的各种归集后，对于各项数据中与企业质量成本计划控制目标有偏差的项目，在质量成本报告中按偏差的严重程度做排序列表。

② 质量成本分析　质量成本报告中的质量成本分析部分主要包括质量成本总额分析、质量成本构成项目分析、质量损失分析和质量成本差异分析等内容。

a. 质量成本总额分析：企业质量成本总额分析的内容应包括企业质量成本的计划目标分析、相关指标分析和趋势分析三个方面。

b. 质量成本构成项目分析：企业质量成本构成项目分析的内容应包括企业质量成本构成项目的计划目标分析和结构比例分析两个方面。

c. 质量损失分析：企业质量损失分析的内容应包括企业责任部门质量损失分析、责任产品质量损失分析和外部质量损失分析三个方面。

d. 质量成本差异分析：企业质量成本差异分析的内容主要是对企业中出现的质量成本严重差异情况作进一步的技术经济分析，找出原因，落实责任。

③ 质量改进建议　根据企业质量成本分析结果而提出的质量改进建议，是供企业领导和各有关部门进行决策和进一步制定改进措施用的。企业质量改进建议主要有：减免质量缺陷的改进建议；质量成本构成的合理化建议；质量管理体系中要素活动改进的建议；质量成本管理的改进建议。

10.3.5.2　质量成本报告形式

企业质量成本报告的形式是多种多样的，通常可用的形式有报表式、图示式、陈述式和综合式。

① 报表式　采用表格形式整理和分析企业质量成本数据，可供阅读报告者简单明了地掌握企业质量成本的全貌。

② 图示式　采用 Pareto 图、时间序列图、因果分析图等图示方式整理和分析企业质量成本数据，可让阅读报告者一目了然地看出企业质量问题的关键所在。

③ 陈述式　通过文字方式来描述企业质量成本发生的状况、问题和改进建议。

④ 综合式　采用表格、图示和陈述相结合的方式展示企业质量成本发生的状况，提示企业质量问题、阐述企业质量改进方向。各种综合的形式是企业中最容易接受、最常使用的方式，能适合企业领导、各有关部门等各层次的需要，有利于依据质量成本报告进行决策和制定企业质量改进措施。

质量成本的控制在食品企业尤为重要。不合格的产品原料或加工工艺常导致次品或废品的产生，严重影响企业效益。譬如一家年屠宰 2000 万只肉鸡的生产企业，应出口国对产品品质及动物福利的要求，对屠宰动物实施电击麻醉。不适当的电击麻醉可导致肉鸡颈部淤血而降低了产品质量，每只脖颈的价格因之而少卖出 0.5 元，仅此一项每年的损失即达 1000 万元。质量成本管理可作为一种企业管理的战略选择，其目的是用比竞争对手更低的成本提供产品和服务。实行战略质量成本管理可使企业获得和保持长期的竞争优势，适应企业越来越复杂多变的生存和竞争环境。

第11章
食品质量标准与法规

食品质量和安全不仅涉及国家、民族的整体素质，关系到消费者及其子孙后代的生命健康，关系到社会生产、生活秩序的稳定，而且还关系到世界食品贸易以及全球经济秩序的健康稳定。因此，各国政府都建立了一套食品监督管理体系，包括机构的设置、法律法规的制定完善、监管方法的确立、人员的培训等方面。其中食品标准水平决定食品质量与安全性的高低，以食品标准为准绳和以食品法律法规为支撑成为提升现代食品工业发展的一项战略举措。

11.1 我国食品标准体系

11.1.1 与标准有关的概念

（1）标准

GB/T 20000.1—2014《标准化工作指南——第1部分：标准化和相关活动的通用词汇》中对标准的定义是"标准是为了在一定的范围内获得最佳秩序，经协商一致制定并由公认机构批准，共同使用和重复使用的一种规范性文件。"也就是说标准是对重复性事物和概念所做的统一规定，它是以科学、技术和实践经验的综合成果为基础，经有关方面协商一致，由主管机构批准，以特定形式发布的文件，作为共同遵守的准则和依据。

标准编号用标准代号加发布的顺序号和年号表示。例如上述的"GB/T 20000.1—2014"中"GB"表示国家标准，"T"表示推荐使用，"20000.1"是标准号和顺序号，"2002"是发布的年号。

（2）标准化

GB/T 20000.1—2014中的定义为"为了在一定范围内获得最佳秩序，对现实问题或潜在问题制定共同使用和重复使用的条款的活动。"标准化是一个在一定范围内的活动过程，其活动范围包括生产、经济、技术、科学、管理等各类社会实践领域。标准化的活动过程包括标准的制定、发布、实施、监督管理以及标准的修订。标准化的目的是为了获得最佳秩序和社会效益。

（3）标准体系

标准体系是与实现某一特定的标准化目的有关的标准，按其内在联系，根据一些要求所形成的科学的有机整体。它是有关标准分级和标准属性的总体，反映了标准之间相互连接、相互依存、相互制约的内在联系。

11.1.2 标准的分类及制定程序

11.1.2.1 标准的分类

（1）根据标准的适用范围分类

分为国际标准、区域标准、国家标准、行业标准、地方标准和企业标准，这样利于对标准的贯彻执行和加强实施管理。

国际标准是指国际标准化组织（ISO 和国际电工委员会 IEC）所制定的标准，以及国际标准化组织认可已列入《国际标准题内关键词索引》中的一些国际组织如国际计量局（BI-PM）、食品法典委员会（CAC）、世界卫生组织（WHO）等组织制订、发布的标准也是国际标准。

区域标准是由某一区域标准或标准组织制定，并公开发布的标准。如欧洲标准化委员会（CEN）发布的欧洲标准（EN）就是区域标准。

国家标准是由国家标准团体制定并公开发布的标准。如 GB、ANSI、BS、NF、DIN、JIS 等是中、美、英、法、德、日等国国家标准的代号。

行业标准又称为团体标准，是由行业标准化团体或机构，发布在某行业范围内统一实施的标准。如美国的材料与试验协会（ASTM）、石油学会标准（API）、机械工程师协会标准（ASME）、英国的劳氏船级社标准（LR），都是国际上有权威性的团体标准，在各自的行业内享有很高的信誉。我国的行业标准是对没有国家标准而又需要在全国某个行业范围内统一的技术要求所制定的标准。行业标准是对国家标准的补充，是专业性、技术性较强的标准。行业标准的制定不得与国家标准相抵触，国家标准公布实施后，相应的行业标准即行废止。我国行业标准用行业代号由国务院标准化行政主管部门（目前为标准化委员会）规定。例如 JB、QB、FJ、TB 等就是机械、轻工、纺织、铁路运输行业的标准代号。

地方标准是由一个国家的地方部门制定并公开发布的标准。我国的地方标准是对没有国家和行业标准而又需要在省、自治区、直辖市范围内统一的产品安全、卫生要求、环境保护、食品卫生、节能等有关要求所制定的标准，它由省级标准化行政主管部门统一组织制订、审批、编号和发布。地方标准在本行政区域内适用，不得与国家标准和行业标准相抵触。国家标准、行业标准公布实施后，相应的地方标准即行废止。我国地方标准代号由"DB"加上省、自治区、直辖市行政区划代码前两位数字表示。例如山东省标准表示为"DB37××××"。

企业标准，有些国家又称公司标准，是由企事业单位自行制定、发布的标准，也是对企业范围内需要协调、统一的技术要求、管理要求和工作要求所制定的标准。美国波音飞机公司、德国西门子电器公司、新日本钢铁公司等企业发布的企业标准都是国际上有影响的先进标准。我国企业标准代号用"Q"表示。

（2）根据标准的性质分类

通常把标准分为基础标准、技术标准、管理标准和工作标准四大类。

① 基础标准是在一定范围内作为其他标准的基础并普遍使用，具有广泛指导意义的标准。例如术语标准、符号、代号、代码标准、量与单位标准等都是目前广泛使用的综合性基础标准。

② 技术标准是指对标准化领域中需要协调统一的技术事项所制定的标准。技术标准包括基础技术标准、产品标准、工艺标准、检测试验方法标准，及安全、卫生、环保标准等。

③ 管理标准是指对标准化领域中需要协调统一的管理事项所制定的标准，主要规定人们在生产活动和社会生活中的组织结构、职责权限、过程方法、程序文件以及资源分配等事宜。它是合理组织国民经济、正确处理各种生产关系、正确实现合理分配、提高生产效率和效益的依据。管理标准包括管理基础标准、技术管理标准、经济管理标准、行政管理标准、生产经营管理标准等。

④ 工作标准是指对工作的责任、权利、范围、质量要求、程序、效果、检查方法、考核办法所制定的标准。工作标准一般包括部门工作标准和岗位（个人）工作标准。

（3）根据法律的约束性分类

国家标准和行业标准分为强制性标准和推荐性标准。

① 强制性标准是国家通过法律的形式明确要求对于一些标准所规定的技术内容和要求必须执行，不允许以任何理由或方式加以违反、变更，这样的标准称之为强制性标准，包括强制性的国家标准、行业标准和地方标准。对违反强制性标准的，国家将依法追究当事人的法律责任。一般保障人民身体健康、人身财产安全的标准是强制性标准。

② 推荐性标准是指国家鼓励自愿采用的具有指导作用而又不宜强制执行的标准，即标准所规定的技术内容和要求具有普遍的指导作用，允许使用单位结合自己的实际情况，灵活加以选用。推荐性标准在国家或行业标准代号后增加"/T"表示。例如"GB/T××××"或"QB/T××××"等。

（4）根据标准化的对象和作用分类

① 产品标准　为保证产品的适用性，对产品必须达到的某些或全部特性要求所制定的标准，包括：品种、规格、技术要求、试验方法、检验规则、包装、标志、运输和贮存要求等。

② 方法标准　以试验、检查、分析、抽样、统计、计算、测定、作业等各种方法为对象而制定的标准。

③ 安全标准　以保护人和物的安全为目的而制定的标准。

④ 卫生标准　保护人的健康，对食品、医药及其他方面的卫生要求而制定的标准。

⑤ 环境保护标准　为保护环境和有利于生态平衡对大气、水体、土壤、噪声、振动、电磁波等环境质量、污染管理、监测方法及其他事项而制定的标准。

11.1.2.2　标准制定程序

标准制定是指标准制定部门对需要制定标准的项目，编制计划，组织草拟、审批、编号、发布的活动。它是标准化工作任务之一，也是标准化活动的起点。

标准的制定是非常严格的，中国国家标准制定程序划分为九个阶段：预备阶段、立项阶段、起草阶段、征求意见阶段、审查阶段、批准阶段、发布出版阶段、复审阶段、废止阶段。

对等同采用、等效采用国际标准或国外先进标准的标准制定、修订项目，可直接由立项阶段进入征求意见阶段，省略起草阶段；对现有国家标准的修订项目或中国其他各级标准的转化项目，也可直接由立项阶段进入审查阶段，省略起草阶段和征求意见阶段。

11.1.3　食品标准

（1）食品标准的作用

食品标准是食品行业的技术规范，在食品生产经营中具有极其重要的作用，具体体现在以下几个方面。

① 保证食品的卫生质量 食品是供人食用的特殊商品，食品质量特别是卫生质量关系到消费者的生命安全，食品标准在制定过程中充分考虑到在食品生产销售过程中可能存在的和潜在有害因素，并通过一系列标准的具体内容，对这些因素进行有效的控制，从而使符合食品标准的食品都可以防止食品污染有毒有害物质，保证食品的卫生质量。

② 食品企业科学管理的基础 食品企业只有通过试验方法、检验规则、操作程序、工作方法、工艺规程等各类标准，才能统一生产和工作的程序和要求，保证每项工作的质量，使有关生产、经营、管理工作走上低耗高效的轨道，使企业获得最大经济效益和社会效益。

③ 国家管理食品行业的依据 国家为了保证食品质量、宏观调控食品行业的产业结构和发展方向、规范稳定食品市场，就要对食品企业进行有效管理，例如对生产设施、卫生状况、产品质量进行检查等，这些检查就是以相关的食品标准为依据。

④ 促进交流合作，推动国内外贸易 通过标准可以在企业间、地区间或国家间传播技术信息，促进科学技术的交流与合作，加速新技术、新成果的应用和推广，推动国际贸易的健康发展。

（2）食品标准

食品标准制定的依据是《中华人民共和国食品安全法》（以下简称《食品安全法》）、《中华人民共和国标准化法》（以下简称《标准化法》）、有关国际组织的规定及实际生产技术经验等。食品标准是食品工业领域各类标准的总和，包括食品基础标准、食品产品标准、食品安全卫生标准、食品包装与标签标准、食品检验方法标准、食品管理标准以及食品添加剂标准等。

食品标准是食品行业中的技术规范，涉及食品行业各个领域的不同方面，它从多方面规定了食品的技术要求，如抽样检验规则、标志、标签、包装、运输、贮存等。食品标准是食品安全卫生的重要保证，是国家标准的重要组成部分。食品标准是国家管理食品行业的依据，是企业科学管理的基础。

《食品安全法》中第二十五条规定："食品安全标准是强制执行的标准。除食品安全标准外，不得制定其他的食品强制性标准"。《食品安全法》中明确规定了食品安全标准的主要内容。同时法律规定，除食品安全标准外，不得制定其他的食品强制性标准。根据这一规定，目前我国的食品标准多为强制性标准。

我国食品标准按照标准的具体对象可分为很多类型，包括食品工业基础及相关标准、食品卫生标准、食品产品标准、食品检验标准、食品包装材料和容器标准、食品添加剂标准、食品标签标准、各类食品卫生管理办法。

① 食品工业基础及相关标准 包括《食品工业基本术语》，食品分类标准（如《淀粉分类》《罐头食品分类》），食品的图形符号、代号标准（如《包装图样要求》《油脂工业图形符号、代号通用部分》）、GMP、SSOP 等。

② 食品卫生标准 食品卫生标准是食品卫生法律法规体系的重要组成部分，是进行法制化食品卫生监督管理的基本依据。

食品卫生标准的主要技术要求有：a. 食用安全相关的技术要求，包括严重危害健康的指标，如重金属、致病菌、毒素等；反映食品卫生状况恶化或对卫生状况的恶化具有影响的指标，如菌落总数、大肠菌群、酸价、过氧化值等；b. 食品营养质量技术要求，如营养素种类与营养效价，营养素含量与配比；c. 保健功能技术要求，如具有特定生理功能的食物因子及其含量；d. 生产、运输、经营过程中与食品卫生相关的卫生要求，如原料、食品生产经营条件、食品添加剂和包装材料的使用、贮藏与运输条件等。

③ 产品标准　是判断产品质量是否合格的最基本、最主要依据之一，是生产企业对消费者的责任承诺。这是建立企业标准体系的关键。

食品产品标准的主要内容包括：相关术语和定义、产品分类、技术要求（感官指标、理化指标、污染物指标和微生物指标等）、各种技术要求的检验方法、检验规则以及标签与标志、包装、贮存、运输等方面的要求。其中，技术要求是食品产品标准的核心内容。凡列入标准中的技术要求应该是决定产品质量和使用性能的主要指标，而这些指标又是可以测定或验证的；这些指标主要包括：感官指标、理化指标、污染物指标、微生物指标。

企业生产的产品没有国家标准和行业标准的，应当制定企业标准，作为组织生产和出厂检验的依据。企业生产的产品，都应当标明执行的标准，其标明的标准可以作为检验其产品是否合格的依据。

根据《加强食品质量安全监督管理工作实施意见》的有关规定，食品生产加工企业必须按照合法有效的产品标准组织生产，不得无标生产。食品质量必须符合相应的强制性标准以及企业明示采用的标准和各项质量要求。企业采用的企业标准不允许低于强制性国家标准的要求，且应在质量技术管理部门进行备案，否则，该企业标准无效；对于具体的产品其执行的标准有所不同。

④ 食品检验方法标准　食品检验方法标准是对食品的质量进行测定、试验所做的统一规定，包括感官检验方法、食品卫生理化检验方法、食品微生物检验方法、食品毒理学安全评价程序等。

食品检验方法标准包括理化检验方法标准和微生物检测方法标准。

a. 理化检验方法标准：包括食品基本成分测定、食品添加剂和营养强化剂测定方法、重金属、有毒毒素、农兽药残留、容器和包装材料卫生标准等。

b. 微生物检测方法标准：包括总则、菌落总数、大肠菌群测定、各种致病菌的检验、产毒霉菌的测定等。

⑤ 食品包装材料和容器标准　确保食品包装容器及材料的安全是保证食品安全不可或缺的环节，不断加强食品包装容器及材料标准化，建立健全食品标准体系是确保食品包装容器及材料的重要手段。目前，我国食品包装容器及材料标准达520多项，包括国家标准、行业标准、强制性标准和推荐性标准。标准的类型主要有食品包装容器及材料的产品质量规格和性能指标标准、安全卫生标准、分析和检测方法标准、标签标识标准等。

⑥ 食品添加剂标准　我国食品添加剂标准主要由食品添加剂的使用标准和食品添加剂的质量规格标准两部分组成。食品添加剂使用标准包括《食品添加剂使用卫生标准》《食品营养强化剂使用卫生标准》两个标准，它们规定了我国食品添加剂的定义、使用原则、允许使用的食品添加剂和食品营养强化剂的品种、使用范围和使用量等。

食品添加剂的质量规格标准按照单个食品添加剂分别制定，分为国家标准、行业标准，主要规定食品添加剂的结构、理化特性、鉴别、技术要求及对应的检测方法、检验规则、包装、储藏、运输、标识的要求等内容。

⑦ 食品标签标准　我国目前有关的标签标准包括《预包装食品标签通则》《预包装食品营养标签通则》《预包装特殊膳食用食品标签通则》等。标准的内容包括标准的使用范围、术语和定义、基本要求、标示内容及其他。

（3）我国食品标准存在的问题

经过各部门的多年努力，我国已基本形成了一个较为完整的适应我国食品工业发展的标准体系。强制性标准与推荐性标准相结合，国家标准、行业标准、地方标准、企业标准相配套，基本满足了食品安全控制与管理的目标和要求，与国际标准体系基本协调一致。但随着食品工业的发展和人民生活水平的提高，食品标准化工作面临严峻的挑战，暴露出诸多亟待解决的问题，主要表现在标准水平偏低；现行的食品安全标准重叠交叉，缺乏统一，甚至相互矛盾；新技术产品标准滞后和残缺。

11.2 我国食品法律法规体系

食品法律法规指的是由国家制定的适用于食品生产、收获、加工和销售环节的一整套法律规定，其中食品法律和由职能部门制订的规章是食品生产、销售企业必须强制执行的，而有些标准、规范为推荐内容。食品法律法规是国家对食品进行有效监督管理的基础。我国目前已基本形成了由国家基本法律、行政法规和部门规章构成的食品法律法规体系。

目前世界食品基本立法主要有三种模式：食品法，如欧洲的一些国家；食品药品化妆品法，如美国；食品安全/卫生法，如中国、日本。

我国食品基本法是以《中华人民共和国食品安全法》为主导，辅之以《中华人民共和国产品质量法》《中华人民共和国消费者权益保护法》《中华人民共和国传染病防治法》《中华人民共和国进出口商品检验法》《中华人民共和国标准化法》等法律中有关食品质量安全的相关规定构成的集合法群。

11.2.1 食品安全法

11.2.1.1 《食品安全法》产生的背景

2004年，全国各地连续出现了多起重大食品安全事故，引起国务院的高度关注。2004年9月，国务院印发了《关于进一步加强食品安全工作的决定》，确立了"以分段监管为主，品种监管为辅"的监管体制。《食品安全法》起草从2004年开始，最初在食品卫生法基础上进行修改、完善，2018年进行了修正和完善。下面就2018年新修正的《食品安全法》的相关条款进行简要分析。

11.2.1.2 《食品安全法》的内容

第一章　总则

第一条　为保证食品安全，保障公众身体健康和生命安全，制定本法。

本条是关于食品安全法立法目的的规定。为了保证食品安全，保障公众身体健康和安全，食品安全法在有关食品安全指定的设计上着重把握：一是建立分工负责、统一协调的食品安全监督体制，进一步明确地方人民政府的食品安全领导责任，赋予有关部门必要的监管权力；二是建立以食品安全风险检测和评估为基础的科学管理制度；三是坚持预防为主；四是强化食品生产经营者的责任。

第二条　在中华人民共和国境内从事下列活动，应当遵守本法：

（一）食品生产和加工（以下称食品生产），食品流通和餐饮服务（以下称食品经营）；

（二）食品添加剂的生产经营；

（三）用于食品的包装材料、容器、洗涤剂、消毒剂和用于食品生产经营的工具、设备（以下称食品相关产品）的生产经营；

（四）食品生产经营者使用食品添加剂、食品相关产品；

（五）食品的贮存和运输；

（六）对食品、食品添加剂和食品相关产品的安全管理。

供食用的源于农业的初级产品（以下称食用农产品）的质量安全管理，遵守《中华人民共和国农产品质量安全法》的规定。但是，食用农产品的市场销售、有关质量安全标准的制定、有关安全信息的公布和本法对农业投入品作出规定的，应当遵守本法的规定。

本条是关于食品安全法适用范围的规定，也就是与食品生产经营有关的各种活动都要遵守本法。

第三条 食品安全工作实行预防为主、风险管理、全程控制、社会共治，建立科学、严格的监督管理制度。

本条强调了在保障食品安全方面，必须以预防为主、加强风险管理、实施全程质量控制、实现社会共治；同时强调建立食品安全监管制度、加强食品安全监管的重要性。

第四条 食品生产经营者对其生产经营食品的安全负责。

食品生产经营者应当依照法律、法规和食品安全标准从事生产经营活动，保证食品安全，诚信自律，对社会和公众负责，接受社会监督，承担社会责任。

本条规定了食品生产经营者对食品安全负有主体责任，应对不安全食品的生产经营承担社会责任。企业是第一责任人。质量安全是一条长长的链条，它的前端必然在厂门之外，伸向源头；它的后端延伸到消费者，涉及售后服务。食品质量不是检验出来的，检验只是事后把关。所以无论何时，监管部门都不可能代替企业，企业必须成为产品质量的第一责任人。民以食为天，可偏偏许多食品安全事件暴露出部分企业不顾商业道德，置消费者生命健康于不顾。在反思中，不论是专家学者还是企业负责人都指出：作为食品安全的第一责任人，企业的良心必须放在生产经营之前。

第五条 国务院设立食品安全委员会，其工作职责由国务院规定。

国务院食品安全监督管理部门依照本法和国务院规定的职责，对食品生产经营活动实施监督管理。

国务院卫生行政部门依照本法和国务院规定的职责，组织开展食品安全风险监测和风险评估，会同国务院食品安全监督管理部门制定并公布食品安全国家标准。

国务院其他有关部门依照本法和国务院规定的职责，承担有关食品安全工作。

本条规定了食品安全监管的部门和职责。国家食品药品监督管理局、国家卫生部门以及其他部门的分工如下：

国家食品药品监督管理局负责食品生产加工环节和进出口食品安全的监管。具体职责包括承担国内食品、食品相关产品生产加工环节的许可管理工作和质量安全监督管理责任，负责进出口食品的安全、卫生、质量监督检验和监督管理；负责餐饮业等消费环节食品安全监管，具体职责包括承担餐饮消费环节许可管理工作，拟定消费环节食品安全管理规范并监督实施，承担消费环节食品安全状况调查和监测工作，发布和消费环节食品安全监管有关的信息等。

国家卫生部门负责食品安全风险监测和风险评估，会同食品药品监督管理部门制定并公布食品安全国家标准。

其他部门根据各自职责，承担并负责相关的食品安全工作。

第六条 县级以上地方人民政府对本行政区域的食品安全监督管理工作负责，统一领导、组织、协调本行政区域的食品安全监督管理工作以及食品安全突发事件应对工作，建立健全食品安全全程监督管理工作机制和信息共享机制。

县级以上地方人民政府依照本法和国务院的规定，确定本级食品安全监督管理、卫生行政部门和其他有关部门的职责。有关部门在各自职责范围内负责本行政区域的食品安全监督管理工作。

县级人民政府食品安全监督管理部门可以在乡镇或者特定区域设立派出机构。

本条规定了县级以上地方人民政府的食品安全监管职责。县级以上地方人民政府统一负责当地食品安全监督管理工作，建立健全"从农田到餐桌"的全程监督管理的工作机制。政府统一负责、领导、组织、协调食品安全监管工作。

第七条 县级以上地方人民政府实行食品安全监督管理责任制。上级人民政府负责对下一级人民政府的食品安全监督管理工作进行评议、考核。县级以上地方人民政府负责对本级食品安全监督管理部门和其他有关部门的食品安全监督管理工作进行评议、考核。

本条规定强调了切实落实责任制和责任追究制，明确直接责任人和有关负责人的责任，一级抓一级，层层抓落实，责任到人；坚决克服地方保护主义，增强大局意识，不得以任何形式阻碍监管执法，绝不能充当不法企业和不法分子的保护伞。

第八条 县级以上人民政府应当将食品安全工作纳入本级国民经济和社会发展规划，将食品安全工作经费列入本级政府财政预算，加强食品安全监督管理能力建设，为食品安全工作提供保障。

县级以上人民政府食品安全监督管理部门和其他有关部门应当加强沟通、密切配合，按照各自职责分工，依法行使职权，承担责任。

本条规定了县级以上人民政府应重视食品安全工作，并将其纳入到国民经济和社会发展规划中，提供财政经费，保障食品安全工作顺利进行。规定管理部门之间应当加强沟通、密切配合。食品安全法规定由食品安全监督管理部门负责食品安全工作为主的同时，特别强调要加强部门之间的配合协作，以免各个监管部门在工作衔接上出现交叉重复或者监管漏洞。出现监管漏洞就要承担相应的责任。违反本法规定，按照第一百四十四条和第一百四十五条之规定进行处理，县级以上食品安全监督管理部门不履行本法规定的职责或者滥用职权、玩忽职守、徇私舞弊的，依法对直接负责的主管人员（指主管工作的部门副职领导人员）和其他直接责任人员（指直接承办工作的应负责任的国家工作人员）给予记大过或者降级的处分；造成严重后果的，给予撤职或者开除的处分；其主要负责人应当引咎辞职。

第九条 食品行业协会应当加强行业自律，按照章程建立健全行业规范和奖惩机制，提供食品安全信息、技术等服务，引导和督促食品生产经营者依法生产经营，推动行业诚信建设，宣传、普及食品安全知识。

消费者协会和其他消费者组织对违反本法规定，损害消费者合法权益的行为，依法进行社会监督。

本条规定了食品行业协会的作用，就是建立健全行业规范和奖罚制度，提供食品安全信息、技术服务，做好食品知识的宣传和普及等。同时也强调了消费者协会和其他组织的社会监督作用。

第十条 各级人民政府应当加强食品安全的宣传教育，普及食品安全知识，鼓励社会组织、基层群众性自治组织、食品生产经营者开展食品安全法律、法规以及食品安全标准和知识的普及工作，倡导健康的饮食方式，增强消费者食品安全意识和自我保护能力。

新闻媒体应当开展食品安全法律、法规以及食品安全标准和知识的公益宣传，并对食品安全违法行为进行舆论监督。有关食品安全的宣传报道应当真实、公正。

本条规定了各级人民政府在保障食品安全方面应起到的作用，即宣传、普及食品安全知识，在政府的引导下，对社会组织、基层群众以及食品生产经营者普及食品安全法律、法规以及食品安全标准和知识。新闻媒体应做好对食品安全法律、法规以及食品安全标准和知识的公益宣传，公正、客观、真实地反映和报道发生的食品安全事件。

第十一条 国家鼓励和支持开展与食品安全有关的基础研究、应用研究，鼓励和支持食品生产经营者为提高食品安全水平采用先进技术和先进管理规范。

国家对农药的使用实行严格的管理制度，加快淘汰剧毒、高毒、高残留农药，推动替代产品的研发和应用，鼓励使用高效低毒低残留农药。

本条规定为了保障食品安全，预防不安全食品的出现，国家加大在食品安全有关的基础、应用研究方面的扶持力度；同时鼓励和支持生产经营企业采用先进的技术和管理规范来保障食品的安全。严格控制农药等化学品的使用，禁止使用剧毒、高毒、高残留的农药，推荐使用低毒、高效、低残留的农药，以保障食品原料的安全。

第十二条 任何组织或者个人有权举报食品安全违法行为，依法向有关部门了解食品安全信息，对食品安全监督管理工作提出意见和建议。

本条规定了任何组织和个人对食品安全都负有监督责任，发现食品安全问题及时向有关部门汇报，有权获得食品安全相关信息，对食品安全监督管理工作提出意见和建议。

第十三条 对在食品安全工作中做出突出贡献的单位和个人，按照国家有关规定给予表彰、奖励。

本条规定了对食品安全作出突出贡献的单位和个人，国家应对其进行表彰和奖励。

第二章 食品安全风险监测和评估

第十四条 国家建立食品安全风险监测制度，对食源性疾病、食品污染以及食品中的有害因素进行监测。

国务院卫生行政部门会同国务院食品安全监督管理等部门，制定、实施国家食品安全风险监测计划。

国务院食品安全监督管理部门和其他有关部门获知有关食品安全风险信息后，应当立即核实并向国务院卫生行政部门通报。对有关部门通报的食品安全风险信息以及医疗机构报告的食源性疾病等有关疾病信息，国务院卫生行政部门应当会同国务院有关部门分析研究，认为必要的，及时调整国家食品安全风险监测计划。

省、自治区、直辖市人民政府卫生行政部门会同同级食品安全监督管理等部门，根据国家食品安全风险监测计划，结合本行政区域的具体情况，制定、调整本行政区域的食品安全风险监测方案，报国务院卫生行政部门备案并实施。

本条规定了统一规划和实施国家和省级食品安全风险监测。

监测是指系统地收集、整理和分析与食品安全相关危害因素的检验、监督和调查数据。其目的就是把检测的结果应用于预防疾病和促进健康。开展风险监测可以实现主动收集、分析食品中已知和未知污染物以及其他有害因素，对食源性疾病有害因素，做到早发现、早评估、早预防、早控制，减少食品污染和食源性疾病危害。

本条还规定了为了提高食品安全风险监测计划的针对性和实效性，对各监督管理部门工作提出了要求。

及时获知食品安全风险信息，是尽快采取相应措施，从而有效防范、控制和消除食品安全风险的重要前提。为此，我们在获知食品安全风险信息后，不得以任何借口予以拖延，应立即通报。我们获知食品安全风险信息后，为了合理避责，也要及时向上级部门报告，且不要随意对外散布，如：简报、网上发布、发表文章等，特别是不要在网站上未经批准而随意发表涉及食品安全的有关信息，避免引起不必要的消费恐慌。食品生产环节的安全风险信息，来自于基层食品安全监督部门。

第十五条 承担食品安全风险监测工作的技术机构应当根据食品安全风险监测计划和监测方案开展监测工作，保证监测数据真实、准确，并按照食品安全风险监测计划和监测方案的要求报送监测数据和分析结果。

食品安全风险监测工作人员有权进入相关食用农产品种植养殖、食品生产经营场所采集样品、收集相关数据。采集样品应当按照市场价格支付费用。

本条规定了国家卫生部门要提前制定食品安全风险监测计划和方案，监测过程中所搜集的信息、数据要真实、可靠，否则会导致最终的风险预测结果不准确，难以准确预测食品存在的风险。将风险预测的结果及时向上一级卫生部门和食品安全监管部门报送。

第十六条 食品安全风险监测结果表明可能存在食品安全隐患的，县级以上人民政府卫生行政部门应当及时将相关信息通报同级食品安全监督管理等部门，并报告本级人民政府和上级人民政府卫生行政部门。食品安全监督管理等部门应当组织开展进一步调查。

本条规定第十五条中当监测结果表明食品存在安全隐患时，相关部门要及时将风险信息和食品安全隐患通报同级食品安全监督管理以及本级人民政府和上级人民政府卫生行政部门。食品安全监督管理等部门要对存在风险隐患的食品做进一步的调查和分析。

第十七条 国家建立食品安全风险评估制度，运用科学方法，根据食品安全风险监测信息、科学数据以及有关信息，对食品、食品添加剂、食品相关产品中生物性、化学性和物理性危害因素进行风险评估。

国务院卫生行政部门负责组织食品安全风险评估工作，成立由医学、农业、食品、营养、生物、环境等方面的专家组成的食品安全风险评估专家委员会进行食品安全风险评估。食品安全风险评估结果由国务院卫生行政部门公布。

对农药、肥料、兽药、饲料和饲料添加剂等的安全性评估，应当有食品安全风险评估专家委员会的专家参加。

食品安全风险评估不得向生产经营者收取费用，采集样品应当按照市场价格支付费用。

本条规定了风险评估方法要科学、内容要详实可行，并制定食品安全风险评估制度。风险评估的对象为食品中可能存在的生物性、化学性和物理性危害。风险评估由卫生行政部门组织，成立有医学、农业、食品、营养、生物、环境等领域背景的专家组成的评估小组进行食品安全风险评估。评估的结果由卫生部门统一公布。对农药、肥料、兽药、饲料和饲料添加剂等的风险评估必须由相关的食品安全风险评估专家参与。食品安全风险评估是国家卫生行政部门组织的工作，不得向生产经营企业收取费用，采集样品时要向生产经营者支付费用。

第十八条 有下列情形之一的，应当进行食品安全风险评估：

（一）通过食品安全风险监测或者接到举报发现食品、食品添加剂、食品相关产品可能存在安全隐患的；

（二）为制定或者修订食品安全国家标准提供科学依据需要进行风险评估的；

（三）为确定监督管理的重点领域、重点品种需要进行风险评估的；

（四）发现新的可能危害食品安全因素的；

（五）需要判断某一因素是否构成食品安全隐患的；

（六）国务院卫生行政部门认为需要进行风险评估的其他情形。

本条规定了进行食品安全风险评估的情形。风险监测或举报存在食品隐患，制定或修订食品安全标准，监督管理重点领域、品种时，发现可能存在的食品安全因素，判断某一因素是否构成安全隐患以及其他情形时需要进行食品安全风险评估。

第十九条 国务院食品安全监督管理、农业行政等部门在监督管理工作中发现需要进行食品安全风险评估的，应当向国务院卫生行政部门提出食品安全风险评估的建议，并提供风险来源、相关检验数据和结论等信息、资料。属于本法第十八条规定情形的，国务院卫生行政部门应当及时进行食品安全风险评估，并向国务院有关部门通报评估结果。

本条规定了相关监管部门确定需要对某一食品进行风险评估时，先向卫生部门提出风险评估建议，提供相关信息、资料或证据，并将风险评估结果向国务院有关部门通报。

第二十条 省级以上人民政府卫生行政、农业行政部门应当及时相互通报食品、食用农产品安全风险监测信息。

国务院卫生行政、农业行政部门应当及时相互通报食品、食用农产品安全风险评估结果等信息。

本条规定了卫生部门与农业部门应将本部门获得的风险监测信息及风险评估结果相互通报，实现信息共享，以便双方及时采取措施，将食品安全风险降低到最低。

第二十一条 食品安全风险评估结果是制定、修订食品安全标准和实施食品安全监督管理的科学依据。

经食品安全风险评估，得出食品、食品添加剂、食品相关产品不安全结论的，国务院食品安全监督管理等部门应当依据各自职责立即向社会公告，告知消费者停止食用或者使用，并采取相应措施，确保该食品、食品添加剂、食品相关产品停止生产经营；需要制定、修订相关食品安全国家标准的，国务院卫生行政部门应当会同国务院食品安全监督管理部门立即制定、修订。

本条强调了食品安全风险评估的重要性，其评估结果可用于制定、修订食品安全标准和实施食品安全监督管理的科学依据。评估结果为不安全的食品应向社会公告，禁止生产、销售和食用该食品。

第二十二条 国务院食品安全监督管理部门应当会同国务院有关部门，根据食品安全风险评估结果、食品安全监督管理信息，对食品安全状况进行综合分析。对经综合分析表明可能具有较高程度安全风险的食品，国务院食品安全监督管理部门应当及时提出食品安全风险警示，并向社会公布。

本条规定了经食品安全风险评估确定为具有较高程度安全风险的食品，应及时提出食品安全风险警示，并向社会公布。

第二十三条 县级以上人民政府食品安全监督管理部门和其他有关部门、食品安全风险评估专家委员会及其技术机构，应当按照科学、客观、及时、公开的原则，组织食品生产经营者、食品检验机构、认证机构、食品行业协会、消费者协会以及新闻媒体等，就食品安全风险评估信息和食品安全监督管理信息进行交流沟通。

本条规定了风险评估的原则，即科学、客观、及时、公开。食品安全风险评估的信息和食品安全监督管理信息可以在食品生产经营者、食品检验机构、认证机构、食品行业协会、消费者协会以及新闻媒体间进行交流沟通。评估为具有较高程度安全风险的食品，应及时提出食品安全风险警示，并向社会公布。

第三章　食品安全标准

第二十四条　制定食品安全标准，应当以保障公众身体健康为宗旨，做到科学合理、安全可靠。

本条规定了制定食品安全标准的宗旨，并要做到科学、合理、安全可靠。

第二十五条　食品安全标准是强制执行的标准。除食品安全标准外，不得制定其他食品强制性标准。

本条是对食品安全标准性质的界定，即强制性和排他性。食品安全标准属于强制性标准，需要企业必须遵守的技术要求和条款都包括其中，它具有排他性，即除食品安全标准之外，不能再制定其他的食品强制性标准。

第二十六条　食品安全标准应当包括下列内容：

（一）食品、食品添加剂、食品相关产品中的致病性微生物、农药残留、兽药残留、生物毒素、重金属等污染物质以及其他危害人体健康物质的限量规定；

（二）食品添加剂的品种、使用范围、用量；

（三）专供婴幼儿和其他特定人群的主辅食品的营养成分要求；

（四）对与卫生、营养等食品安全要求有关的标签、标志、说明书的要求；

（五）食品生产经营过程的卫生要求；

（六）与食品安全有关的质量要求；

（七）与食品安全有关的食品检验方法与规程；

（八）其他需要制定为食品安全标准的内容。

本条是对食品安全标准内容作出的规定。应制定食品中致病性微生物、农药残留、兽药残留、生物毒素、重金属等的最大残留限量；食品添加剂必须按照 GB 2760 的要求使用；食品安全、营养有关的标签、标识、说明书是与消费者进行信息交流的重要手段，为消费者提供选择食品的途径。食品的标签标示是食品安全的重要指标之一。因此，在监管和执法时不要认为标签标示不符合规定仅是小事而已。标示标签的要求在本法第六十七条作了具体规定。本法加大了对不符合规定的食品标签的处罚力度。

第二十七条　食品安全国家标准由国务院卫生行政部门会同国务院食品安全监督管理部门制定、公布，国务院标准化行政部门提供国家标准编号。

食品中农药残留、兽药残留的限量规定及其检验方法与规程由国务院卫生行政部门、国务院农业行政部门会同国务院食品安全监督管理部门制定。

屠宰畜、禽的检验规程由国务院农业行政部门会同国务院卫生行政部门制定。

本条规定了在制定食品安全标准时各部门的工作分配。卫生部门和食品安全监管部门负责制定、公布食品安全国家标准，国务院标准化行政部门负责提供国家标准编号；卫生部门、农业部门以及食品安全监管部门负责制定食品中农药残留、兽药残留的限量及其检测方法。农业部门和卫生部门负责制定屠宰畜、禽的检验规程。

第二十八条　制定食品安全国家标准，应当依据食品安全风险评估结果并充分考虑食用农产品安全风险评估结果，参照相关的国际标准和国际食品安全风险评估结果，并将食品安全国家标准草案向社会公布，广泛听取食品生产经营者、消费者、有关部门等方面的意见。

食品安全国家标准应当经国务院卫生行政部门组织的食品安全国家标准审评委员会审查通过。食品安全国家标准审评委员会由医学、农业、食品、营养、生物、环境等方面的专家以及国务院有关部门、食品行业协会、消费者协会的代表组成，对食品安全国家标准草案的科学性和实用性等进行审查。

本条规定了制定食品安全标准的依据。包括食品安全风险评估的结果、食用农产品安全风险评估结果、国际标准和国际食品安全风险评估结果。同时还要听取食品生产经营者、消费者、有关部门等方面的意见。食品安全国家标准发布前还需要卫生行政部门组织的食品安全国家标准审评委员会审查通过。

第二十九条　对地方特色食品，没有食品安全国家标准的，省、自治区、直辖市人民政府卫生行政部门可以制定并公布食品安全地方标准，报国务院卫生行政部门备案。食品安全国家标准制定后，该地方标准即行废止。

本条是对食品安全国家标准整合的具体规定。目前，食品生产经营者应当按照现行有关标准生产经营食品。一旦食品安全国家标准公布，所有的食品生产经营者应当遵照执行。检验机构同样遵照执行。如果没有食品安全国家标准的，省、自治区、直辖市人民政府卫生行政部门可以制定并公布食品安全地方标准，但要到国务院卫生行政部门备案。后期制定相应国家标准的，地方标准即行废止。

第三十条　国家鼓励食品生产企业制定严于食品安全国家标准或者地方标准的企业标准，在本企业适用，并报省、自治区、直辖市人民政府卫生行政部门备案。

本条是对食品生产企业如何执行食品安全国家标准的规定。食品安全标准分为：国家标准、行业标准、地方标准和企业标准。在建立和应用企业标准时，应当报省级卫生行政部门备案。企业标准要比国家标准、行业标准、地方标准更加严格。

第三十一条　省级以上人民政府卫生行政部门应当在其网站上公布制定和备案的食品安全国家标准、地方标准和企业标准，供公众免费查阅、下载。

对食品安全标准执行过程中的问题，县级以上人民政府卫生行政部门应当会同有关部门及时给予指导、解答。

本条规定了食品安全国家标准、地方标准和企业标准应在行政部门的网站上公布，便于公众免费查阅、下载。对于公众提出的问题以及执法过程中发现的问题能及时给予指导和解答。

第三十二条　省级以上人民政府卫生行政部门应当会同同级食品安全监督管理、农业行政等部门，分别对食品安全国家标准和地方标准的执行情况进行跟踪评价，并根据评价结果及时修订食品安全标准。

省级以上人民政府食品安全监督管理、农业行政等部门应当对食品安全标准执行中存在的问题进行收集、汇总，并及时向同级卫生行政部门通报。

食品生产经营者、食品行业协会发现食品安全标准在执行中存在问题的，应当立即向卫生行政部门报告。

本条规定了对制定颁布的各级食品安全标准执行情况进行跟踪评价，并根据评价结果及时修订食品安全标准。评价部门包括食品安全监督管理、农业行政等部门。同时规定了食品生产经营者、食品行业协会应当向卫生行政部门报告食品安全标准在执行中存在的问题。

第四章　食品生产经营

第一节　一般规定

第三十三条　食品生产经营应当符合食品安全标准，并符合下列要求：

（一）具有与生产经营的食品品种、数量相适应的食品原料处理和食品加工、包装、贮存等场所，保持该场所环境整洁，并与有毒、有害场所以及其他污染源保持规定的距离；

（二）具有与生产经营的食品品种、数量相适应的生产经营设备或者设施，有相应的消毒、更衣、盥洗、采光、照明、通风、防腐、防尘、防蝇、防鼠、防虫、洗涤以及处理废水、存放垃圾和废弃物的设备或者设施；

（三）有专职或者兼职的食品安全专业技术人员、食品安全管理人员和保证食品安全的规章制度；

（四）具有合理的设备布局和工艺流程，防止待加工食品与直接入口食品、原料与成品交叉污染，避免食品接触有毒物、不洁物；

（五）餐具、饮具和盛放直接入口食品的容器，使用前应当洗净、消毒，炊具、用具用后应当洗净，保持清洁；

（六）贮存、运输和装卸食品的容器、工具和设备应当安全、无害，保持清洁，防止食品污染，并符合保证食品安全所需的温度、湿度等特殊要求，不得将食品与有毒、有害物品一同贮存、运输；

（七）直接入口的食品应当使用无毒、清洁的包装材料、餐具、饮具和容器；

（八）食品生产经营人员应当保持个人卫生，生产经营食品时，应当将手洗净，穿戴清洁的工作衣、帽等；销售无包装的直接入口食品时，应当使用无毒、清洁的容器、售货工具和设备；

（九）用水应当符合国家规定的生活饮用水卫生标准；

（十）使用的洗涤剂、消毒剂应当对人体安全、无害；

（十一）法律、法规规定的其他要求。

非食品生产经营者从事食品贮存、运输和装卸的，应当符合本条前款第六项的规定。

本条是关于食品生产经营应当符合食品安全标准以及其他卫生安全要求的规定。

关于食品生产经营中的要求，首先是要符合食品安全标准。按照食品安全标准进行生产，是本法对食品生产最基本、最核心的要求，除此之外，食品生产企业还必须满足本条一至十一项的要求。这些要求在《审查通则》和实施细则中都作了明确的规定，是食品生产企业取得食品生产许可证的必不可少的条件，也是日常巡查监管应该时刻关注的内容。

第三十四条　禁止生产经营下列食品、食品添加剂、食品相关产品：

（一）用非食品原料生产的食品或者添加食品添加剂以外的化学物质和其他可能危害人体健康物质的食品，或者用回收食品作为原料生产的食品；

（二）致病性微生物，农药残留、兽药残留、生物毒素、重金属等污染物质以及其他危害人体健康的物质含量超过食品安全标准限量的食品、食品添加剂、食品相关产品；

（三）用超过保质期的食品原料、食品添加剂生产的食品、食品添加剂；

（四）超范围、超限量使用食品添加剂的食品；

（五）营养成分不符合食品安全标准的专供婴幼儿和其他特定人群的主辅食品；

（六）腐败变质、油脂酸败、霉变生虫、污秽不洁、混有异物、掺假掺杂或者感官性状异常的食品、食品添加剂；

　　（七）病死、毒死或者死因不明的禽、畜、兽、水产动物肉类及其制品；

　　（八）未按规定进行检疫或者检疫不合格的肉类，或者未经检验或者检验不合格的肉类制品；

　　（九）被包装材料、容器、运输工具等污染的食品、食品添加剂；

　　（十）标注虚假生产日期、保质期或者超过保质期的食品、食品添加剂；

　　（十一）无标签的预包装食品、食品添加剂；

　　（十二）国家为防病等特殊需要明令禁止生产经营的食品；

　　（十三）其他不符合法律、法规或者食品安全标准的食品、食品添加剂、食品相关产品。

　　本条规定了禁止生产经营的食品、食品添加剂、食品相关产品。

　　禁止生产用非食品原料生产的食品或者添加食品添加剂以外的化学物质和其他可能危害人体健康物质的食品。如使用工业酒精（非食品原料）勾兑酒，添加三聚氰胺（非食品原料）的婴儿奶粉、部分利欲熏心的食品生产者利用回收食品为原料生产的食品（如回收奶）等。

　　禁止生产经营危害人体健康的物质含量超过食品安全标准限量的食品。一般而言，要做到食品中致病性微生物、农药残留、兽药残留等物质含量为零，成本过于高昂，缺乏可操作性，另外人体对这些物质有一定的耐受性。但是这些物质如果过量，就将损害人体健康。具体衡量的标准是食品安全标准。这些物质超过食品安全标准限量的，就禁止生产经营。

　　营养成分不符合食品安全标准的专供婴幼儿和其他特定人群的主辅食品。其他特殊人群一般指患有特殊疾病的人，如糖尿病人，或者身体有某种倾向的人，如易疲劳人群，根据这些人体质的不同特点，应制定不同的食品标准。

　　禁止生产经营腐败变质、油脂酸败、霉变生虫、污秽不洁、混有异物、掺假掺杂或者感官性状异常的食品。食品的"腐败变质"指食品经过微生物作用使食品中某些成分发生变化，感官性状发生改变而丧失可食性的现象。这些食品一般含有沙门氏菌、痢疾杆菌、金黄色葡萄球菌等致病性病菌，易导致食物中毒。"油脂酸败"指油脂和含油脂的食品，在贮存过程中经微生物、酶等作用，而发生变色、气味改变等变化。"霉变"指霉菌污染、繁殖，有时表面可见霉丝和霉变现象，这种霉菌毒素在高温高压条件下，也不易被破坏，且具有较强的毒性，如陈化粮事件。

　　禁止生产经营病死、毒死或者死因不明的禽、畜、兽、水产动物肉类及其制品。现仍有一些不法分子用以上死动物生产加工肉制品。

　　禁止经营被包装材料、容器、运输工具等污染的食品。包装污秽、严重破损或者运输工具不洁，容易导致食品污染。

　　禁止经营超过保质期的食品，保质期应从食品加工结束的时间算起，不允许从发货之日和销售单位收货之日起计算。

　　禁止销售无标签的预包装食品。标签是消费者获得产品信息的主要来源。广大消费者可以借助食品标签来选购食品。因此，法律规定禁止销售无标签的预包装食品。

　　第三十五条　国家对食品生产经营实行许可制度。从事食品生产、食品销售、餐饮服务，应当依法取得许可。但是，销售食用农产品，不需要取得许可。

　　县级以上地方人民政府食品安全监督管理部门应当依照《中华人民共和国行政许可法》的规定，审核申请人提交的本法第三十三条第一款第一项至第四项规定要求的相关资料，必要时对申请人的生产经营场所进行现场核查；对符合规定条件的，准予许可；对不符合规定条件的，不予许可并书面说明理由。

本条是国家对食品生产经营实行许可制度的规定。国家对食品生产经营实行许可制度。

对从事食品生产的单位和个人，应当依法取得食品生产许可。《食品安全法实施条例》规定，取得许可后，依法办理注册登记，有效期3年，食品生产许可证取代卫生许可证成为办理注册登记的前置条件。

第三十六条 食品生产加工小作坊和食品摊贩等从事食品生产经营活动，应当符合本法规定的与其生产经营规模、条件相适应的食品安全要求，保证所生产经营的食品卫生、无毒、无害，食品安全监督管理部门应当对其加强监督管理。

县级以上地方人民政府应当对食品生产加工小作坊、食品摊贩等进行综合治理，加强服务和统一规划，改善其生产经营环境，鼓励和支持其改进生产经营条件，进入集中交易市场、店铺等固定场所经营，或者在指定的临时经营区域、时段经营。

食品生产加工小作坊和食品摊贩等的具体管理办法由省、自治区、直辖市制定。

本条规定了对食品生产加工小作坊的要求。食品生产加工小作坊是食品安全事故的多发地，食品监管相对薄弱，既不能都实施许可，又不能放任不管。另外，小作坊的问题具有地域性。本法一方面对其加强监督管理；另一方面授权地方人民政府根据本地实际情况制定对食品生产加工小作坊和食品摊贩的管理办法。

第三十七条 利用新的食品原料生产食品，或者生产食品添加剂新品种、食品相关产品新品种，应当向国务院卫生行政部门提交相关产品的安全性评估材料。国务院卫生行政部门应当自收到申请之日起六十日内组织审查；对符合食品安全要求的，准予许可并公布；对不符合食品安全要求的，不予许可并书面说明理由。

本条规定了新的食品原料生产食品，或者生产食品添加剂新品种、食品相关产品新品种在获得生产许可时，应提供相关产品的安全性评估材料。在60个工作日内组织审查，对符合食品安全要求的，准予许可并公布；对不符合食品安全要求的，不予许可并书面说明理由。

第三十八条 生产经营的食品中不得添加药品，但是可以添加按照传统既是食品又是中药材的物质。按照传统既是食品又是中药材的物质目录由国务院卫生行政部门会同国务院食品安全监督管理部门制定、公布。

本条规定了食品中不得添加药品，但可以添加按照传统既是食品又是中药材的物质。

第三十九条 国家对食品添加剂生产实行许可制度。从事食品添加剂生产，应当具有与所生产食品添加剂品种相适应的场所、生产设备或者设施、专业技术人员和管理制度，并依照本法第三十五条第二款规定的程序，取得食品添加剂生产许可。

生产食品添加剂应当符合法律、法规和食品安全国家标准。

本条规定了食品添加剂也要执行生产许可制度，所生产的食品添加剂应当符合法律、法规和食品安全国家标准。

第四十条 食品添加剂应当在技术上确有必要且经过风险评估证明安全可靠，方可列入允许使用的范围；有关食品安全国家标准应当根据技术必要性和食品安全风险评估结果及时修订。

食品生产经营者应当按照食品安全国家标准使用食品添加剂。

本条规定了食品添加剂必须经过安全风险评估，并证明是安全可靠的。在此基础上制定食品添加剂的允许使用范围和使用量。

第四十一条 生产食品相关产品应当符合法律、法规和食品安全国家标准。对直接接触食品的包装材料等具有较高风险的食品相关产品，按照国家有关工业产品生产许可证管理的规定实施生产许可。食品安全监督管理部门应当加强对食品相关产品生产活动的监督管理。

本条规定了与生产安全食品相关产品的要求。生产食品相关产品应当符合法律、法规和食品安全国家标准。如包装材料的卫生要求、生产设备的卫生要求等。

第四十二条 国家建立食品安全全程追溯制度。

食品生产经营者应当依照本法的规定，建立食品安全追溯体系，保证食品可追溯。国家鼓励食品生产经营者采用信息化手段采集、留存生产经营信息，建立食品安全追溯体系。

国务院食品安全监督管理部门会同国务院农业行政等有关部门建立食品安全全程追溯协作机制。

本条规定了食品企业应建立食品安全追溯体系。食品追溯是一种基于风险管理为基础的安全保障体系，通过建立食品追溯平台，可以识别出发生食品安全问题的根本原因，及时实行产品召回或撤销。食品安全追溯体系是使用记录及标签的方法进行，追溯方式可以是纸质记录、电子标签、条形码、二维码等。食品追溯是保障食品安全的利器，不仅对食品的监管起到了重要作用，还使消费者能轻松地获取溯源信息，大大降低了对于违规产品的监管成本。如果能严格执行法律，做到"一物一码""全程追溯"，食品安全事故的发生次数也会明显减少。

第四十三条 地方各级人民政府应当采取措施鼓励食品规模化生产和连锁经营、配送。

国家鼓励食品生产经营企业参加食品安全责任保险。

本条规定了国家鼓励食品规模化生产和连锁经营、配送。

食品规模化生产和连锁经营、配送是食品行业发展到一定水平的产物，对食品安全具有重大意义。目前，我国的食品行业发展水平不高，食品生产经营的集中化程度较低。近年来，我国食品行业不断发展壮大，已涌现出一批达到良好生产规范的、有实力的企业，但是，这些企业的比重还较低。小企业、小作坊、小摊贩占据我国食品生产经营者的主体。这种状况不利于生产经营过程的食品安全控制，也不利于食品安全监管部门进行监管，从而导致我国的食品安全处于较低水平。食品规模化生产和连锁经营、配送有助于提高食品生产经营的集中度，有助于加强食品生产经营过程的安全控制，有助于监管部门开展食品安全监管，从而提高我国的食品安全总体水平。

第二节 生产经营过程控制

第四十四条 食品生产经营企业应当建立健全食品安全管理制度，对职工进行食品安全知识培训，加强食品检验工作，依法从事生产经营活动。

食品生产经营企业的主要负责人应当落实企业食品安全管理制度，对本企业的食品安全工作全面负责。

食品生产经营企业应当配备食品安全管理人员，加强对其培训和考核。经考核不具备食品安全管理能力的，不得上岗。食品安全监督管理部门应当对企业食品安全管理人员随机进行监督抽查考核并公布考核情况。监督抽查考核不得收取费用。

本条规定了食品生产经营企业自身管理的规定。食品生产经营企业的卫生状况是保证食品卫生、防止食品污染和食物中毒最重要的部分，必须明确责任，严格管理。因此，本条规定，食品生产经营企业应当建立本单位的食品安全管理制度，加强对职工食品安全知识的培训，配备专职或者兼职食品安全管理人员，做好对所生产经营食品的检验工作。加强对所生产经营食品的安全管理，严格要求食品卫生质量的自我控制，提高食品生产合格率，保证食品卫生，保障人民健康，是食品生产经营企业的法律义务。

第四十五条 食品生产经营者应当建立并执行从业人员健康管理制度。患有国务院卫生行政部门规定的有碍食品安全疾病的人员，不得从事接触直接入口食品的工作。

从事接触直接入口食品工作的食品生产经营人员应当每年进行健康检查，取得健康证明后方可上岗工作。

本条规定了对食品从业人员的健康及卫生要求。食品从业人员身体要健康，患有痢疾、伤寒、病毒性肝炎等消化道传染病的人员，以及患有活动性肺结核、化脓性或者渗出性皮肤病等有碍食品安全疾病的人员，不得从事接触直接入口食品的工作。食品生产经营人员每年应当进行健康检查，取得健康证明后方可参加工作。

第四十六条 食品生产企业应当就下列事项制定并实施控制要求，保证所生产的食品符合食品安全标准：

（一）原料采购、原料验收、投料等原料控制；

（二）生产工序、设备、贮存、包装等生产关键环节控制；

（三）原料检验、半成品检验、成品出厂检验等检验控制；

（四）运输和交付控制。

本条规定了食品生产企业应从原料采购、生产加工、产品检测以及运输、销售等环节实施控制，确保所生产的食品符合食品安全标准的要求。

第四十七条 食品生产经营者应当建立食品安全自查制度，定期对食品安全状况进行检查评价。生产经营条件发生变化，不再符合食品安全要求的，食品生产经营者应当立即采取整改措施；有发生食品安全事故潜在风险的，应当立即停止食品生产经营活动，并向所在地县级人民政府食品安全监督管理部门报告。

本条规定了食品企业要建立食品安全自查制度。在日常的生产管理过程中，加强食品安全自查力度，将食品安全风险控制在最低水平。

第四十八条 国家鼓励食品生产经营企业符合良好生产规范要求，实施危害分析与关键控制点体系，提高食品安全管理水平。

对通过良好生产规范、危害分析与关键控制点体系认证的食品生产经营企业，认证机构应当依法实施跟踪调查；对不再符合认证要求的企业，应当依法撤销认证，及时向县级以上人民政府食品安全监督管理部门通报，并向社会公布。认证机构实施跟踪调查不得收取费用。

本条规定了鼓励食品生产经营企业建立和实施先进的食品安全生产管理体系，如 GMP、HACCP 等，以提高食品安全管理水平。

第四十九条 食用农产品生产者应当按照食品安全标准和国家有关规定使用农药、肥料、兽药、饲料和饲料添加剂等农业投入品，严格执行农业投入品使用安全间隔期或者休药期的规定，不得使用国家明令禁止的农业投入品。禁止将剧毒、高毒农药用于蔬菜、瓜果、茶叶和中草药材等国家规定的农作物。

食用农产品的生产企业和农民专业合作经济组织应当建立农业投入品使用记录制度。

县级以上人民政府农业行政部门应当加强对农业投入品使用的监督管理和指导，建立健全农业投入品安全使用制度。

本条规定了农药、肥料、兽药、饲料和饲料添加剂等农业投入品的使用要求。使用农业投入品时注意安全间隔期或休药期；禁止将剧毒、高毒、高残留农药在蔬菜、瓜果、茶叶和中草药材等上面使用。食用农产品的生产企业和农民专业合作经济组织应建立农业投入品使用记录制度。农业行政部门应当加强对农业投入品使用的监督管理和指导。

第五十条 食品生产者采购食品原料、食品添加剂、食品相关产品，应当查验供货者的许可证和产品合格证明；对无法提供合格证明的食品原料，应当按照食品安全标准进行检验；不得采购或者使用不符合食品安全标准的食品原料、食品添加剂、食品相关产品。

食品生产企业应当建立食品原料、食品添加剂、食品相关产品进货查验记录制度，如实记录食品原料、食品添加剂、食品相关产品的名称、规格、数量、生产日期或者生产批号、保质期、进货日期以及供货者名称、地址、联系方式等内容，并保存相关凭证。记录和凭证保存期限不得少于产品保质期满后六个月；没有明确保质期的，保存期限不得少于二年。

本条规定了在采购食品原料、食品添加剂、食品相关产品时，应要求供应商提供产品生产许可证、合格证明，没有相关证明的，要对采购产品进行检验，并建立查验记录。

第五十一条 食品生产企业应当建立食品出厂检验记录制度，查验出厂食品的检验合格证和安全状况，如实记录食品的名称、规格、数量、生产日期或者生产批号、保质期、检验合格证号、销售日期以及购货者名称、地址、联系方式等内容，并保存相关凭证。记录和凭证保存期限应当符合本法第五十条第二款的规定。

本条规定了食品企业建立出厂检验记录制度，明确检验记录的内容及保存期限。

第五十二条 食品、食品添加剂、食品相关产品的生产者，应当按照食品安全标准对所生产的食品、食品添加剂、食品相关产品进行检验，检验合格后方可出厂或者销售。

本条规定了食品、食品添加剂、食品相关产品必须经过检测符合食品安全标准方可出厂或者销售。

第五十三条 食品经营者采购食品，应当查验供货者的许可证和食品出厂检验合格证或者其他合格证明（以下称合格证明文件）。

食品经营企业应当建立食品进货查验记录制度，如实记录食品的名称、规格、数量、生产日期或者生产批号、保质期、进货日期以及供货者名称、地址、联系方式等内容，并保存相关凭证。记录和凭证保存期限应当符合本法第五十条第二款的规定。

实行统一配送经营方式的食品经营企业，可以由企业总部统一查验供货者的许可证和食品合格证明文件，进行食品进货查验记录。

从事食品批发业务的经营企业应当建立食品销售记录制度，如实记录批发食品的名称、规格、数量、生产日期或者生产批号、保质期、销售日期以及购货者名称、地址、联系方式等内容，并保存相关凭证。记录和凭证保存期限应当符合本法第五十条第二款的规定。

本条规定了经营者采购食品时需要建立进货查验记录制度，包括食品的出厂检验合格证明、产品名称、规格、数量、生产日期或者生产批号、保质期、进货日期以及供货者名称、地址、联系方式等内容，并保存相关凭证。

第五十四条 食品经营者应当按照保证食品安全的要求贮存食品，定期检查库存食品，及时清理变质或者超过保质期的食品。

食品经营者贮存散装食品，应当在贮存位置标明食品的名称、生产日期或者生产批号、保质期、生产者名称及联系方式等内容。

本条规定了食品经营者必须配备相应的贮藏设施，并按照保证食品安全的要求贮存食品；及时清理变质或者超过保质期的食品；对于散装食品，在贮存位置标明食品的名称、生产日期或者生产批号、保质期、生产者名称及联系方式等内容。

第五十五条 餐饮服务提供者应当制定并实施原料控制要求，不得采购不符合食品安全标准的食品原料。倡导餐饮服务提供者公开加工过程，公示食品原料及其来源等信息。

餐饮服务提供者在加工过程中应当检查待加工的食品及原料，发现有本法第三十四条第六项规定情形的，不得加工或者使用。

本条规定了餐饮服务者应加强原料控制。不采购不符合食品安全标准的食品原料，公开加工过程，公示食品原料及其来源等信息。

第五十六条 餐饮服务提供者应当定期维护食品加工、贮存、陈列等设施、设备；定期清洗、校验保温设施及冷藏、冷冻设施。

餐饮服务提供者应当按要求对餐具、饮具进行清洗消毒，不得使用未经清洗消毒的餐具、饮具；餐饮服务提供者委托清洗消毒餐具、饮具的，应当委托符合本法规定条件的餐具、饮具集中消毒服务单位。

本条规定了餐饮服务提供者必须确保食品加工、贮存、陈列等设施、设备的卫生安全，定期清洗、校验保温设施及冷藏、冷冻设施。按照要求对餐具、饮具进行清洗消毒，不得使用未经清洗消毒的餐具、饮具。

第五十七条 学校、托幼机构、养老机构、建筑工地等集中用餐单位的食堂应当严格遵守法律、法规和食品安全标准；从供餐单位订餐的，应当从取得食品生产经营许可的企业订购，并按照要求对订购的食品进行查验。供餐单位应当严格遵守法律、法规和食品安全标准，当餐加工，确保食品安全。

学校、托幼机构、养老机构、建筑工地等集中用餐单位的主管部门应当加强对集中用餐单位的食品安全教育和日常管理，降低食品安全风险，及时消除食品安全隐患。

本条规定了集中用餐单位的食堂应当严格遵守法律、法规和食品安全标准采购、制作符合食品安全标准的食品；主管部门应当加强对集中用餐单位的食品安全教育和日常管理，降低食品安全风险。

第五十八条 餐具、饮具集中消毒服务单位应当具备相应的作业场所、清洗消毒设备或者设施，用水和使用的洗涤剂、消毒剂应当符合相关食品安全国家标准和其他国家标准、卫生规范。

餐具、饮具集中消毒服务单位应当对消毒餐具、饮具进行逐批检验，检验合格后方可出厂，并应当随附消毒合格证明。消毒后的餐具、饮具应当在独立包装上标注单位名称、地址、联系方式、消毒日期以及使用期限等内容。

本条规定了餐具、饮具集中消毒服务单位应具备的条件。

第五十九条　食品添加剂生产者应当建立食品添加剂出厂检验记录制度，查验出厂产品的检验合格证和安全状况，如实记录食品添加剂的名称、规格、数量、生产日期或者生产批号、保质期、检验合格证号、销售日期以及购货者名称、地址、联系方式等相关内容，并保存相关凭证。记录和凭证保存期限应当符合本法第五十条第二款的规定。

本条规定了食品添加剂生产者应当建立食品添加剂出厂检验记录制度，记录的内容包括食品添加剂的名称、规格、数量、生产日期或者生产批号、保质期、检验合格证号、销售日期以及购货者名称、地址、联系方式等相关内容，并保存相关凭证。

第六十条　食品添加剂经营者采购食品添加剂，应当依法查验供货者的许可证和产品合格证明文件，如实记录食品添加剂的名称、规格、数量、生产日期或者生产批号、保质期、进货日期以及供货者名称、地址、联系方式等内容，并保存相关凭证。记录和凭证保存期限应当符合本法第五十条第二款的规定。

本条规定了食品添加剂采购者进货时查验供货者的许可证和产品合格证明文件，并做好进货记录。

第六十一条　集中交易市场的开办者、柜台出租者和展销会举办者，应当依法审查入场食品经营者的许可证，明确其食品安全管理责任，定期对其经营环境和条件进行检查，发现其有违反本法规定行为的，应当及时制止并立即报告所在地县级人民政府食品安全监督管理部门。

本条规定了集中交易市场的开办者、柜台出租者和展销会举办者应加强入场食品生产经营者的管理。

第六十二条　网络食品交易第三方平台提供者应当对入网食品经营者进行实名登记，明确其食品安全管理责任；依法应当取得许可证的，还应当审查其许可证。

网络食品交易第三方平台提供者发现入网食品经营者有违反本法规定行为的，应当及时制止并立即报告所在地县级人民政府食品安全监督管理部门；发现严重违法行为的，应当立即停止提供网络交易平台服务。

本条规定了对网络食品的监管，食品交易第三方平台提供者应当对入网食品经营者进行实名登记，明确其食品安全管理责任；依法应当取得许可证的，还应当审查其许可证。

第六十三条　国家建立食品召回制度。食品生产者发现其生产的食品不符合食品安全标准或者有证据证明可能危害人体健康的，应当立即停止生产，召回已经上市销售的食品，通知相关生产经营者和消费者，并记录召回和通知情况。

食品经营者发现其经营的食品有前款规定情形的，应当立即停止经营，通知相关生产经营者和消费者，并记录停止经营和通知情况。食品生产者认为应当召回的，应当立即召回。由于食品经营者的原因造成其经营的食品有前款规定情形的，食品经营者应当召回。

食品生产经营者应当对召回的食品采取无害化处理、销毁等措施，防止其再次流入市场。但是，对因标签、标志或者说明书不符合食品安全标准而被召回的食品，食品生产者在采取补救措施且能保证食品安全的情况下可以继续销售；销售时应当向消费者明示补救措施。

食品生产经营者应当将食品召回和处理情况向所在地县级人民政府食品安全监督管理部门报告；需要对召回的食品进行无害化处理、销毁的，应当提前报告时间、地点。食品安全监督管理部门认为必要的，可以实施现场监督。

食品生产经营者未依照本条规定召回或者停止经营的，县级以上人民政府食品安全监督管理部门可以责令其召回或者停止经营。

本条规定了不符合食品安全标准的食品实行召回制度。食品召回制度是指对已经上市的食品，发现其不符合食品安全标准，可能威胁人体健康时，由食品生产者按照规定程序，将已售食品收回，及时消除或减少食品安全危害的制度。召回包括主动召回、通知召回和责令召回三种。

主动召回是企业按照自己建立的召回制度，按规定程序召回已经上市销售的食品，记录召回和通知情况。同时，采取补救、无害化处理、销毁等措施，防止该食品再次流入市场，危害人民群众身体健康。要求将食品召回和处理情况向县级以上食品安全监督管理部门报告，接受监督。这体现了食品生产企业是第一责任人的思想。

通知召回是食品经营者通知食品生产者召回不安全产品。

责令召回是在食品生产者不主动召回其所生产的不符合食品安全标准的食品时，由食品安全监督管理部门责令其立即召回，责令召回实质上是一种强制召回。

第六十四条 食用农产品批发市场应当配备检验设备和检验人员或者委托符合本法规定的食品检验机构，对进入该批发市场销售的食用农产品进行抽样检验；发现不符合食品安全标准的，应当要求销售者立即停止销售，并向食品安全监督管理部门报告。

本条规定了农产品批发市场应配备检验设备和检验人员或者委托符合本法规定的食品检验机构，对销售的产品进行抽样检验，不符合食品安全标准的，停止销售，并向食品安全监督管理部门报告。

第六十五条 食用农产品销售者应当建立食用农产品进货查验记录制度，如实记录食用农产品的名称、数量、进货日期以及供货者名称、地址、联系方式等内容，并保存相关凭证。记录和凭证保存期限不得少于六个月。

本条规定了食用农产品销售者应建立进货查验记录制度。

第六十六条 进入市场销售的食用农产品在包装、保鲜、贮存、运输中使用保鲜剂、防腐剂等食品添加剂和包装材料等食品相关产品，应当符合食品安全国家标准。

本条规定了农产品包装、保鲜、贮存、运输中所用食品添加剂和包装材料要符合食品安全标准的要求。

第三节　标签、说明书和广告

第六十七条　预包装食品的包装上应当有标签。标签应当标明下列事项：

（一）名称、规格、净含量、生产日期；

（二）成分或者配料表；

（三）生产者的名称、地址、联系方式；

（四）保质期；

（五）产品标准代号；

（六）贮存条件；

（七）所使用的食品添加剂在国家标准中的通用名称；

（八）生产许可证编号；

（九）法律、法规或者食品安全标准规定应当标明的其他事项。

专供婴幼儿和其他特定人群的主辅食品，其标签还应当标明主要营养成分及其含量。

食品安全国家标准对标签标注事项另有规定的，从其规定。

本条规定了预包装食品标签应当标明的内容。预包装食品不像散装食品，让人容易分辨其品种、色泽、外形、气味等，无法让人直观地辨别这种食品，并感受到该食品的质量好坏。食品生产者应当在预包装食品的标签上如实标明本条所规定的内容，以利于食品经营者和消费者进行辨别、选购和监督。

第六十八条 食品经营者销售散装食品，应当在散装食品的容器、外包装上标明食品的名称、生产日期或者生产批号、保质期以及生产经营者名称、地址、联系方式等内容。

本条规定了食品经营者销售散装食品时的要求。应在散装食品贮存位置、包装容器或材料上明确标注食品的名称、保质期、生产经营者名称及联系方式等信息，实现消费者与经营者之间的信息沟通，也有利于食品可追溯，确保监管链条不断。

第六十九条 生产经营转基因食品应当按照规定显著标示。

本条规定了生产经营转基因食品应当按照规定显著标示。鉴于转基因食品的安全性还未明确，消费者对转基因食品应有知情权和选择权，因此，转基因食品的生产经营者应在其标签上明确标示转基因字样。

第七十条 食品添加剂应当有标签、说明书和包装。标签、说明书应当载明本法第六十七条第一款第一项至第六项、第八项、第九项规定的事项，以及食品添加剂的使用范围、用量、使用方法，并在标签上载明"食品添加剂"字样。

本条规定了食品添加剂标签、说明书和包装应标明第六十七条第一项至第六项、第八项、第九项规定的事项。注明食品添加剂的使用范围、用量、使用方法，并在标签上载明"食品添加剂"字样。

第七十一条 食品和食品添加剂的标签、说明书，不得含有虚假内容，不得涉及疾病预防、治疗功能。生产经营者对其提供的标签、说明书的内容负责。

食品和食品添加剂的标签、说明书应当清楚、明显，生产日期、保质期等事项应当显著标注，容易辨识。

食品和食品添加剂与其标签、说明书的内容不符的，不得上市销售。

本标准规定了对食品和食品添加剂的标签、说明书标注内容的要求。即内容真实，不得夸大宣传，如疾病预防、治疗功能。标注的内容清楚、明显，易于辨别。

第七十二条 食品经营者应当按照食品标签标示的警示标志、警示说明或者注意事项的要求销售食品。

本条规定了食品经营者应该按照标签标示的警示标志、警示说明或者注意事项贮存、摆放、销售食品。

第七十三条 食品广告的内容应当真实合法，不得含有虚假内容，不得涉及疾病预防、治疗功能。食品生产经营者对食品广告内容的真实性、合法性负责。

县级以上人民政府食品安全监督管理部门和其他有关部门以及食品检验机构、食品行业协会不得以广告或者其他形式向消费者推荐食品。消费者组织不得以收取费用或者其他牟取利益的方式向消费者推荐食品。

本条款规定了对食品广告的要求，要求食品广告真实、合法，不得夸大宣传。食品安全监督管理部门或者承担食品检验职责的机构都应当保持中立，依法、公正地实施监管或者检验。不得以广告或者其他形式向消费者推荐食品。任何组织和个人利用虚假广告损害消费者权利和利益的，要承担连带责任。

第四节　特殊食品

第七十四条　国家对保健食品、特殊医学用途配方食品和婴幼儿配方食品等特殊食品实行严格监督管理。

本条规定了国家对保健食品、特殊医学用途配方食品和婴幼儿配方食品等特殊食品实行严格监督管理。

第七十五条　保健食品声称保健功能，应当具有科学依据，不得对人体产生急性、亚急性或者慢性危害。

保健食品原料目录和允许保健食品声称的保健功能目录，由国务院食品安全监督管理部门会同国务院卫生行政部门、国家中医药管理部门制定、调整并公布。

保健食品原料目录应当包括原料名称、用量及其对应的功效；列入保健食品原料目录的原料只能用于保健食品生产，不得用于其他食品生产。

本条规定了保健食品的保健功能应具有科学依据。国务院相关部门制定、调整并及时公布保健食品原料目录和保健功能目录。保健食品原料目录包括原料名称、用量及其对应的功效。

第七十六条　使用保健食品原料目录以外原料的保健食品和首次进口的保健食品应当经国务院食品安全监督管理部门注册。但是，首次进口的保健食品中属于补充维生素、矿物质等营养物质的，应当报国务院食品安全监督管理部门备案。其他保健食品应当报省、自治区、直辖市人民政府食品安全监督管理部门备案。

进口的保健食品应当是出口国（地区）主管部门准许上市销售的产品。

本条规定了保健食品目录以外的保健食品应到食品安全监督管理部门注册和备案，对进口的保健食品应当获得出口国（地区）主管部门准许上市的证书。

第七十七条　依法应当注册的保健食品，注册时应当提交保健食品的研发报告、产品配方、生产工艺、安全性和保健功能评价、标签、说明书等材料及样品，并提供相关证明文件。国务院食品安全监督管理部门经组织技术审评，对符合安全和功能声称要求的，准予注册；对不符合要求的，不予注册并书面说明理由。对使用保健食品原料目录以外原料的保健食品作出准予注册决定的，应当及时将该原料纳入保健食品原料目录。

依法应当备案的保健食品，备案时应当提交产品配方、生产工艺、标签、说明书以及表明产品安全性和保健功能的材料。

本条规定了保健食品注册或备案时应提交的相关材料。

第七十八条　保健食品的标签、说明书不得涉及疾病预防、治疗功能，内容应当真实，与注册或者备案的内容相一致，载明适宜人群、不适宜人群、功效成分或者标志性成分及其含量等，并声明"本品不能代替药物"。保健食品的功能和成分应当与标签、说明书相一致。

本条规定了国家对声称具有特定保健功能的食品实行严格监管以及对保健食品在功能说明、标签说明书、产品功能和成分等方面的要求。保健食品的监督管理由国家食品安全监督管理局负责，其应加强对保健食品的监管，禁止在保健产品的标签上夸大宣传，防止特定成分对人体产生急性、亚急性或者慢性危害。

第七十九条　保健食品广告除应当符合本法第七十三条第一款的规定外，还应当声明"本品不能代替药物"；其内容应当经生产企业所在地省、自治区、直辖市人民政府食品安全监督管理部门审查批准，取得保健食品广告批准文件。省、自治区、直辖市人民政府食品安全监督管理部门应当公布并及时更新已经批准的保健食品广告目录以及批准的广告内容。

本条规定了对保健食品广告的要求。除符合本法第七十三条第一款的规定外，还应当声明"本品不能代替药物"。广告内容应获得当地食品安全监督管理部门审查批准，并及时公布和更新已经批准的保健食品广告目录以及批准的广告内容。

第八十条　特殊医学用途配方食品应当经国务院食品安全监督管理部门注册。注册时，应当提交产品配方、生产工艺、标签、说明书以及表明产品安全性、营养充足性和特殊医学用途临床效果的材料。

特殊医学用途配方食品广告适用《中华人民共和国广告法》和其他法律、行政法规关于药品广告管理的规定。

本条规定了特殊医学用途配方食品注册时应提交的材料。提交产品配方、生产工艺、标签、说明书以及表明产品安全性、营养充足性和特殊医学用途临床效果的材料。其广告要符合《中华人民共和国广告法》和其他法律、行政法规的规定。

第八十一条　婴幼儿配方食品生产企业应当实施从原料进厂到成品出厂的全过程质量控制，对出厂的婴幼儿配方食品实施逐批检验，保证食品安全。

生产婴幼儿配方食品使用的生鲜乳、辅料等食品原料、食品添加剂等，应当符合法律、行政法规的规定和食品安全国家标准，保证婴幼儿生长发育所需的营养成分。

婴幼儿配方食品生产企业应当将食品原料、食品添加剂、产品配方及标签等事项向省、自治区、直辖市人民政府食品安全监督管理部门备案。

婴幼儿配方乳粉的产品配方应当经国务院食品安全监督管理部门注册。注册时，应当提交配方研发报告和其他表明配方科学性、安全性的材料。

不得以分装方式生产婴幼儿配方乳粉，同一企业不得用同一配方生产不同品牌的婴幼儿配方乳粉。

本条规定了婴幼儿配方食品生产要求。婴幼儿配方食品生产要实行全程质量控制，所用原料、食品添加剂、配方都要进行备案和注册；不得以分装方式生产婴幼儿配方乳粉，同一企业不得用同一配方生产不同品牌的婴幼儿配方乳粉。

第八十二条　保健食品、特殊医学用途配方食品、婴幼儿配方乳粉的注册人或者备案人应当对其提交材料的真实性负责。

省级以上人民政府食品安全监督管理部门应当及时公布注册或者备案的保健食品、特殊医学用途配方食品、婴幼儿配方乳粉目录，并对注册或者备案中获知的企业商业秘密予以保密。

保健食品、特殊医学用途配方食品、婴幼儿配方乳粉生产企业应当按照注册或者备案的产品配方、生产工艺等技术要求组织生产。

本条规定了特殊食品的注册人或备案人所提交的材料要真实可靠；注册或备案的企业信息属于商业机密，食品安全监督管理部门及其工作人员要对注册信息保密。生产企业应按照注册或者备案的产品配方、生产工艺等技术要求组织生产。

第八十三条　生产保健食品，特殊医学用途配方食品、婴幼儿配方食品和其他专供特定人群的主辅食品的企业，应当按照良好生产规范的要求建立与所生产食品相适应的生产质量管理体系，定期对该体系的运行情况进行自查，保证其有效运行，并向所在地县级人民政府食品安全监督管理部门提交自查报告。

本条规定了生产特殊食品的企业应建立GMP、HACCP等食品安全管理体系、ISO 9001质量管理体系来保障食品的质量和安全，并定期进行自查，保证体系有效运行。

第五章　食品检验

第八十四条　食品检验机构按照国家有关认证认可的规定取得资质认定后，方可从事食品检验活动。但是，法律另有规定的除外。

食品检验机构的资质认定条件和检验规范，由国务院食品安全监督管理部门规定。

符合本法规定的食品检验机构出具的检验报告具有同等效力。

县级以上人民政府应当整合食品检验资源，实现资源共享。

本条规定了食品检验机构必须获得认证资质才能从事食品检验活动。质检系统的质检机构都是经有关主管部门批准设立或者经依法认定的食品检验机构，资质认定条件和检验规范由国务院食品安全监督管理部门规定。获得认证资质的可以出具有法律效力的检测报告。

第八十五条　食品检验由食品检验机构指定的检验人独立进行。

检验人应当依照有关法律、法规的规定，并按照食品安全标准和检验规范对食品进行检验，尊重科学，恪守职业道德，保证出具的检验数据和结论客观、公正，不得出具虚假检验报告。

本条款对食品检验人员做了规定。检验人员不受任何一方的影响，能独立、公平、公正、客观地反映检测结果。这里对检验人员的职业道德、技术水平要求较高。

第八十六条　食品检验实行食品检验机构与检验人负责制。食品检验报告应当加盖食品检验机构公章，并有检验人的签名或者盖章。食品检验机构和检验人对出具的食品检验报告负责。

本条规定了出具食品检验报告的要求。实行检验机构与检验人员负责制。在出具检测报告时要签字盖章，具有法律效力。

第八十七条　县级以上人民政府食品安全监督管理部门应当对食品进行定期或者不定期的抽样检验，并依据有关规定公布检验结果，不得免检。进行抽样检验，应当购买抽取的样品，委托符合本法规定的食品检验机构进行检验，并支付相关费用；不得向食品生产经营者收取检验费和其他费用。

本条款规定了任何产品不得实施"免检制度"。县级以上食品安全监督管理部门既要对食品进行定期或者不定期的抽样检验，又要购买抽取的样品，且不收取检验费和其他任何费用，还要委托法定检验机构检验并支付相关费用。

第八十八条　对依照本法规定实施的检验结论有异议的，食品生产经营者可以自收到检验结论之日起七个工作日内向实施抽样检验的食品安全监督管理部门或者其上一级食品安全监督管理部门提出复检申请，由受理复检申请的食品安全监督管理部门在公布的复检机构名录中随机确定复检机构进行复检。复检机构出具的复检结论为最终检验结论。复检机构与初检机构不得为同一机构。复检机构名录由国务院认证认可监督管理、食品安全监督管理、卫生行政、农业行政等部门共同公布。

采用国家规定的快速检测方法对食用农产品进行抽查检测，被抽查人对检测结果有异议的，可以自收到检测结果时起四小时内申请复检。复检不得采用快速检测方法。

本条规定了如检验结论有异议，可申请复检。复检机构与初检机构不得为同一机构，复检机构出具的复检结论为最终检验结论。如果初检采用快速检测方法的，复检时不得采用快速检测方法。

第八十九条　食品生产企业可以自行对所生产的食品进行检验，也可以委托符合本法规定的食品检验机构进行检验。

食品行业协会和消费者协会等组织、消费者需要委托食品检验机构对食品进行检验的，应当委托符合本法规定的食品检验机构进行。

本条款规定了食品企业可自检或委托其他检验机构对产品进行检测。我国实行食品出厂检验制度，食品、食品添加剂和食品相关产品的生产者，应当按照食品安全标准对所生产的产品进行检验，检验合格后方可出厂或者销售，未经检验或者经检验不合格的，不得出厂销售。生产者进行食品检验时，要么自检，要么委托本法规定的检验机构，必须批批检验。自行检验要具备基本条件：独立行使职权的机构，应当有管理制度、符合要求的检测仪器、合格的检验人员等。

第九十条　食品添加剂的检验，适用本法有关食品检验的规定。

本条规定了食品添加剂的检验也适用于本法的规定。

第六章　食品进出口

第九十一条　国家出入境检验检疫部门对进出口食品安全实施监督管理。

本条规定了进出口食品的安全监管由国家出入境检验检疫部门负责。

第九十二条　进口的食品、食品添加剂、食品相关产品应当符合我国食品安全国家标准。

进口的食品、食品添加剂应当经出入境检验检疫机构依照进出口商品检验相关法律、行政法规的规定检验合格。

进口的食品、食品添加剂应当按照国家出入境检验检疫部门的要求随附合格证明材料。

本条对进口食品做了相应的规定。要求所有进口食品必须符合我国食品安全国家标准。进口时由出入境检验检疫机构对进口产品进行检验，合格后由海关凭出入境检验检疫机构签发的通关证明放行。

第九十三条　进口尚无食品安全国家标准的食品，由境外出口商、境外生产企业或者其委托的进口商向国务院卫生行政部门提交所执行的相关国家（地区）标准或者国际标准。国务院卫生行政部门对相关标准进行审查，认为符合食品安全要求的，决定暂予适用，并及时制定相应的食品安全国家标准。进口利用新的食品原料生产的食品或者进口食品添加剂新品种、食品相关产品新品种，依照本法第三十七条的规定办理。

出入境检验检疫机构按照国务院卫生行政部门的要求，对前款规定的食品、食品添加剂、食品相关产品进行检验。检验结果应当公开。

本条款规定了我国没有进口食品相关国家安全标准时的要求。对于无国家安全标准的进口食品必须由进口商向国务院卫生行政部门提出申请并提交相关的安全性评估材料。国务院卫生行政部门依照本法第三十七条的规定作出判定，以确保我国消费者的安全。

第九十四条　境外出口商、境外生产企业应当保证向我国出口的食品、食品添加剂、食品相关产品符合本法以及我国其他有关法律、行政法规的规定和食品安全国家标准的要求，并对标签、说明书的内容负责。

进口商应当建立境外出口商、境外生产企业审核制度，重点审核前款规定的内容；审核不合格的，不得进口。

发现进口食品不符合我国食品安全国家标准或者有证据证明可能危害人体健康的，进口商应当立即停止进口，并依照本法第六十三条的规定召回。

本条规定了向我国出口的食品、食品添加剂、食品相关产品符合我国食品安全法以及其他有关法律、行政法规的规定和食品安全国家标准的要求，并对标签、说明书的内容负责。对不符合我国食品安全国家标准或者有证据证明可能危害人体健康的食品，禁止进口。

第九十五条 境外发生的食品安全事件可能对我国境内造成影响，或者在进口食品、食品添加剂、食品相关产品中发现严重食品安全问题的，国家出入境检验检疫部门应当及时采取风险预警或者控制措施，并向国务院食品安全监督管理、卫生行政、农业行政部门通报。接到通报的部门应当及时采取相应措施。

县级以上人民政府食品安全监督管理部门对国内市场上销售的进口食品、食品添加剂实施监督管理。发现存在严重食品安全问题的，国务院食品安全监督管理部门应当及时向国家出入境检验检疫部门通报。国家出入境检验检疫部门应当及时采取相应措施。

本条规定了国家出入境检验检疫部门对进口的不安全食品采取相应的预警或控制措施。

第九十六条 向我国境内出口食品的境外出口商或者代理商、进口食品的进口商应当向国家出入境检验检疫部门备案。向我国境内出口食品的境外食品生产企业应当经国家出入境检验检疫部门注册。已经注册的境外食品生产企业提供虚假材料，或者因其自身的原因致使进口食品发生重大食品安全事故的，国家出入境检验检疫部门应当撤销注册并公告。

国家出入境检验检疫部门应当定期公布已经备案的境外出口商、代理商、进口商和已经注册的境外食品生产企业名单。

本条规定了所有国内的进口商或国外的出口商必须在我国出入境检验检疫部门备案。国家出入境检验检疫部门对已经备案的出口商、代理商和已经注册的境外食品生产企业名单定期进行公布。

第九十七条 进口的预包装食品、食品添加剂应当有中文标签；依法应当有说明书的，还应当有中文说明书。标签、说明书应当符合本法以及我国其他有关法律、行政法规的规定和食品安全国家标准的要求，并载明食品的原产地以及境内代理商的名称、地址、联系方式。预包装食品没有中文标签、中文说明书或者标签、说明书不符合本条规定的，不得进口。

本条规定了进口预包装食品标签的要求。标签要明确标明产品的名称、原产地以及境内代理商的名称、地址、联系方式、食用说明等要求的信息，所有信息必须用中文表达。

第九十八条 进口商应当建立食品、食品添加剂进口和销售记录制度，如实记录食品、食品添加剂的名称、规格、数量、生产日期、生产或者进口批号、保质期、境外出口商和购货者名称、地址及联系方式、交货日期等内容，并保存相关凭证。记录和凭证保存期限应当符合本法第五十条第二款的规定。

本条规定了进口商必须做好相关记录，明确了记录的内容、记录的要求及记录的保存期限。这些记录便于对产品进行跟踪与追溯。

第九十九条　出口食品生产企业应当保证其出口食品符合进口国（地区）的标准或者合同要求。

出口食品生产企业和出口食品原料种植、养殖场应当向国家出入境检验检疫部门备案。

本条对出口食品做了相应的规定。出口食品要在国家出入境检验检疫部门备案，出口产品经出入境检验检疫机构进行抽检合格后，由海关凭出入境检验检疫机构签发的通关证明放行。

第一百条　国家出入境检验检疫部门应当收集、汇总下列进出口食品安全信息，并及时通报相关部门、机构和企业：

（一）出入境检验检疫机构对进出口食品实施检验检疫发现的食品安全信息；

（二）食品行业协会和消费者协会等组织、消费者反映的进口食品安全信息；

（三）国际组织、境外政府机构发布的风险预警信息及其他食品安全信息，以及境外食品行业协会等组织、消费者反映的食品安全信息；

（四）其他食品安全信息。

国家出入境检验检疫部门应当对进出口食品的进口商、出口商和出口食品生产企业实施信用管理，建立信用记录，并依法向社会公布。对有不良记录的进口商、出口商和出口食品生产企业，应当加强对其进出口食品的检验检疫。

本条规定了国家出入境检验检疫部门对食品的进口商、出口商和出口食品生产企业加强监管，及时公布他们的信誉记录，以便于国内外进出口商参考。

第一百零一条　国家出入境检验检疫部门可以对向我国境内出口食品的国家（地区）的食品安全管理体系和食品安全状况进行评估和审查，并根据评估和审查结果，确定相应检验检疫要求。

本条规定了我国出入境检验检疫部门可到出口国的企业评估和审查食品安全管理体系和食品安全状况，并根据评估和审查结果，确定相应检验检疫要求。

第七章　食品安全事故处置

第一百零二条　国务院组织制定国家食品安全事故应急预案。

县级以上地方人民政府应当根据有关法律、法规的规定和上级人民政府的食品安全事故应急预案以及本行政区域的实际情况，制定本行政区域的食品安全事故应急预案，并报上一级人民政府备案。

食品安全事故应急预案应当对食品安全事故分级、事故处置组织指挥体系与职责、预防预警机制、处置程序、应急保障措施等作出规定。

食品生产经营企业应当制定食品安全事故处置方案，定期检查本企业各项食品安全防范措施的落实情况，及时消除事故隐患。

本条款规定了国务院、县级以上地方人民政府以及食品生产经营企业应当制定食品安全事故应急预案，一旦发生食品安全事件，及时启动食品安全事故应急预案。

第一百零三条　发生食品安全事故的单位应当立即采取措施，防止事故扩大。事故单位和接收病人进行治疗的单位应当及时向事故发生地县级人民政府食品安全监督管理、卫生行政部门报告。

县级以上人民政府农业行政等部门在日常监督管理中发现食品安全事故或者接到事故举报，应当立即向同级食品安全监督管理部门通报。

发生食品安全事故，接到报告的县级人民政府食品安全监督管理部门应当按照应急预案的规定向本级人民政府和上级人民政府食品安全监督管理部门报告。县级人民政府和上级人民政府食品安全监督管理部门应当按照应急预案的规定上报。

任何单位和个人不得对食品安全事故隐瞒、谎报、缓报，不得隐匿、伪造、毁灭有关证据。

本条是有关食品安全事故应急处置和报告的规定。规定了事故发生单位的处置义务、事故发生单位的报告义务以及监督部门的通报义务。

第一百零四条 医疗机构发现其接收的病人属于食源性疾病病人或者疑似病人的，应当按照规定及时将相关信息向所在地县级人民政府卫生行政部门报告。县级人民政府卫生行政部门认为与食品安全有关的，应当及时通报同级食品安全监督管理部门。

县级以上人民政府卫生行政部门在调查处理传染病或者其他突发公共卫生事件中发现与食品安全相关的信息，应当及时通报同级食品安全监督管理部门。

本条规定了医疗机构发现其接收的病人属于食源性疾病病人或者疑似病人的，应当及时向卫生行政部门报告，与食品安全有关的向食品安全监督管理部门通报。

第一百零五条 县级以上人民政府食品安全监督管理部门接到食品安全事故的报告后，应当立即会同同级卫生行政、农业行政等部门进行调查处理，并采取下列措施，防止或者减轻社会危害：

（一）开展应急救援工作，组织救治因食品安全事故导致人身伤害的人员；

（二）封存可能导致食品安全事故的食品及其原料，并立即进行检验；对确认属于被污染的食品及其原料，责令食品生产经营者依照本法第六十三条的规定召回或者停止经营；

（三）封存被污染的食品相关产品，并责令进行清洗消毒；

（四）做好信息发布工作，依法对食品安全事故及其处理情况进行发布，并对可能产生的危害加以解释、说明。

发生食品安全事故需要启动应急预案的，县级以上人民政府应当立即成立事故处置指挥机构，启动应急预案，依照前款和应急预案的规定进行处置。

发生食品安全事故，县级以上疾病预防控制机构应当对事故现场进行卫生处理，并对与事故有关的因素开展流行病学调查，有关部门应当予以协助。县级以上疾病预防控制机构应当向同级食品安全监督管理、卫生行政部门提交流行病学调查报告。

本条款规定了发生食品安全事故时应采取的措施。在发生食品安全事故后，县级以上人民政府应当立即成立食品安全事故处置指挥机构，启动应急预案。首先对受伤害的人员进行救治，然后对危害产品隔离、封存，并按照相关要求进行召回、停止经营或销毁。

第一百零六条 发生食品安全事故，设区的市级以上人民政府食品安全监督管理部门应当立即会同有关部门进行事故责任调查，督促有关部门履行职责，向本级人民政府和上一级人民政府食品安全监督管理部门提出事故责任调查处理报告。

涉及两个以上省、自治区、直辖市的重大食品安全事故由国务院食品安全监督管理部门依照前款规定组织事故责任调查。

本条款规定了发生重大食品安全事故时，市级以上人民政府卫生行政部门及国务院卫生行政部门的职责及应采取的措施。

第一百零七条 调查食品安全事故，应当坚持实事求是、尊重科学的原则，及时、准确查清事故性质和原因，认定事故责任，提出整改措施。

调查食品安全事故，除了查明事故单位的责任，还应当查明有关监督管理部门、食品检验机构、认证机构及其工作人员的责任。

本条款规定了对发生的食品安全事故负有责任的单位进行调查。根据调查结果追究相关单位和人员的责任。调查过程中应当坚持实事求是、尊重科学的原则，及时、准确查清事故性质和原因，认定事故责任，提出整改措施。

第一百零八条 食品安全事故调查部门有权向有关单位和个人了解与事故有关的情况，并要求提供相关资料和样品。有关单位和个人应当予以配合，按照要求提供相关资料和样品，不得拒绝。

任何单位和个人不得阻挠、干涉食品安全事故的调查处理。

本条规定了食品安全事故调查过程中，任何单位和个人都应向调查部门反映与事故有关的情况、提供相关资料和样品；不得阻挠、干涉食品安全事故的调查处理。

第八章 监督管理

第一百零九条 县级以上人民政府食品安全监督管理部门根据食品安全风险监测、风险评估结果和食品安全状况等，确定监督管理的重点、方式和频次，实施风险分级管理。

县级以上地方人民政府组织本级食品安全监督管理、农业行政等部门制定本行政区域的食品安全年度监督管理计划，向社会公布并组织实施。

食品安全年度监督管理计划应当将下列事项作为监督管理的重点：

（一）专供婴幼儿和其他特定人群的主辅食品；

（二）保健食品生产过程中的添加行为和按照注册或者备案的技术要求组织生产的情况，保健食品标签、说明书以及宣传材料中有关功能宣传的情况；

（三）发生食品安全事故风险较高的食品生产经营者；

（四）食品安全风险监测结果表明可能存在食品安全隐患的事项。

本条款规定了相关监督部门必须建立年度监督管理计划，并按照年度计划组织开展工作。食品安全年度监督管理计划应当将以下事项作为监督管理的重点：专供婴幼儿和其他特定人群的主辅食品，保健食品的生产、标签、说明书及其宣传材料，风险较高的食品以及可能存在安全风险的食品。

第一百一十条 县级以上人民政府食品安全监督管理部门履行各自食品安全监督管理职责，有权采取下列措施，对生产经营者遵守本法的情况进行监督检查：

（一）进入生产经营场所实施现场检查；

（二）对生产经营的食品、食品添加剂、食品相关产品进行抽样检验；

（三）查阅、复制有关合同、票据、账簿以及其他有关资料；

（四）查封、扣押有证据证明不符合食品安全标准或者有证据证明存在安全隐患以及用于违法生产经营的食品、食品添加剂、食品相关产品；

（五）查封违法从事生产经营活动的场所。

本条款规定了监督部门的职责。本条规定的目的：一是明确有关监管部门在食品安全监督检查中的执法权限，并将执法行为具体化；二是赋予有关监管部门必要的行政措施，以加大执法力度和提高执法效率。本条在执行中应当注意有关行政措施的实施主体只能是县级以上的食品安全监督管理部门，包括国务院及省、市、县级食品安全监督管理部门。监督的内容包括现场检查、抽样检查、查验生产记录、查封和查扣不安全食品、原料、半成品、食品添加剂，查封违法生产经营场所等。

第一百一十一条　对食品安全风险评估结果证明食品存在安全隐患，需要制定、修订食品安全标准的，在制定、修订食品安全标准前，国务院卫生行政部门应当及时会同国务院有关部门规定食品中有害物质的临时限量值和临时检验方法，作为生产经营和监督管理的依据。

本条规定了食品存在安全隐患，需要制定、修订食品安全标准的，制定或修订前有关部门应制定食品中有害物质的临时限量值和临时检验方法，作为生产经营和监督管理的依据。

第一百一十二条　县级以上人民政府食品安全监督管理部门在食品安全监督管理工作中可以采用国家规定的快速检测方法对食品进行抽查检测。

对抽查检测结果表明可能不符合食品安全标准的食品，应当依照本法第八十七条的规定进行检验。抽查检测结果确定有关食品不符合食品安全标准的，可以作为行政处罚的依据。

本条规定了监管部门在监管时可采用快速检测方法对食品进行检验，检测发现不符合食品安全标准的食品，依照本法第八十七条的规定进行检验。

第一百一十三条　县级以上人民政府食品安全监督管理部门应当建立食品生产经营者食品安全信用档案，记录许可颁发、日常监督检查结果、违法行为查处等情况，依法向社会公布并实时更新；对有不良信用记录的食品生产经营者增加监督检查频次，对违法行为情节严重的食品生产经营者，可以通报投资主管部门、证券监督管理机构和有关的金融机构。

本条是关于食品安全信用档案的规定。食品安全监督管理部门对食品生产者建立食品安全信用档案。对有不良信用记录的食品生产经营者增加监督检查频次。对食品生产经营企业加强诚信建设，构建诚信的道德基础、诚信的人格和诚信的制度。

第一百一十四条　食品生产经营过程中存在食品安全隐患，未及时采取措施消除的，县级以上人民政府食品安全监督管理部门可以对食品生产经营者的法定代表人或者主要负责人进行责任约谈。食品生产经营者应当立即采取措施，进行整改，消除隐患。责任约谈情况和整改情况应当纳入食品生产经营者食品安全信用档案。

本条规定了食品生产经营过程中存在食品安全隐患，未及时采取措施消除的，相关部门可对食品生产经营者的法定代表人或者主要负责人进行责任约谈。督促生产经营者立即采取措施，进行整改，消除隐患。将约谈情况和整改情况应当纳入食品生产经营者食品安全信用档案。

第一百一十五条　县级以上人民政府食品安全监督管理等部门应当公布本部门的电子邮件地址或者电话，接受咨询、投诉、举报。接到咨询、投诉、举报，对属于本部门职责的，应当受理并在法定期限内及时答复、核实、处理；对不属于本部门职责的，应当移交有权处理的部门并书面通知咨询、投诉、举报人。有权处理的部门应当在法定期限内及时处理，不得推诿。对查证属实的举报，给予举报人奖励。

有关部门应当对举报人的信息予以保密，保护举报人的合法权益。举报人举报所在企业的，该企业不得以解除、变更劳动合同或者其他方式对举报人进行打击报复。

本条款规定了监督部门如何处理接到的咨询、投诉、举报。属于本部门职责的，应当受理，并及时进行答复、核实、处理；对不属于本部门职责的，应当书面通知并移交有权处理的部门处理。

第一百一十六条　县级以上人民政府食品安全监督管理等部门应当加强对执法人员食品安全法律、法规、标准和专业知识与执法能力等的培训，并组织考核。不具备相应知识和能力的，不得从事食品安全执法工作。

食品生产经营者、食品行业协会、消费者协会等发现食品安全执法人员在执法过程中有违反法律、法规规定的行为以及不规范执法行为的，可以向本级或者上级人民政府食品安全监督管理等部门或者监察机关投诉、举报。接到投诉、举报的部门或者机关应当进行核实，并将经核实的情况向食品安全执法人员所在部门通报；涉嫌违法违纪的，按照本法和有关规定处理。

本条规定了食品安全执法人员应接受食品安全法律、法规、标准和专业知识与执法能力等的培训，并考核合格才能上岗执法。对违法人员调查、核实，并按相关规定处理。

第一百一十七条　县级以上人民政府食品药品监督管理等部门未及时发现食品安全系统性风险，未及时消除监督管理区域内的食品安全隐患的，本级人民政府可以对其主要负责人进行责任约谈。

地方人民政府未履行食品安全职责，未及时消除区域性重大食品安全隐患的，上级人民政府可以对其主要负责人进行责任约谈。

被约谈的食品安全监督管理等部门、地方人民政府应当立即采取措施，对食品安全监督管理工作进行整改。

责任约谈情况和整改情况应当纳入地方人民政府和有关部门食品安全监督管理工作评议、考核记录。

本条规定了食品安全监督管理等部门未及时发现食品安全系统性风险，未及时消除监督管理区域内的食品安全隐患，上级政府可对其主要负责人进行责任约谈。责任约谈情况和整改情况纳入地方人民政府和有关部门食品安全监督管理工作评议、考核记录。

第一百一十八条　国家建立统一的食品安全信息平台，实行食品安全信息统一公布制度。国家食品安全总体情况、食品安全风险警示信息、重大食品安全事故及其调查处理信息和国务院确定需要统一公布的其他信息由国务院食品安全监督管理部门统一公布。食品安全风险警示信息和重大食品安全事故及其调查处理信息的影响限于特定区域的，也可以由有关省、自治区、直辖市人民政府食品安全监督管理部门公布。未经授权不得发布上述信息。

县级以上人民政府食品安全监督管理、农业行政部门依据各自职责公布食品安全日常监督管理信息。

公布食品安全信息，应当做到准确、及时，并进行必要的解释说明，避免误导消费者和社会舆论。

本条款规定了国家建立食品安全信息统一公布制度，并由国务院卫生行政部门统一公布。信息内容包括国家食品安全总体情况；食品安全风险评估信息和食品安全风险警示信息；重大食品安全事故及其处理信息；其他重要的食品安全信息和国务院确定的需要统一公布的信息。信息公布时，要确保信息的准确、及时、客观。

第一百一十九条　县级以上地方人民政府食品安全监督管理、卫生行政、农业行政部门获知本法规定需要统一公布的信息，应当向上级主管部门报告，由上级主管部门立即报告国务院食品安全监督管理部门；必要时，可以直接向国务院食品安全监督管理部门报告。

县级以上人民政府食品安全监督管理、卫生行政、农业行政部门应当相互通报获知的食品安全信息。

本条款规定了各监督部门要将信息汇总、上报上级主管部门，实现信息共享。

第一百二十条　任何单位和个人不得编造、散布虚假食品安全信息。

县级以上人民政府食品安全监督管理部门发现可能误导消费者和社会舆论的食品安全信息，应当立即组织有关部门、专业机构、相关食品生产经营者等进行核实、分析，并及时公布结果。

本条规定了任何单位和个人不得编造、散布虚假食品安全信息。

第一百二十一条　县级以上人民政府食品安全监督管理等部门发现涉嫌食品安全犯罪的，应当按照有关规定及时将案件移送公安机关。对移送的案件，公安机关应当及时审查；认为有犯罪事实需要追究刑事责任的，应当立案侦查。

公安机关在食品安全犯罪案件侦查过程中认为没有犯罪事实，或者犯罪事实显著轻微，不需要追究刑事责任，但依法应当追究行政责任的，应当及时将案件移送食品安全监督管理等部门和监察机关，有关部门应当依法处理。

公安机关商请食品安全监督管理、生态环境等部门提供检验结论、认定意见以及对涉案物品进行无害化处理等协助的，有关部门应当及时提供，予以协助。

本条规定了对于涉嫌食品安全犯罪的，应当按照有关规定及时将案件移送公安机关。

第九章　法律责任

第一百二十二条　违反本法规定，未取得食品生产经营许可从事食品生产经营活动，或者未取得食品添加剂生产许可从事食品添加剂生产活动的，由县级以上人民政府食品安全监督管理部门没收违法所得和违法生产经营的食品、食品添加剂以及用于违法生产经营的工具、设备、原料等物品；违法生产经营的食品、食品添加剂货值金额不足一万元的，并处五万元以上十万元以下罚款；货值金额一万元以上的，并处货值金额十倍以上二十倍以下罚款。

明知从事前款规定的违法行为，仍为其提供生产经营场所或者其他条件的，由县级以上人民政府食品安全监督管理部门责令停止违法行为，没收违法所得，并处五万元以上十万元以下罚款；使消费者的合法权益受到损害的，应当与食品、食品添加剂生产经营者承担连带责任。

本条是关于未经许可从事食品生产经营活动，或者未经许可生产食品添加剂的违法行为所应承担的法律责任的规定。

第一百二十三条　违反本法规定，有下列情形之一，尚不构成犯罪的，由县级以上人民政府食品安全监督管理部门没收违法所得和违法生产经营的食品，并可以没收用于违法生产经营的工具、设备、原料等物品；违法生产经营的食品货值金额不足一万元的，并处十万元以上十五万元以下罚款；货值金额一万元以上的，并处货值金额十五倍以上三十倍以下罚款；情节严重的，吊销许可证，并可以由公安机关对其直接负责的主管人员和其他直接责任人员处五日以上十五日以下拘留：

（一）用非食品原料生产食品、在食品中添加食品添加剂以外的化学物质和其他可能危害人体健康的物质，或者用回收食品作为原料生产食品，或者经营上述食品；

（二）生产经营营养成分不符合食品安全标准的专供婴幼儿和其他特定人群的主辅食品；

（三）经营病死、毒死或者死因不明的禽、畜、兽、水产动物肉类，或者生产经营其制品；

（四）经营未按规定进行检疫或者检疫不合格的肉类，或者生产经营未经检验或者检验不合格的肉类制品；

（五）生产经营国家为防病等特殊需要明令禁止生产经营的食品；

（六）生产经营添加药品的食品。

明知从事前款规定的违法行为，仍为其提供生产经营场所或者其他条件的，由县级以上人民政府食品安全监督管理部门责令停止违法行为，没收违法所得，并处十万元以上二十万元以下罚款；使消费者的合法权益受到损害的，应当与食品生产经营者承担连带责任。

违法使用剧毒、高毒农药的，除依照有关法律、法规规定给予处罚外，可以由公安机关依照第一款规定给予拘留。

本条是关于违反本法规定，生产经营本法所禁止生产经营的食品的行为所应承担的法律责任的规定。本法第三十四条对禁止生产经营的食品作了规定，第三十七条对利用新的食品原料从事食品生产，或者从事食品添加剂新品种、食品相关产品新品种生产活动应当向国务院卫生行政部门提交相关产品的安全性评估材料，并对申请安全性评估作了规定，第六十三条对不安全食品的召回作了规定。如果违反这些规定，应当给予处罚。

吊销许可证是行政处罚的一种，是指注销生产许可证，取消违法行为人的从事食品生产经营资格。吊销许可证是较为严厉的行政处罚，违法行为人被吊销许可证，意味着其丧失生产资格。根据本条规定，情节严重的，除没收违法所得、没收非法财物、罚款外，还应当吊销违法行为人食品生产许可证。情节严重一般是指货值金额特别巨大、多次被查处、造成重大人员伤亡或者财产损失或者其他恶劣社会影响等。《许可证管理条例》第五十五条规定企业被吊销生产许可证的，在3年内不得再次申请同一列入目录产品的生产许可证。

第一百二十四条　违反本法规定，有下列情形之一，尚不构成犯罪的，由县级以上人民政府食品安全监督管理部门没收违法所得和违法生产经营的食品、食品添加剂，并可以没收用于违法生产经营的工具、设备、原料等物品；违法生产经营的食品、食品添加剂货值金额不足一万元的，并处五万元以上十万元以下罚款；货值金额一万元以上的，并处货值金额十倍以上二十倍以下罚款；情节严重的，吊销许可证：

（一）生产经营致病性微生物，农药残留、兽药残留、生物毒素、重金属等污染物质以及其他危害人体健康的物质含量超过食品安全标准限量的食品、食品添加剂；

（二）用超过保质期的食品原料、食品添加剂生产食品、食品添加剂，或者经营上述食品、食品添加剂；

（三）生产经营超范围、超限量使用食品添加剂的食品；

（四）生产经营腐败变质、油脂酸败、霉变生虫、污秽不洁、混有异物、掺假掺杂或者感官性状异常的食品、食品添加剂；

（五）生产经营标注虚假生产日期、保质期或者超过保质期的食品、食品添加剂；

（六）生产经营未按规定注册的保健食品、特殊医学用途配方食品、婴幼儿配方乳粉，或者未按注册的产品配方、生产工艺等技术要求组织生产；

（七）以分装方式生产婴幼儿配方乳粉，或者同一企业以同一配方生产不同品牌的婴幼儿配方乳粉；

（八）利用新的食品原料生产食品，或者生产食品添加剂新品种，未通过安全性评估；

（九）食品生产经营者在食品安全监督管理部门责令其召回或者停止经营后，仍拒不召回或者停止经营。

除前款和本法第一百二十三条、第一百二十五条规定的情形外，生产经营不符合法律、法规或者食品安全标准的食品、食品添加剂的，依照前款规定给予处罚。

生产食品相关产品新品种，未通过安全性评估，或者生产不符合食品安全标准的食品相关产品的，由县级以上人民政府食品安全监督部门依照第一款规定给予处罚。

本条是关于违反本法规定，生产经营本法所禁止生产经营的食品的行为所应承担的法律责任的规定。

第一百二十五条　违反本法规定，有下列情形之一的，由县级以上人民政府食品安全监督管理部门没收违法所得和违法生产经营的食品、食品添加剂，并可以没收用于违法生产经营的工具、设备、原料等物品；违法生产经营的食品、食品添加剂货值金额不足一万元的，并处五千元以上五万元以下罚款；货值金额一万元以上的，并处货值金额五倍以上十倍以下罚款；情节严重的，责令停产停业，直至吊销许可证：

（一）生产经营被包装材料、容器、运输工具等污染的食品、食品添加剂；

（二）生产经营无标签的预包装食品、食品添加剂或者标签、说明书不符合本法规定的食品、食品添加剂；

（三）生产经营转基因食品未按规定进行标示；

（四）食品生产经营者采购或者使用不符合食品安全标准的食品原料、食品添加剂、食品相关产品。

生产经营的食品、食品添加剂的标签、说明书存在瑕疵但不影响食品安全且不会对消费者造成误导的，由县级以上人民政府食品安全监督管理部门责令改正；拒不改正的，处二千元以下罚款。

本条是关于违反本法规定的四种违法行为所应承担的法律责任的规定。

第一百二十六条　违反本法规定，有下列情形之一的，由县级以上人民政府食品安全监督管理部门责令改正，给予警告；拒不改正的，处五千元以上五万元以下罚款；情节严重的，责令停产停业，直至吊销许可证：

（一）食品、食品添加剂生产者未按规定对采购的食品原料和生产的食品、食品添加剂进行检验；

（二）食品生产经营企业未按规定建立食品安全管理制度，或者未按规定配备或者培训、考核食品安全管理人员；

（三）食品、食品添加剂生产经营者进货时未查验许可证和相关证明文件，或者未按规定建立并遵守进货查验记录、出厂检验记录和销售记录制度；

（四）食品生产经营企业未制定食品安全事故处置方案；

（五）餐具、饮具和盛放直接入口食品的容器，使用前未经洗净、消毒或者清洗消毒不合格，或者餐饮服务设施、设备未按规定定期维护、清洗、校验；

（六）食品生产经营者安排未取得健康证明或者患有国务院卫生行政部门规定的有碍食品安全疾病的人员从事接触直接入口食品的工作；

（七）食品经营者未按规定要求销售食品；

（八）保健食品生产企业未按规定向食品安全监督管理部门备案，或者未按备案的产品配方、生产工艺等技术要求组织生产；

（九）婴幼儿配方食品生产企业未将食品原料、食品添加剂、产品配方、标签等向食品安全监督管理部门备案；

（十）特殊食品生产企业未按规定建立生产质量管理体系并有效运行，或者未定期提交自查报告；

（十一）食品生产经营者未定期对食品安全状况进行检查评价，或者生产经营条件发生变化，未按规定处理；

（十二）学校、托幼机构、养老机构、建筑工地等集中用餐单位未按规定履行食品安全管理责任；

（十三）食品生产企业、餐饮服务提供者未按规定制定、实施生产经营过程控制要求。

餐具、饮具集中消毒服务单位违反本法规定用水，使用洗涤剂、消毒剂，或者出厂的餐具、饮具未按规定检验合格并随附消毒合格证明，或者未按规定在独立包装上标注相关内容的，由县级以上人民政府卫生行政部门依照前款规定给予处罚。

食品相关产品生产者未按规定对生产的食品相关产品进行检验的，由县级以上人民政府食品安全监督管理部门依照第一款规定给予处罚。

食用农产品销售者违反本法第六十五条规定的，由县级以上人民政府食品安全监督管理部门依照第一款规定给予处罚。

本条是关于食品生产经营者违反本法规定的十三种违法行为所应承担的法律责任的规定。值得注意的是：先责令改正，给予警告；拒不改正的给予罚款等处罚。责令而不改，是罚款的先决条件。

第一百二十七条 对食品生产加工小作坊、食品摊贩等的违法行为的处罚，依照省、自治区、直辖市制定的具体管理办法执行。

本条规定了对食品生产加工小作坊、食品摊贩等的违法行为的处罚要求。

第一百二十八条 违反本法规定，事故单位在发生食品安全事故后未进行处置、报告的，由有关主管部门按照各自职责分工责令改正，给予警告；隐匿、伪造、毁灭有关证据的，责令停产停业，没收违法所得，并处十万元以上五十万元以下罚款；造成严重后果的，吊销许可证。

本条规定了事故单位在发生食品安全事故后未进行处置、报告的，由有关主管部门按照各自职责分工责令改正，给予警告；隐匿、伪造、毁灭有关证据的，责令停产停业，没收违法所得，并处罚款；造成严重后果的，吊销许可证。

第一百二十九条 违反本法规定，有下列情形之一的，由出入境检验检疫机构依照本法第一百二十四条的规定给予处罚：

（一）提供虚假材料，进口不符合我国食品安全国家标准的食品、食品添加剂、食品相关产品；

（二）进口尚无食品安全国家标准的食品，未提交所执行的标准并经国务院卫生行政部门审查，或者进口利用新的食品原料生产的食品或者进口食品添加剂新品种、食品相关产品新品种，未通过安全性评估；

（三）未遵守本法的规定出口食品；

（四）进口商在有关主管部门责令其依照本法规定召回进口的食品后，仍拒不召回。

违反本法规定，进口商未建立并遵守食品、食品添加剂进口和销售记录制度、境外出口商或者生产企业审核制度的，由出入境检验检疫机构依照本法第一百二十六条的规定给予处罚。

本条规定了对进出口食品违反食品安全法的，由出入境检验检疫机构依照本法第一百二十四条的规定给予处罚。

第一百三十条 违反本法规定，集中交易市场的开办者、柜台出租者、展销会的举办者允许未依法取得许可的食品经营者进入市场销售食品，或者未履行检查、报告等义务的，由县级以上人民政府食品安全监督管理部门责令改正，没收违法所得，并处五万元以上二十万元以下罚款；造成严重后果的，责令停业，直至由原发证部门吊销许可证；使消费者的合法权益受到损害的，应当与食品经营者承担连带责任。

食用农产品批发市场违反本法第六十四条规定的，依照前款规定承担责任。

本条款规定了集中交易市场的开办者、柜台出租者、展销会的举办者未履行职责、玩忽职守应受到的处罚。

第一百三十一条 违反本法规定，网络食品交易第三方平台提供者未对入网食品经营者进行实名登记、审查许可证，或者未履行报告、停止提供网络交易平台服务等义务的，由县级以上人民政府食品安全监督管理部门责令改正，没收违法所得，并处五万元以上二十万元以下罚款；造成严重后果的，责令停业，直至由原发证部门吊销许可证；使消费者的合法权益受到损害的，应当与食品经营者承担连带责任。

消费者通过网络食品交易第三方平台购买食品，其合法权益受到损害的，可以向入网食品经营者或者食品生产者要求赔偿。网络食品交易第三方平台提供者不能提供入网食品经营者的真实名称、地址和有效联系方式的，由网络食品交易第三方平台提供者赔偿。网络食品交易第三方平台提供者赔偿后，有权向入网食品经营者或者食品生产者追偿。网络食品交易第三方平台提供者作出更有利于消费者承诺的，应当履行其承诺。

本条规定了网络食品交易第三方平台违反食品安全法应进行的处罚。

第一百三十二条 违反本法规定，未按要求进行食品贮存、运输和装卸的，由县级以上人民政府食品安全监督管理等部门按照各自职责分工责令改正，给予警告；拒不改正的，责令停产停业，并处一万元以上五万元以下罚款；情节严重的，吊销许可证。

本条规定了食品在贮存、运输和装卸过程中违反食品安全法，由食品安全监督管理等部门按照各自职责分工责令改正，给予警告；拒不改正的，责令停产停业，并处罚款；情节严重的，吊销许可证。

第一百三十三条 违反本法规定，拒绝、阻挠、干涉有关部门、机构及其工作人员依法开展食品安全监督检查、事故调查处理、风险监测和风险评估的，由有关主管部门按照各自职责分工责令停产停业，并处二千元以上五万元以下罚款；情节严重的，吊销许可证；构成违反治安管理行为的，由公安机关依法给予治安管理处罚。

违反本法规定，对举报人以解除、变更劳动合同或者其他方式打击报复的，应当依照有关法律的规定承担责任。

本条规定了对拒绝、阻挠、干涉有关部门、机构及其工作人员依法开展食品安全监督检查、事故调查处理、风险监测和风险评估的，由有关主管部门按照各自职责分工责令停产停业，并处罚款；情节严重的，吊销许可证；构成违反治安管理行为的，由公安机关依法给予治安管理处罚。

第一百三十四条 食品生产经营者在一年内累计三次因违反本法规定受到责令停产停业、吊销许可证以外处罚的，由食品安全监督管理部门责令停产停业，直至吊销许可证。

本条规定了食品生产经营者在一年内累计三次因违反本法规定受到责令停产停业、吊销许可证以外处罚的，由食品安全监督管理部门责令停产停业，直至吊销许可证。

第一百三十五条 被吊销许可证的食品生产经营者及其法定代表人、直接负责的主管人员和其他直接责任人员自处罚决定作出之日起五年内不得申请食品生产经营许可，或者从事食品生产经营管理工作、担任食品生产经营企业食品安全管理人员。

因食品安全犯罪被判处有期徒刑以上刑罚的，终身不得从事食品生产经营管理工作，也不得担任食品生产经营企业食品安全管理人员。

食品生产经营者聘用人员违反前两款规定的，由县级以上人民政府食品安全监督管理部门吊销许可证。

本条规定了对违反食品安全法的食品企业及其相关工作人员的处罚。食品生产经营者及其法定代表人、直接负责的主管人员和其他直接责任人员自处罚决定作出之日起五年内不得申请食品生产经营许可，或者从事食品生产经营管理工作、担任食品生产经营企业的食品安全管理人员。因食品安全犯罪被判处有期徒刑以上刑罚的，终身不得从事食品生产经营管理工作，也不得担任食品生产经营企业的食品安全管理人员。

第一百三十六条 食品经营者履行了本法规定的进货查验等义务，有充分证据证明其不知道所采购的食品不符合食品安全标准，并能如实说明其进货来源的，可以免予处罚，但应当依法没收其不符合食品安全标准的食品；造成人身、财产或者其他损害的，依法承担赔偿责任。

本条规定了免予处罚的条件。

第一百三十七条 违反本法规定，承担食品安全风险监测、风险评估工作的技术机构、技术人员提供虚假监测、评估信息的，依法对技术机构直接负责的主管人员和技术人员给予撤职、开除处分；有执业资格的，由授予其资格的主管部门吊销执业证书。

本条规定了相关风险评估和监测的技术人员提供虚假监测、评估信息的，依法对技术机构直接负责的主管人员和技术人员给予撤职、开除处分；有执业资格的，由授予其资格的主管部门吊销执业证书。

第一百三十八条 违反本法规定，食品检验机构、食品检验人员出具虚假检验报告的，由授予其资质的主管部门或者机构撤销该食品检验机构的检验资质，没收所收取的检验费用，并处检验费用五倍以上十倍以下罚款，检验费用不足一万元的，并处五万元以上十万元以下罚款；依法对食品检验机构直接负责的主管人员和食品检验人员给予撤职或者开除处分；导致发生重大食品安全事故的，对直接负责的主管人员和食品检验人员给予开除处分。

违反本法规定，受到开除处分的食品检验机构人员，自处分决定作出之日起十年内不得从事食品检验工作；因食品安全违法行为受到刑事处罚或者因出具虚假检验报告导致发生重大食品安全事故受到开除处分的食品检验机构人员，终身不得从事食品检验工作。食品检验机构聘用不得从事食品检验工作的人员的，由授予其资质的主管部门或者机构撤销该食品检验机构的检验资质。

食品检验机构出具虚假检验报告，使消费者的合法权益受到损害的，应当与食品生产经营者承担连带责任。

本条规定了对食品检验人员违反食品安全法的处罚。

第一百三十九条 违反本法规定，认证机构出具虚假认证结论，由认证认可监督管理部门没收所收取的认证费用，并处认证费用五倍以上十倍以下罚款，认证费用不足一万元的，并处五万元以上十万元以下罚款；情节严重的，责令停业，直至撤销认证机构批准文件，并向社会公布；对直接负责的主管人员和负有直接责任的认证人员，撤销其执业资格。

认证机构出具虚假认证结论，使消费者的合法权益受到损害的，应当与食品生产经营者承担连带责任。

本条规定了对认证机构违反食品安全法的处罚。

第一百四十条 违反本法规定，在广告中对食品作虚假宣传，欺骗消费者，或者发布未取得批准文件、广告内容与批准文件不一致的保健食品广告的，依照《中华人民共和国广告法》的规定给予处罚。

广告经营者、发布者设计、制作、发布虚假食品广告，使消费者的合法权益受到损害的，应当与食品生产经营者承担连带责任。

社会团体或者其他组织、个人在虚假广告或者其他虚假宣传中向消费者推荐食品，使消费者的合法权益受到损害的，应当与食品生产经营者承担连带责任。

违反本法规定，食品安全监督管理等部门、食品检验机构、食品行业协会以广告或者其他形式向消费者推荐食品，消费者组织以收取费用或者其他牟取利益的方式向消费者推荐食品的，由有关主管部门没收违法所得，依法对直接负责的主管人员和其他直接责任人员给予记大过、降级或者撤职处分；情节严重的，给予开除处分。

对食品作虚假宣传且情节严重的，由省级以上人民政府食品安全监督管理部门决定暂停销售该食品，并向社会公布；仍然销售该食品的，由县级以上人民政府食品安全监督管理部门没收违法所得和违法销售的食品，并处二万元以上五万元以下罚款。

本法规定了对虚假广告及其制作者、经营者、相关行政机构、社会团体、行业协会等违反食品安全法的处罚。

第一百四十一条 违反本法规定，编造、散布虚假食品安全信息，构成违反治安管理行为的，由公安机关依法给予治安管理处罚。

媒体编造、散布虚假食品安全信息的，由有关主管部门依法给予处罚，并对直接负责的主管人员和其他直接责任人员给予处分；使公民、法人或者其他组织的合法权益受到损害的，依法承担消除影响、恢复名誉、赔偿损失、赔礼道歉等民事责任。

本条规定了对违反食品安全法规定，构成违反治安管理行为的，由公安机关依法给予治安管理处罚。

第一百四十二条 违反本法规定，县级以上地方人民政府有下列行为之一的，对直接负责的主管人员和其他直接责任人员给予记大过处分；情节较重的，给予降级或者撤职处分；情节严重的，给予开除处分；造成严重后果的，其主要负责人还应当引咎辞职：

（一）对发生在本行政区域内的食品安全事故，未及时组织协调有关部门开展有效处置，造成不良影响或者损失；

（二）对本行政区域内涉及多环节的区域性食品安全问题，未及时组织整治，造成不良影响或者损失；

（三）隐瞒、谎报、缓报食品安全事故；

（四）本行政区域内发生特别重大食品安全事故，或者连续发生重大食品安全事故。

本条规定了对违反食品安全法，县级以上地方人民政府直接负责的主管人员和其他直接责任人员的处罚。

第一百四十三条 违反本法规定，县级以上地方人民政府有下列行为之一的，对直接负责的主管人员和其他直接责任人员给予警告、记过或者记大过处分；造成严重后果的，给予降级或者撤职处分：

（一）未确定有关部门的食品安全监督管理职责，未建立健全食品安全全程监督管理工作机制和信息共享机制，未落实食品安全监督管理责任制；

（二）未制定本行政区域的食品安全事故应急预案，或者发生食品安全事故后未按规定立即成立事故处置指挥机构、启动应急预案。

本条规定了对违反食品安全法，县级以上地方人民政府直接负责的主管人员和其他直接责任人员的处罚。

第一百四十四条 违反本法规定，县级以上人民政府食品安全监督管理、卫生行政、农业行政等部门有下列行为之一的，对直接负责的主管人员和其他直接责任人员给予记大过处分；情节较重的，给予降级或者撤职处分；情节严重的，给予开除处分；造成严重后果的，其主要负责人还应当引咎辞职：

（一）隐瞒、谎报、缓报食品安全事故；

（二）未按规定查处食品安全事故，或者接到食品安全事故报告未及时处理，造成事故扩大或者蔓延；

（三）经食品安全风险评估得出食品、食品添加剂、食品相关产品不安全结论后，未及时采取相应措施，造成食品安全事故或者不良社会影响；

（四）对不符合条件的申请人准予许可，或者超越法定职权准予许可；

（五）不履行食品安全监督管理职责，导致发生食品安全事故。

本条规定了对违反食品安全法，县级以上人民政府食品安全监督管理、卫生行政、农业行政等部门直接负责的主管人员和其他直接责任人员的处罚。

第一百四十五条 违反本法规定，县级以上人民政府食品安全监督管理、卫生行政、农业行政等部门有下列行为之一，造成不良后果的，对直接负责的主管人员和其他直接责任人员给予警告、记过或者记大过处分；情节较重的，给予降级或者撤职处分；情节严重的，给予开除处分：

（一）在获知有关食品安全信息后，未按规定向上级主管部门和本级人民政府报告，或者未按规定相互通报；

（二）未按规定公布食品安全信息；

（三）不履行法定职责，对查处食品安全违法行为不配合，或者滥用职权、玩忽职守、徇私舞弊。

本条规定了对违反食品安全法，县级以上人民政府食品安全监督管理、卫生行政、农业行政等部门直接负责的主管人员和其他直接责任人员的处罚。

第一百四十六条 食品安全监督管理等部门在履行食品安全监督管理职责过程中，违法实施检查、强制等执法措施，给生产经营者造成损失的，应当依法予以赔偿，对直接负责的主管人员和其他直接责任人员依法给予处分。

本条规定了在食品安全执法过程中，由于违法实施检查、强制执法等措施，给生产经营者造成损失的，应当依法予以赔偿，对直接负责的主管人员和其他直接责任人员依法给予处分。

第一百四十七条 违反本法规定，造成人身、财产或者其他损害的，依法承担赔偿责任。生产经营者财产不足以同时承担民事赔偿责任和缴纳罚款、罚金时，先承担民事赔偿责任。

本条规定了食品生产经营者违反本法规定，造成人身、财产或者其他损害的，依法承担赔偿责任。

第一百四十八条 消费者因不符合食品安全标准的食品受到损害的，可以向经营者要求赔偿损失，也可以向生产者要求赔偿损失。接到消费者赔偿要求的生产经营者，应当实行首负责任制，先行赔付，不得推诿；属于生产者责任的，经营者赔偿后有权向生产者追偿；属于经营者责任的，生产者赔偿后有权向经营者追偿。

生产不符合食品安全标准的食品或者经营明知是不符合食品安全标准的食品，消费者除要求赔偿损失外，还可以向生产者或者经营者要求支付价款十倍或者损失三倍的赔偿金；增加赔偿的金额不足一千元的，为一千元。但是，食品的标签、说明书存在不影响食品安全且不会对消费者造成误导的瑕疵的除外。

本条规定了消费者受到不安全食品危害时，可向经营者要求赔偿损失，也可以向生产者要求赔偿损失。

第一百四十九条 违反本法规定，构成犯罪的，依法追究刑事责任。

本条规定了违反本法规定，构成犯罪的，依法追究刑事责任。

第十章 附则

第一百五十条 本法下列用语的含义：

食品，指各种供人食用或者饮用的成品和原料以及按照传统既是食品又是中药材的物品，但是不包括以治疗为目的的物品。

食品安全，指食品无毒、无害，符合应当有的营养要求，对人体健康不造成任何急性、亚急性或者慢性危害。

预包装食品，指预先定量包装或者制作在包装材料、容器中的食品。

食品添加剂，指为改善食品品质和色、香、味以及为防腐、保鲜和加工工艺的需要而加入食品中的人工合成或者天然物质，包括营养强化剂。

用于食品的包装材料和容器，指包装、盛放食品或者食品添加剂用的纸、竹、木、金属、搪瓷、陶瓷、塑料、橡胶、天然纤维、化学纤维、玻璃等制品和直接接触食品或者食品添加剂的涂料。

用于食品生产经营的工具、设备，指在食品或者食品添加剂生产、销售、使用过程中直接接触食品或者食品添加剂的机械、管道、传送带、容器、用具、餐具等。

用于食品的洗涤剂、消毒剂，指直接用于洗涤或者消毒食品、餐具、饮具以及直接接触食品的工具、设备或者食品包装材料和容器的物质。

食品保质期，指食品在标明的贮存条件下保持品质的期限。

食源性疾病，指食品中致病因素进入人体引起的感染性、中毒性等疾病，包括食物中毒。

食品安全事故，指食源性疾病、食品污染等源于食品，对人体健康有危害或者可能有危害的事故。

本条规定了一些与食品和食品安全有关的专业术语和定义。

第一百五十一条 转基因食品和食盐的食品安全管理，本法未作规定的，适用其他法律、行政法规的规定。

本条规定了转基因食品和食盐的安全管理适用其他法律、行政法规的规定。

第一百五十二条　铁路、民航运营中食品安全的管理办法由国务院食品安全监督管理部门会同国务院有关部门依照本法制定。

保健食品的具体管理办法由国务院食品安全监督管理部门依照本法制定。

食品相关产品生产活动的具体管理办法由国务院食品安全监督部门依照本法制定。

国境口岸食品的监督管理由出入境检验检疫机构依照本法以及有关法律、行政法规的规定实施。

军队专用食品和自供食品的食品安全管理办法由中央军事委员会依照本法制定。

本条规定了铁路和航空食品、保健食品、食品相关产品生产活动、国境口岸食品以及军队专用食品和自供食品等的管理部门。

第一百五十三条　国务院根据实际需要，可以对食品安全监督管理体制作出调整。

本条规定了国务院根据实际需要，可以对食品安全监督管理体制作出调整。

第一百五十四条　本法自 2015 年 10 月 1 日起施行。

本条规定了食品安全法的实施日期。

11.2.2　产品质量法

《中华人民共和国产品质量法》简称《产品质量法》，于 1993 年 2 月 22 日第七届全国人民代表大会常务委员会第三十次会议通过，并以第七十号主席令公布，自 1993 年 9 月 1 日起实行。2018 年 12 月 29 日第十三届全国人民代表大会常务委员会第七次会议进行了修正。

《产品质量法》是为了加强对产品质量的监督管理，明确产品质量责任，保护用户、消费者的合法权益，维护社会经济秩序而制定的。其主要内容有：第一章总则；第二章产品质量的监督管理；第三章生产者、销售者的产品质量责任和义务；第四章损害赔偿；第五章罚则；第六章附则。

11.2.3　消费者权益保护法

《中华人民共和国消费者权益保护法》简称《消费者权益保护法》，于 1993 年 10 月 31 日第八届全国人民代表大会常务委员会第四次会议通过，并由 1993 年 10 月 31 日中华人民共和国主席令第十一号公布。2014 年 3 月 15 日，由全国人民代表大会常务委员会修订的新版《消费者权益保护法》（简称"新消法"）正式实施。

《消费者权益保护法》是为保护消费者的合法权益，维护社会经济秩序，促进社会主义市场经济健康发展而制定的。

11.2.4　进出口商品检验法

《中华人民共和国进出口商品检验法》简称《商检法》，于 1989 年 2 月 21 日第七届全国人民代表大会常务委员会第六次会议通过，并于 2018 年 12 月 29 日第十三届全国人民代表大会常务委员会第七次会议进行了修正。《商检法》明确了进出口商品检验工作应当根据保护人类健康和安全、保护动物或者植物的生命和健康、保护环境、防止欺诈行为、维护国家安全的原则进行，规定了进出口商品检验和监督管理办法。

11.2.5　其它法规

为了加强管理，保证农副产品质量，维护人民身体健康，国务院分别于 1997 年、1999

年、2004 年发布了《农药管理条例》《饲料和饲料添加剂管理条例》和《兽药管理条例》，使农药、饲料和兽药的管理纳入法制化轨道。规定我国实施对农药、饲料、兽药实行生产许可制度和登记制度，并就其生产、经营、使用也做出了具体规定，并制定了相关监督细则，对违反农药管理规定者予以严厉惩罚。

11.3 我国食品安全监管机构

2013 年 3 月启动的新一轮机构改革，整合了原食品安全办公室、原食品药品监督管理部门、工商行政管理部门、质量技术监督部门的食品安全监管职能，组建了新的食品药品监督管理部门，对食品实行集中统一监管。2015 年 4 月 24 日，第十二届全国人大常委会第十四次会议修订通过新的《食品安全法》，以法律的形式确认了这一改革成果。

根据《食品安全法》及相关法律、法规、规章及规范性文件的规定，除食药监管部门外，农业、卫生、质监、出入境检验检疫、工商、粮食、环保、公安、工业和信息化等部门仍然承担着食品安全监管的相关职能。

按照 2018 年《国务院机构改革和职能转变方案》以及相关部门的"三定规定"，目前中国国家层面承担食品安全监管职能的主要机关及其分工如下：国家市场监督管理总局负责对生产、流通、消费环节的食品安全实施统一监督管理，对食品相关产品生产加工和食品进出口活动实施监督管理，对保健食品广告活动的监督检查；国家卫生健康委员会负责食品安全风险评估和食品安全标准制定；农业农村部负责食用农产品质量安全监督管理，兽药、饲料、饲料添加剂和职责范围内的农药、肥料等其他农业投入品质量及使用的监督管理，以及畜禽屠宰环节和生鲜乳收购环节的质量安全监督管理；国家粮食和物资储备局负责对粮食收购、储存环节的粮食质量安全和原粮卫生进行监督管理；生态环境部负责制定并组织实施水体、土壤、固体废物、化学品等的污染防治管理制度，并会同有关部门监督管理饮用水水源地环境保护工作；工业和信息化部承担盐业和国家储备盐行政管理工作；公安部负责组织食品安全犯罪案件侦查工作等。地方层面食品安全监管职能的配置模式与国家层面原则上一致，只是食品摊贩等监管执法工作另外交由城管部门负责。

11.4 国际食品质量标准与法规

11.4.1 制定食品标准和法规的国际组织

（1）联合国粮食及农业组织

联合国粮食及农业组织（FAO）是根据 1943 年 5 月召开的联合国粮食及农业会议的决议，于 1945 年 10 月 16 日在加拿大魁北克正式成立。1946 年 12 月成为联合国的一个专门机构，总部设在意大利罗马。

联合国粮农组织的宗旨是通过加强世界各国和国际社会的行动，提高人民的营养和生活水平，改进粮农产品的生产及分配的效率，改善农村人口的生活状况，以及帮助发展世界经济和保证人类免于饥饿等。该组织的业务范围包括农、林、牧、渔生产和科技、政策及经济各方面。它搜集、整理、分析并向世界各国传播有关粮农生产和贸易的信息；向成员国提供技术援助；动员国际社会进行农业投资，并利用其技术优势执行国际开发和金融机构的农业发展项目；向成员国提供粮农政策和计划的咨询服务；讨论国际粮农领域的重大问题，制定有关国际行为准则和法规，加强成员之间的磋商与合作。

粮农组织下设全体成员大会、理事会和秘书处。理事会下设计划、财政、章程法律、农业、林业、渔业、商品、粮食安全八个职能委员会。主要出版物有《粮农状况》和《谷物女神》，以及各种专业年鉴和杂志。

（2）世界卫生组织

世界卫生组织（WHO）是联合国下属的一个专门机构，总部设在瑞士日内瓦。

世卫组织的宗旨是使全世界人民获得尽可能高水平的健康。该组织给健康下的定义为"身体、精神及社会生活中的完美状态"。世卫组织的主要职能包括：促进流行病和地方病的防治；提供和改进公共卫生、疾病医疗和有关事项的教学与训练；推动确定生物制品的国际标准。

（3）食品法典委员会

1962 年，联合国粮食和农业组织（FAO）和联合国世界卫生组织（WHO）共同创建了 FAO/WHO 食品法典委员会（Codex Alimentarius Commission，CAC），并使其成为一个促进消费者健康和维护消费者经济利益，以及鼓励公平的国际食品贸易的国际性组织。CAC 现有 165 个成员国，覆盖全球 98% 的人口。

CAC 的宗旨就是通过建立国际协调一致的食品标准体系，保护消费者的健康，促进公平的食品贸易和协调所有食品标准的制定工作。

CAC 的具体工作是由成员国组成的委员会和其他分支机构开展的。共有三类委员会：①一般议题委员会，主要涉及如食品卫生、农药残留、分析和采样方法等；②商品委员会，主要涉及如鱼和鱼制品、新鲜水果和蔬菜、乳和乳制品等；③地区协调委员会，如欧洲、亚洲以及北美和西南太平洋。

（4）国际标准化组织

国际标准化组织（International Organization for Standardization，ISO），其全名与缩写之间存在差异，缩写是"ISO"而不是"IOS"，这是因为"ISO"并不是首字母缩写，而是一个词，它来源于希腊语，意为"相等"，从"相等"到"标准"，由于词义上的联系使"ISO"成为国际标准化组织的名称。

ISO 不属于联合国，是一个全球性的非政府组织，是国际标准化领域中一个十分重要的组织。

ISO 的宗旨就是在全世界范围内促进标准化工作及其有关活动的开展，以利于国际间的物资交流和相互服务，并扩大在科学界、技术界和经济活动方面的合作。

11.4.2　国外食品法规与标准

（1）美国食品法规与标准

美国食品安全法律从 1906 年和 1907 年的"食品和药品法"和"肉类检验法"开始，迄今为止的 100 多年的时间里制定和修订而成了七部法律。这些法律从一开始就集中于食品供应的不同领域，而且所秉承的食品安全原则也不同。目前美国食品安全共有七部法令：《联邦食品、药品和化妆品法》（FFDCA）、《公共卫生服务法》（PEESA）、《联邦肉类检验法》（FMIA）、《禽类产品检验法》（PPIA）、《蛋类产品检验法》（EPIA）、《联邦杀虫剂、杀真菌剂和灭鼠剂法》（FIFRA）、《食品质量保障法》（FQPA）。

美国的宪法规定了国家的食品安全系统由政府的立法、执法和司法三个部门负责。国会和各州议会颁布立法部门制定的法规；执法部门〔包括美国农业部（USDA）、美国食品及药物管理局（FDA）、美国环保署（EPA）、各州农业部〕利用联邦备忘录（federal register）发布法律法规并负责执行和修订；司法部门对强制执法行动、监管工作或一些政策法规产生的争端给出公正的裁决。

美国的食品安全法规被公认为是较完备的法规体系，法规的制定是以危险性分析和科学性为基础，并拥有预防性的措施。目前，美国有关食品安全法令是以《联邦食品、药物、化妆品法》（Federal Food，Drug and Cosmetic Act，FFDCA）为核心，它为食品安全的管理提供了基本原则和框架。按照此法律，食品工业的责任是生产安全和卫生的食品，政府是通过市场监督而不是强制性的售前检验来管理食品行业，并赋予了各个食品管理部门相应的管理权限。

由美国众议院制定公布的美国法典（U. S. Code）共分50卷，是联邦政府发布的总的永久性法规，涉及联邦规定的各个领域。与食品有关的主要是第7卷（农业）、第9卷（动物与动物产品）和第21卷（食品与药品）。第21卷第9章为《联邦食品、药品与化妆品法》（FFDCA）。美国大部分食品法的精髓来自FFDCA。美国食品与药品管理局（FDA）和美国农业部（USDA）依据有关法规，在科学性与实用性的基础上，负责制定《食品法典》，以指导食品管理机构监控食品服务机构的食品安全状况以及零售业（例如餐馆和百货商店）和疗养院等机构预防食源性疾病。地方、州和联邦的食品法规以食品法典为基础制定相关食品安全政策，以便保持国家食品法规和政策的一致性。约有100万家零售食品厂商在其运作中应用食品法典。

（2）欧盟食品法规与标准

自欧洲经济共同体建立的初期，食品安全措施已经构成了欧盟立法的一个部分。不过，这些措施主要是建立在部门基础上的。随着各国经济在单一市场内的不断统一，农场和食品加工的发展，以及新的包装与流通形式的出现，欧盟有必要制定新的综合统一措施和标准。

2002年2月21日，欧盟《通用食品法》生效启用。这是欧盟历史上首次采用这样的通用食品法。欧盟新法的关键目标是建立通用定义，包括食品的定义，并制定重要的食品法指导准则及合理目标，以确保高度健康安全。

欧盟委员会追求的目标是，伴随着制定《通用食品法》，使得在欧盟内，食品的安全达到最高的标准和通过较高的透明度，在食品政策上重新赢得消费者的信任。除建立欧洲食品安全局外，欧盟委员会的《通用食品法》包括以下要素：一是确定对从饲料和食品"从农田、家畜圈到消费者的餐桌"的整个食品链的通则和要求，除了主要概念定义外，特别对下列诸点提出普遍性的准则，如预防措施的原则，食品和饲料的追查性，对食品和饲料安全的要求，食品和饲料企业的责任；二是对危及健康的保护措施，如驾驭危机，拓宽快速预警机制和处理、防止不安全的食品和饲料的流通。

欧共体理事会、委员会制定发布了一系列监管食品生产、食品进口与投放市场的卫生规范和要求，以确保食品的卫生与安全。欧盟的卫生规范要求欧盟官方公报以欧盟指令或欧盟决议的形式发布，通常包括以下几类：对动物疾病控制规定；对食品中农、兽药物残留进行控制的规定；对食品生产、投放市场的卫生规定；对检验实施控制的规定；对第三国食品准入的控制规定；对出口国官方兽医证书的规定；对食品的官方监控规定。

欧洲标准和欧共体各成员国国家标准是欧共体标准体系中的两级标准，其中欧洲标准是欧共体各成员国统一使用的区域性标准，对国际贸易有着重要的作用。

欧洲标准有三个类型：一是欧洲标准（EN；European standard），由欧洲标准化委员会、欧洲电工标准化委员会、欧洲电信标准协会按照其标准的制定程序制定，经正式投票表决通过的标准。每一项标准正式发布实施后，各成员国必须在6个月内将其采用为国家标准，并撤销与该标准相抵触的国家标准，并且各成员国在本国出版欧洲标准时，对欧洲标准内容和结构不得做任何修改。二是协调文件（HD：harmonization document），在制定欧洲标准遇到或成员国难以避免的偏差时，就要采用协调文件的形式。每个协调文件均必须在国家级采用，一般有两种方式：①采用为相关国家标准；②向公众通告协调文件的题目和编号，形式虽然有别，但成员国必须废止有关与协调文件不一致的本国国家标准。三是暂行标准（ENV：European pre-standard），暂行标准是在技术发展快或急需标准的领域临时应用的预期标准。暂行标准与正式标准相比制定速度快，但制定出来的标准均是技术发展相当迅速的领域，各成员国对暂行标准也要像欧洲标准和协调文件一样对待，在暂行标准没有转化为欧洲标准之前，各成员国的国家标准不必废除。

（3）日本食品法规与标准

① 动物检疫　日本从外国进口动物以牛、马、猪、兔等家畜及各种家禽为主。日本动物检疫的指导原则是《家畜传染病预防法》，以及依据国际兽疫事务局等有关国际机构发表的世界动物疫情通报制定该法的实施细则（即禁止进口的动物及其产地名录）。凡属该细则规定的动物及其制品，即使有出口国检疫证明也一概禁止入境。如牛、羊、猪等偶蹄动物，因易感染口蹄疫，日本对其进口十分警惕。

日本的动物检疫措施极其严格，报检和检疫周期长，加大了商品进口成本，令进口商难以承受，变相限制了动物及其产品的进口。日本进口商自海外进口动物及其产品，须提前向动物检疫所申报，并附有出口国的检疫证明。一般牛、马、猪等需提前 90～120 天申报，鸡、鸭、狗等提前 40～70 天申报。动物进口时，由检疫人员登船检查确认，检查无问题后，检疫所发给进口商《进口检疫证明书》，作为进口申报书的附件办理进口申报手续。

② 植物检疫　日本进口植物防疫的指导原则是《植物防疫法》。与动物检疫类似，日本依据有关国际机构或学术界有关报告了解世界植物病虫害分布情况，制定《植物防疫法实施细则》（即禁止进口的植物及其产地名录）。凡属日本国内没有的病虫害，来自或经过其发生国家的有关植物和土壤均严禁进口。

货物经植物防疫所检查确认无病虫害后，颁发《植物检查合格证明书》。进口商进行进口申报时将此证明作为进口申报书的附件。禁止进口植物获得农林水产大臣特别许可后也可以进口。获准进口时，日本进口商须将进口许可书寄送给出口商，令其粘贴在该商品上。入境时，与一般植物同样办理检疫。对于某些仅凭进口时的检疫无法判断病虫害的植物，日本要求置于专门场所隔离栽培一定时间接受检查。

③ 食品卫生防疫　日本的进口食品卫生检疫主要有命令检查、检测检查和免检。命令检查即强制性检查，是对于某些易于有残留有害物质或易于沾染有害生物的食品要逐批进行 100% 的检查。检测检查是指由卫生检疫部门根据自行制定的计划，按照一定的时间和范围对不属于命令检查的进口食品进行的一种日常抽检，由卫生防疫部门自负费用、自行实施。若在检测检验中发现来自某国的某种食品含有违禁物质，以后来自该国的同类食品有可能必须接受命令检查。进口食品添加剂、食品器具、容器、包装等也须同样接受卫生防疫检查。

④ 肯定列表制度　"肯定列表制度"是日本为加强食品中农业化学品残留管理而采取的一项新举措，于 2006 年 5 月 29 日起执行。在该制度下，日本对所有农业化学品（个别豁免物质除外）在所有食品中的残留均制定了严格的限量要求：对于日本认为有科学依据的则制定限量要求，对无科学依据的物质则采用 0.01mg/kg 的一律标准。对未列出的加工食品，如干燥蔬菜、浓缩果汁等，则算为鲜样进行判定。

"肯定列表制度"，主要包括 3 方面的内容：一是"豁免物质"，即在常规条件下其在食品中的残留对人体健康无不良影响的农业化学品。对于这部分物质，无任何残留限量要求。目前日本确定的豁免物质有 65 种，主要是维生素、氨基酸、矿物质等营养性饲料添加剂及一些天然杀虫剂。二是对在豁免清单之外且无最大残留限量标准的农业化学品，采用"一律标准"，即其在食品中的含量不得超过 0.01mg/kg 的标准。三是针对具体农业化学品和具体食品制定的"最大残留限量标准"。"最大残留限量标准"中包括 3 种类型：在所有食品中均"不得检出（ND）"的农业化学品，共 15 类 16 种；针对具体农业化学品和具体食品制订的"暂定标准"（provisional MRLs），44552 条；未制定暂定标准但在"肯定列表制度"生效后仍然有效的现行标准，9995 条。

参 考 文 献

[1] 中华人民共和国国家标准 GB 15091—1995《食品工业基本术语》.

[2] 《中华人民共和国食品安全法》——2018 年 12 月 29 日修正.

[3] 陈宗道, 刘金福, 陈绍军. 食品质量管理. 北京：中国农业大学出版社，2003.

[4] 吴永宁. 现代食品安全科学. 北京：化学工业出版社，2003.

[5] 史贤明. 食品安全与卫生学. 北京：中国农业出版社，2003.

[6] 钱建亚, 熊强. 食品安全概论, 南京：东南大学出版社，2006.

[7] 许牡丹, 毛跟年. 食品安全性与分析检测. 北京：化学工业出版社，2003.

[8] 陈锡文, 邓楠. 中国食品安全战略研究. 北京：化学工业出版社，2004.

[9] 刘广第. 质量管理学. 北京：清华大学出版社，2003.

[10] 李钧. 质量管理学. 上海：华东师范大学出版社，2006.

[11] 包大跃. 食品安全危害与控制. 北京：化学工业出版社，2006.

[12] 曹小红. 食品安全与卫生. 北京：科学出版社，2006.

[13] 中国国家认证认可监督管理委员会. 食品安全控制与卫生注册评审——进出口食品卫生注册主任评审员教程. 北京：专利文献出版社，2002.

[14] 郭红卫. 营养与食品安全. 上海：复旦大学出版社，2005.

[15] 何国庆, 贾英民. 食品微生物学. 北京：中国农业大学出版社，2002.

[16] 曾庆孝. GMP 与现代食品工厂设计. 北京：化学工业出版社，2006.

[17] 李晓. 药品生产企业国际通用管理标准：GMP/ISO4001 认证与文件编制范例. 北京：光明日报出版社，2002.

[18] 贺国铭, 张欣. HACCP 体系内审员教程. 北京：化学工业出版社，2004.

[19] 姜南. 危害分析和关键控制点（HACCP）及在食品生产中的应用. 北京：化学工业出版社，2003.

[20] 刘长虹, 钱和. HACCP 体系内部审核的策划与实施. 北京：化学工业出版社，2006.

[21] 李怀林. 食品安全控制体系（HACCP）通用教程. 北京：中国标准出版社，2002.

[22] 李在卿, 吴冷, 林莉. GB/T 22000—2006 食品安全管理体系的建立、实施与审核. 北京：中国标准出版社，2007.

[23] （日）铁健司著，韩福荣，顾力刚等译. 质量管理统计方法. 北京：机械工业出版社，2006.

[24] 刑文英. QC 小组教程. 北京：原子能出版社，1998.

[25] 中华人民共和国国家标准 GB/T 19000—2005《质量管理体系　基础和术语》.

[26] 中华人民共和国国家标准 GB/T 19001—2008《质量管理体系　要求》.

[27] 中华人民共和国国家标准 GB/T 19004—2000《质量管理体系　业绩改进指南》.

[28] 柴邦衡. ISO 9000 质量管理体系. 北京：机械工业出版社，2006.

[29] 杨永华. ISO 9000 质量管理体系实战案例（第二分册）. 广州：广东经济出版社，2001.

[30] 欧阳喜辉主编. 食品质量安全认证指南. 北京：中国轻工业出版社，2003.

[31] 国家质量监督检验检疫总局产品质量监督司编. 食品质量安全市场准入审查指南. 北京：中国标准出版社，2003.

[32] 黄毅. 食品质量安全市场准入指南. 北京：中国轻工业出版社，2005.

[33] 约瑟夫. M. 朱兰, A. 布兰顿. 戈弗雷主编, 焦叔斌等译, 朱兰质量手册, 北京：中国人民大学出版社，2003.

[34] 龚益鸣. 质量管理学. 上海：复旦大学出版社，2000.

[35] P. A. Luning, W. J. Marcelis, W. M. F. Jongen. 吴广枫主译. 食品质量管理技术-管理的方法. 北京：中国农业大学出版社，2005.

[36] 杨文培著. 现代质量成本管理. 北京：中国计量出版社，2006.

[37] 梁国明主编. 企业质量成本管理方法与实践. 北京：中国标准出版社，2007.

[38] 信春鹰. 中华人民共和国食品安全法解读. 北京：中国法制出版社，2009.

[39] 李春田. 标准化概论（第四版）. 北京：中国人民大学出版社，2005.

[40] 艾志录, 鲁茂林. 食品标准与法规. 南京：东南大学出版社，2006.

[41] 张建新等。食品标准与法规. 北京：中国轻工业出版社，2006.

[42] Ian Smith, Anthony Furness. 钱和等译. 食品加工和流通领域的可追溯性. 北京：中国轻工业出版社，2010.

[43] 中国物品编码中心. 牛肉产品跟踪与追溯指南，2005.

[44] 刘沛, 郑淑娜. 中华人民共和国食品安全法释义. 北京：中国商业出版社，2009.